JN024763

1・2陸技受験教室 ③

無線工学B

吉川忠久　著

第3版

東京電機大学出版局

第3版発行にあたって

　本書は，初版が 2000 年 11 月に，第 2 版が 2008 年 3 月に発行されました．初版から 20 年を経た今でも出版され続けているという事実は，多くの読者の方の知識の向上や資格取得のお役に立っていると実感しております．第 3 版発行にあたって，さらに研鑽してまいりたいと気を引き締めて執筆しました．

　近年のデジタル放送や携帯無線通信等において新たなシステムの運用が開始され，これまで利用されていた電波の周波数帯より，高い周波数帯の電波の利用が増加したことなどによって，第一級陸上無線技術士（一陸技）・第二級陸上無線技術士（二陸技）の国家試験の出題状況においては，それらのシステムに用いられるアンテナに関係する問題の出題が増加しています．

　そこで，第 3 版にあたって，最新の出題傾向に合わせて基本問題練習を全面的に見直すとともに，基礎学習の内容については旧版に比較して，各節の記述は次のように内容を充実させました．

　第 1 章の**アンテナの理論**については，一陸技の国家試験問題で頻繁に出題されているマクスウェルの方程式を理解するために必要な数学に関する解説を追加しました．また，最近出題されるようになった公式を追加するとともに，詳細な式の展開などの解説が必要な部分については内容を充実させました．

　第 2 章の**アンテナの実例**については，最近の出題傾向に合わせて，あまり出題されなくなった MF 帯や HF 帯のアンテナの記述を削除するとともに，頻繁に出題されている VHF・UHF 帯以上のアンテナの記述を追加しました．

　第 3 章の**給電線と整合回路**については，あまり出題されなくなった HF 帯以下で用いられる給電線の記述を削除するとともに，マイクロ波帯で用いられる導波管などの記述を充実させました．

　第 4 章の**電波伝搬**については，陸上移動通信や衛星通信の電波伝搬の記述を充実させました．また，最新の問題の内容に合わせて，詳細な解説が必要な部分については内容を充実させました．

　第 5 章の**アンテナ・給電線の測定**については，他の章と同様に MF 帯や HF 帯のアンテナや給電線の測定に関する記述を削除するとともに，VHF・UHF 帯以上のアンテナや電波伝搬の測定に関する記述を充実させました．

　改訂によって，最新の国家試験問題に必要な内容を効率よく学習できるように対応するとともに，一陸技・二陸技の無線工学Bの科目の国家試験対策として，これ1冊の学習で十分であることを目指してまとめました．また，国家試験問題としては出題されていない内容でもアンテナに関する科目を学習するために必要な知識については掲載してありますので，電波関係の科目を学習するための教科書としても活用できるように配慮しました．

　本書によって，皆様が目標の資格を取得し，無線従事者として活躍することのお役に立てれば幸いです．

2021年8月

著者しるす

はじめに （初版発行時）

　近年，無線通信の分野では携帯電話などの移動通信を行う無線局の数が著しく伸びています．また，放送の分野においてはデジタル化や多局化により，新たな時代を迎えようとしています．これらの陸上に開設される無線局の無線従事者として，あるいは，それらの無線局の無線設備を保守する登録点検事業者の技術者として必要な国家資格が第一級陸上無線技術士（一陸技）・第二級陸上無線技術士（二陸技）です．

　本書は，一陸技・二陸技の国家試験受験者のために，国家試験で出題される4科目のうち「無線工学B」の科目について合格できることをめざしてまとめたものです．

　「無線工学B」の試験範囲は，アンテナ・給電線・電波伝搬およびそれらに関する測定です．アンテナや給電線の理論は，公式の展開などに高度な数学的な取り扱いが多いので，すべてを理解することはかなり困難です．そこで，本書では国家試験に必要な内容について，重要な内容を選択してまとめてあります．しかし，暗記的でなく応用がきくように，基本的な理論から各公式の関連についても説明してありますが，ベクトル解析などの難しい数学を避け，主に三角関数および初歩的な微積分を用いて記述しています．

　また，一陸技・二陸技の両資格に出題される内容を解説してありますので，二陸技を受験する方は詳細な説明を多少とばして学んでもよいでしょう．さらに一陸技に挑戦するときには，あらためて深く学習してください．

　選択式の試験問題は，その出題状況から分析すると，広い範囲の知識とその中で何がポイントかをつかむことが重要であるといえます．

　本書では，最近の出題状況をもとに，その出題範囲をひととおり学習できるように，各項目別に必要な要点をまとめて「基礎学習」とし，次に実際に出題された問題を演習して，知識を確実なものとするため「基本問題練習」としました．

　一陸技・二陸技の国家試験の合格率はあまり高くありませんが，試験で合格点を得た科目は3年間の科目免除の制度があります．そこで，各科目を確実に合格できるような学習プランを立てて，計画的に受験するとよいでしょう．

　本書によって，一人でも多くの方が一陸技・二陸技の国家試験に合格し，資格を取得することにお役に立てれば幸いです．

2000年9月

著者しるす

目　次

第3章　給電線と整合回路

第4章　電波伝搬

第5章　アンテナ・給電線の測定

本書の使い方

1 本書の構成

本書の構成は，各章ごとに**基礎学習**，**基本問題練習**となっている．

問題を解くのに必要な事項や公式などは基礎学習に挙げてあるが，特にわかりにくい内容や計算過程については，各問題ごとに解説してある．

現在，出題されている国家試験の問題は選択式なので，試験問題を解くためには出題される範囲の内容をすべて覚えなくてもよいが，各項目のポイントを正確につかんでおかなければならない．そこで，基礎学習により全体の内容を理解し，次に基本問題練習によって実際に出題された問題を解くことにより，理解度を確かめながら学習していくことができるので，国家試験に対応した学習を進めることができる．

本書は，**一陸技**，**二陸技**を主な対象としており，既出問題についてはそれらの資格について取り扱っているが，**第一級総合無線通信士（一総通），第一級海上無線通信士（一海通）**の資格を受験する場合でもこの科目の試験のレベルおよび範囲は，二陸技とほぼ同じなので十分に対応することができる．

2 基礎学習

① 国家試験問題を解答するために必要な知識をまとめて解説してある．

② **太字**の部分は，これまでに出題された国家試験問題を解答するときのポイントとなる部分，あるいは，今後の出題で重要と思われる部分なので，特に注意して学習すること．

③ Point では，国家試験問題を解答するために必要な公式，公式の求め方，用語，あるいは，本文の内容を理解するために必要な数学の公式などについて解説してある．

④ 網掛け には，本文を理解するために必要な補足的な説明を加えてある．また，その他の節の内容と比較するために特徴を挙げてある節もあるので，理解の補助として利用できる．

⑤ 各節には，特に一陸技，二陸技の表示はつけていないが，難解な数学による記述は用いていないので，二陸技の受験者でも十分に各内容を理解できるはずである．ただし，二陸技の国家試験では，式の詳細な展開や現象や特徴の詳細に関する出題は少ないので，多少とばして学習してもよい．

3 基本問題練習

① 過去に出題された問題の中から，各項目ごとに基本的な問題をまとめてある．

② 全く同じ問題が出題されることもあるが，計算の数値が変わったり，正解以外の選択肢の内容が変わって出題されることがある．また，穴埋め補完式の問題では，穴の位置が変わって出題されることがあるので，解答以外の内容についても学習するとよい．

③ 問題の 1陸技 1陸技類題 または 2陸技 2陸技類題 の表示は，それぞれの資格の国家試験に，その問題あるいは類題が出題されたことを示すが，別の資格を受験する場合でも，学習の理解を深めるため，表示にかかわらず学習するとよい．

④ ▶▶p.＊＊は，基礎学習で解説してある関連事項のページを示してある．問題を解きながら，関連する内容を参考にするときは，そのページを参照するとよい．

⑤ 各問題の**解説**では，本文で触れていないことなどについて補足して説明してある．また，計算問題については，各問題に計算の過程を示してある．公式を覚えることも重要であるが，計算の過程もよく理解して，計算方法に慣れておくことも必要である．

アンテナの理論

1.1 電波（電磁波）

■1 電波（電磁波）の発生

　電界と磁界の伝搬する波動を**電磁波**または**電波**という．一般に電波は導線を流れる高周波電流によって発生し，電界と磁界とが同一のエネルギー量で，かつ直交するベクトル量の関係を保ちながら空間を伝搬する．**図1・1**(a)は，電波がy軸方向に伝搬していく様子を電気力線および磁力線の疎密分布で表したものであり，同じ状態を電界と磁界のベクトル分布で表したものを**図1・1**(b)に示す．

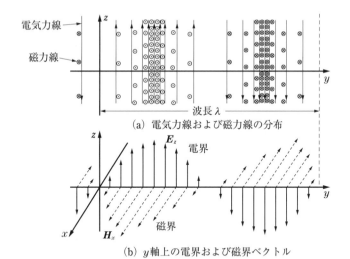

(a) 電気力線および磁力線の分布

(b) y軸上の電界および磁界ベクトル

図1・1 y軸方向に伝搬する平面波

　電界または磁界が，ある瞬間に同一位相を持つ面を**波面**といい，点波源からは**球面波**が放射される．また，波面が電波の進行方向に対して直角な平行平面とみなせる場合を**平面波**という．放射源から離れた点では電波は平面波として扱うことができる．また，無限に広がる空間を**自由空間**といい，自由空間を伝搬する電波は進行方向に電界および磁界の成分を持たない**横波**となる．このような状態の波を，**横電磁界波**または**TEM波**（Transverse

ElectroMagnetic wave）という．

２ 偏波

　電界が特定の方向を向いていることを**偏波**といい，電界ベクトルが大地に対して垂直の場合を**垂直偏波**，水平の場合を**水平偏波**という．また，電界と電波の進行方向が作る面を**偏波面**という．電界ベクトルが垂直および水平の成分を持ち，それらによって合成される場合は，両成分の位相関係によって次のように分類される．両成分が同相，あるいは位相差が180°（π〔rad〕）で，合成ベクトルが一定の直線上にある場合を**直線偏波**という．両成分に位相差がある場合に，位相差が90°（$\frac{\pi}{2}$〔rad〕）で合成電界の大きさが一定のときは**図1・2**のような円軌跡となり，大きさが異なるときはだ円軌跡となるが，これらの場合をそれぞれ**円偏波**，**だ円偏波**という．

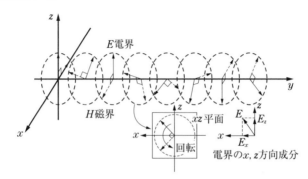

図1・2　右旋円偏波

　偏波の種類には，電波の進行とともに偏波面が回転しない直線偏波（垂直偏波，水平偏波）と偏波面が回転する円偏波またはだ円偏波がある．円（だ円）偏波には，進行方向に向かって右回りに電界の偏波面が回転する右旋円（だ円）偏波と左回りに回転する左旋円（だ円）偏波がある．

３ 周波数と波長

　電波は**アンテナ**（**空中線**ともいう）に流れる高周波電流によって発生する．電流が正弦波振動のとき，1秒間の周期の数を**周波数**（単位：Hz）といい，進行する電波の1周期の長さを**波長**という．**図1・3**において，電波の速度をc〔m/s〕，周波数をf〔Hz〕とすると，波長λ〔m〕は，次式で表される．

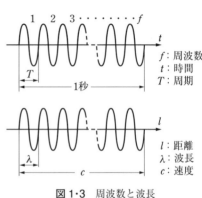

図1・3　周波数と波長

$$\lambda = \frac{c}{f} \fallingdotseq \frac{3 \times 10^8}{f} \ (\text{m}) \tag{1.1}$$

また，実用的な式として，次式が用いられる．

$$\lambda \fallingdotseq \frac{300}{f \ (\text{MHz})} \ (\text{m}) \tag{1.2}$$

4 電波の分類

電波を周波数によって分類すれば，それぞれ**表 1.1** のようになる．

表 1.1　電波の分類

周波数帯の名称	周波数の範囲	波長の名称
VLF（Very Low Frequency）	3〜30〔kHz〕	
LF（Low Frequency）	30〜300〔kHz〕	長波
MF（Medium Frequency）	300〜3,000〔kHz〕	中波
HF（High Frequency）	3〜30〔MHz〕	短波
VHF（Very High Frequency）	30〜300〔MHz〕	超短波
UHF（Ultra High Frequency）	300〜3,000〔MHz〕	極超短波
SHF（Super High Frequency）	3〜30〔GHz〕	
EHF（Extremely High Frequency）	30〜300〔GHz〕	

次のような名称も用いられているが，定義が明確ではない．

　　　準マイクロ波：1〜3〔GHz〕　　**マイクロ波**：3〜30〔GHz〕
　　ミリ波：30〜300〔GHz〕

1.2　マクスウェルの方程式

電波の存在は，1864 年マクスウェル（英）により理論的に証明され，1888 年ヘルツ（独）によって実証された．**マクスウェルの方程式**とは，電気磁気に関する**アンペアの法則**，ファラデーの法則，ガウスの法則に，電束の時間的な変化を仮想的に流れる電流（変位電流）とする考え方を導入したもので，ベクトル解析の式を使って表すと，次式で表される．

$$\text{rot}\boldsymbol{H} = J + \sigma\boldsymbol{E} + \varepsilon\frac{\partial \boldsymbol{E}}{\partial t} \tag{1.3}$$

$$\text{rot}\boldsymbol{E} = -\mu\frac{\partial \boldsymbol{H}}{\partial t} \tag{1.4}$$

$$\text{div}\boldsymbol{D} = \rho \qquad \text{div}\boldsymbol{B} = 0 \tag{1.5}$$

第1章　アンテナの理論

ただし，電界，磁界などは，空間に方向と大きさを持つベクトル量で表される．

E：電界	D：電束密度	J：印加電流	ε：誘電率	μ：透磁率
H：磁界	B：磁束密度	σ：導電率	ρ：電荷密度	

式(1.3)は**アンペアの法則**を表す式であり，右辺の第1項の J は印加電流，第2項の σE は電界 E によって導電率 σ の空間を流れる導電流，第3項の $\varepsilon(\partial E/\partial t)$ は**変位電流**を表す．式(1.4)は**ファラデーの法則**，式(1.5)は**ガウスの法則**を表す．また，rot（ローテーション）はベクトルの回転を表し，div（ダイバージェンス）は発散を表す．

x, y, z 座標軸の単位ベクトルを i, j, k とすると，各座標成分の偏微分を表す**ナブラ演算子** ∇ は次式で表される．

$$\nabla = i\frac{\partial}{\partial x} + j\frac{\partial}{\partial y} + k\frac{\partial}{\partial z} \tag{1.6}$$

∇ を用いると，rot はベクトルの外積（$\nabla \times$），div は内積（$\nabla \cdot$）で表すことができる．式(1.3)，(1.4)の rot は ∇ を用いると次式で表される．

$$\nabla \times H = J + \sigma E + \varepsilon\frac{\partial E}{\partial t} \tag{1.7}$$

$$\nabla \times E = -\mu\frac{\partial H}{\partial t} \tag{1.8}$$

Point

電界と磁界が正弦波的に変化

電界 E や磁界 H は，一般に正弦波的に変化する搬送波なので最大値を E_0，H_0 とすると，$E = E_0 e^{j\omega t}$，$H = H_0 e^{j\omega t}$ の式で表すことができるので，式(1.7)および式(1.8)は，次式のように表される．

$$\nabla \times H = \sigma E + \varepsilon\frac{\partial}{\partial t}E_0 e^{j\omega t} = \sigma E + \varepsilon(j\omega E_0 e^{j\omega t}) = (\sigma + j\omega\varepsilon)E \tag{1.9}$$

$$\nabla \times E = -\mu\frac{\partial}{\partial t}H_0 e^{j\omega t} = -\mu(j\omega H_0 e^{j\omega t}) = -j\omega\mu H \tag{1.10}$$

ベクトルの内積・外積

ベクトル A とベクトル B において，それらの成す角を θ とすると，内積（スカラ積）C は次式で表される．

$$C = A \cdot B = AB\cos\theta$$

内積は，大きさのみのスカラで表される．

外積（ベクトル積）D は，

$$D = A \times B$$

で表され，外積 D は A，B 平面に垂直なベクトルを表し，その大きさは次式で表される．

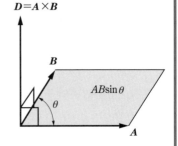

図1・4　ベクトルの外積

$$D = AB\sin\theta$$

ベクトルの外積は，行列式を用いて計算することができるので，磁界 $\boldsymbol{H}$ の x, y, z 座標の成分を H_x, H_y, H_z とすると，式 (1.7) の左辺は次式となる.

$$\nabla \times \boldsymbol{H} = \begin{vmatrix} \boldsymbol{i} & \boldsymbol{j} & \boldsymbol{k} \\ \dfrac{\partial}{\partial x} & \dfrac{\partial}{\partial y} & \dfrac{\partial}{\partial z} \\ H_x & H_y & H_z \end{vmatrix}$$

$$= \boldsymbol{i}\left(\frac{\partial H_z}{\partial y} - \frac{\partial H_y}{\partial z}\right) + \boldsymbol{j}\left(\frac{\partial H_x}{\partial z} - \frac{\partial H_z}{\partial x}\right) + \boldsymbol{k}\left(\frac{\partial H_y}{\partial x} - \frac{\partial H_x}{\partial y}\right) \quad (1.11)$$

式 (1.8) も同様に表すことができ，これらの微分方程式に条件を代入して解くことで，電波の波動性が証明される．ここで，電界が z 方向成分のみで，磁界が x 方向成分のみの場合の解は次式で表される.

$$\left.\begin{array}{l} E_z = A\sin(\omega t - \beta y) \\ H_x = \dfrac{A}{Z_0}\sin(\omega t - \beta y) \end{array}\right\} \quad (1.12)$$

ただし，E_z：z 方向の電界〔V/m〕

$\quad\quad H_x$：x 方向の磁界〔A/m〕

$\quad\quad A$：積分定数

$\quad\quad \beta$：位相定数 $\left(= \dfrac{2\pi}{\lambda}\right)$

$\quad\quad Z_0$：自由空間の固有インピーダンス

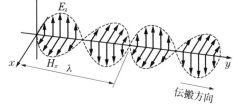

図 1·5　平面波

式 (1.12) は，周波数 f〔Hz〕，波長 $\lambda\left(= \dfrac{2\pi}{\beta} = \dfrac{c}{f}\right)$ の電波が，図 1·5 のように y 軸方向に進んでいく平面波の状態を表している．真空中において，その速度 c〔m/s〕は，次式で表される.

$$c = \frac{\omega}{\beta} = \frac{1}{\sqrt{\varepsilon_0\mu_0}} = 2.99792458 \times 10^8 \text{〔m/s〕} \quad (1.13)$$

ただし，ε_0：真空の誘電率 $\left(\fallingdotseq \dfrac{1}{36\pi} \times 10^{-9} \text{〔F/m〕}\right)$

$\quad\quad \mu_0$：真空の透磁率 $(= 4\pi \times 10^{-7} \text{〔H/m〕})$

誘電率 $\varepsilon(= \varepsilon_r\varepsilon_0)$，透磁率 $\mu(= \mu_r\mu_0)$ の媒質中の電波の速度 v〔m/s〕は，次式で表される.

$$v = \frac{1}{\sqrt{\varepsilon\mu}} = \frac{1}{\sqrt{\varepsilon_r\mu_r}}c \text{〔m/s〕} \quad (1.14)$$

ただし，ε_r：媒質の比誘電率　　μ_r：媒質の比透磁率である.

また，自由空間の固有（特性）インピーダンス Z_0〔Ω〕は，次式で表される.

$$Z_0 = \sqrt{\frac{\mu_0}{\varepsilon_0}} \fallingdotseq 120\pi \fallingdotseq 377 \text{〔Ω〕} \tag{1.15}$$

Point

自由空間の固有（特性）インピーダンス

真空中において，電界 E，磁界 H が存在するときのエネルギー密度 U_E, U_H は，それぞれ次式で表される.

$$U_E = \frac{1}{2}\varepsilon_0 E^2 \qquad U_H = \frac{1}{2}\mu_0 H^2 \tag{1.16}$$

平面波の伝搬ではこれらの値が等しいので，

$$\varepsilon_0 E^2 = \mu_0 H^2 \tag{1.17}$$

電界と磁界の比が自由空間の固有インピーダンス Z_0〔Ω〕を表すから，次式で表される.

$$Z_0 = \frac{E}{H} = \sqrt{\frac{\mu_0}{\varepsilon_0}} \fallingdotseq 120\pi \fallingdotseq 377 \text{〔Ω〕} \tag{1.18}$$

また，電界強度 E〔V/m〕を磁界強度 H〔A/m〕から求める．あるいは磁界強度を電界強度から求めるときは，それぞれ次式を用いる.

$$E = Z_0 H = 120\pi H \text{〔V/m〕} \tag{1.19}$$

$$H = \frac{E}{Z_0} = \frac{E}{120\pi} \text{〔A/m〕} \tag{1.20}$$

1.3　ポインチング電力

電波は，その進行方向に伝搬するエネルギーの流れとして，大きさと方向を持つベクトル量で表される.

$$\boldsymbol{W} = \boldsymbol{E} \times \boldsymbol{H} \tag{1.21}$$

これを**ポインチングの定理**といい，電界ベクトル $\boldsymbol{E}$ と磁界ベクトル $\boldsymbol{H}$ の外積 $\boldsymbol{W}$ を**ポインチングベクトル**という．その大きさ W〔W/m²〕を**ポインチング電力**といい，電界と磁界が直交する平面波の場合は次式で表される.

$$W = EH \text{〔W/m}^2\text{〕} \tag{1.22}$$

これは，単位時間あたりに単位面積を通過するエネルギー量を表し，**電力束密度**または電力密度という．また，**自由空間の固有インピーダンスを Z_0 とすると，次式で表される.

$$W = \frac{E^2}{Z_0} = \frac{E^2}{120\pi} = 120\pi H^2 \ [\mathrm{W/m^2}] \tag{1.23}$$

電界のエネルギーと磁界のエネルギーが等しいので，式 (1.17) より，

$$H = \sqrt{\frac{\varepsilon_0}{\mu_0}}E = \frac{E}{Z_0} = \frac{E}{120\pi} \tag{1.24}$$

よって，

$$W = EH = \frac{E^2}{Z_0} = \frac{E^2}{120\pi} = Z_0 H^2 = 120\pi H^2 \tag{1.25}$$

Point

ポインチングベクトル
- 電磁エネルギーの流れを表すベクトルである.
- 電界ベクトルと磁界ベクトルの外積である.
- 大きさは，電界ベクトルと磁界ベクトルを 2 辺とする平行四辺形の面積に等しい.
- 電界ベクトルと磁界ベクトルのなす面に垂直で，電界ベクトルの方向から磁界ベクトルの方向に右ねじを回したときに，ねじの進む方向に向いている.
- 大きさは，単位面積を単位時間に通過する電磁エネルギーを表す.

1.4 基本アンテナ

　アンテナの利得や放射特性を理論的に取り扱うときに用いられるものに，等方性アンテナや微小ダイポールがある．また，線状アンテナの基本的な素子として，半波長ダイポールアンテナがある.

1 等方性アンテナ

　一般に，アンテナから電波を送受信すると，その強度は方向により一定ではなく強弱を生じるが，方向性がなくすべての方向に電波を一定の強度で送受信することができる仮想的なアンテナを **等方性アンテナ**（Isotropic Antenna）という．この等方性アンテナは，利得の基準の理論的な解析などに用いられる.

　図 1・6 のようにアンテナを取り囲む空間を考え，等方性アンテナから放射される **放射電**

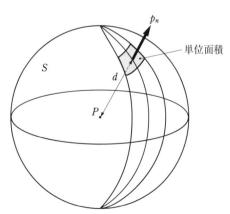

図 1・6　等方性アンテナ

力を P〔W〕とすると，電力はすべての方向に対して一様に放射されるので，アンテナから d〔m〕離れた点を含む球の表面積を S〔m²〕とすると，単位面積を通過する**電力束密度** p_n〔W/m²〕は，次式で表される．

$$p_n = \frac{P}{S} = \frac{P}{4\pi d^2}\ \text{〔W/m}^2\text{〕} \tag{1.26}$$

また，その点の電界強度を E〔V/m〕とすれば，電波の電力束密度 W〔W/m²〕は，次式で表される．

$$W = \frac{E^2}{120\pi}\ \text{〔W/m}^2\text{〕} \tag{1.27}$$

これらの値は等しいので，両式を等しいとおけば，次式で表される．

$$\frac{E^2}{120\pi} = \frac{P}{4\pi d^2}$$

したがって，等方性アンテナから d〔m〕離れた点の**電界強度** E〔V/m〕は，次式で表される．

$$E = \frac{\sqrt{30P}}{d}\ \text{〔V/m〕} \tag{1.28}$$

❷ 微小ダイポール

図1·7に示すように微小な導線に高周波電流 I〔A〕を流すと，空間に電波が放射される．電波の波長 λ〔m〕に対してアンテナの長さ l〔m〕が短いアンテナを**微小ダイポール**または**ヘルツダイポール**という．図において，アンテナの長さ l の微小ダイポールに角周波数 ω〔rad/m〕の正弦波電流 $Ie^{j\omega t}$〔A〕を流したとき，アンテナ軸から θ〔rad〕の方向に距離 d〔m〕離れた点 P において，θ 方向の電界 E_θ〔V/m〕および ϕ 方向の磁界 H_ϕ〔A/m〕は，次式で表される．

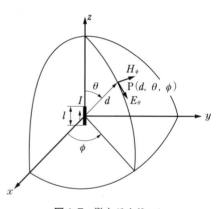

図1·7 微小ダイポール

$$\left.\begin{array}{l} E_\theta = j\dfrac{60\pi l}{\lambda}Ie^{j(\omega t - \beta d)}\left\{\dfrac{1}{d} + \dfrac{1}{j\beta d^2} + \dfrac{1}{(j\beta)^2 d^3}\right\}\sin\theta\ \text{〔V/m〕} \\[3mm] H_\phi = j\dfrac{l}{2\lambda}Ie^{j(\omega t - \beta d)}\left\{\dfrac{1}{d} + \dfrac{1}{j\beta d^2}\right\}\sin\theta\ \text{〔A/m〕} \end{array}\right\} \tag{1.29}$$

各項のうち距離に反比例する項が**放射電磁界**，距離の2乗に反比例する項が**誘導電磁界**，距離の3乗に反比例する項が**静電界**を表し，静磁界は存在しない．これらの式より，3者の値が等しくなる距離は，

$$d = \frac{1}{\beta} = \frac{\lambda}{2\pi} \fallingdotseq 0.16\lambda \ [\mathrm{m}] \tag{1.30}$$

のときで，$d > 3\lambda$ 以上の遠方では放射電磁界のみと考えてよい．これが電波として伝搬する項である．位相を無視して大きさのみを考えると，微小ダイポールによる点Pの電界強度 E 〔V/m〕，および磁界強度 H 〔A/m〕は次式で表される．

$$E = \frac{60\pi Il}{\lambda d} \sin\theta \ [\mathrm{V/m}] \tag{1.31}$$

$$H = \frac{E}{120\pi} = \frac{Il}{2\lambda d} \sin\theta \ [\mathrm{A/m}] \tag{1.32}$$

> **Point**
>
> **微小ダイポールの電界強度**
> 微小ダイポールは，線状アンテナの電流分布から電界強度を求める場合の基準値として用いられる．最大放射方向の電界強度 E 〔V/m〕は，次式で表される．
>
> $$E = \frac{60\pi Il}{\lambda d} \ [\mathrm{V/m}] \tag{1.33}$$
>
> また，放射電力 P 〔W〕の微小ダイポールから距離 d 〔m〕離れた点の電界強度 E 〔V/m〕は，次式で表される．
>
> $$E = \frac{\sqrt{45P}}{d} \ [\mathrm{V/m}] \tag{1.34}$$

③ 半波長ダイポールアンテナ

　図1·8のように，直線状導体の中央から高周波電流を給電するアンテナを**ダイポールアンテナ**といい，全長が波長の1/2のものを**半波長ダイポールアンテナ**という．図において，アンテナ上に破線で示しているのはアンテナの電流分布であり，受端開放線路（3.6節参照）の状態と同じように先端で最小，先端から $\lambda/4$ の位置にある給電点で最大の値をとる．また，左右の電流は同じ向きであり，左右の素子を流れる電流が大地に対して平衡している**平衡形アンテナ**である．また，給電点インピーダンス $\dot{Z}_R$ 〔Ω〕は，

$$\dot{Z}_R = 73.13 + j42.55 \ [\Omega] \tag{1.35}$$

である．

　なお，直線状導線の方向が地面に水平であれば**水平ダイポールアンテナ**，垂直であれば**垂直ダイポールアンテナ**といい，それぞれ**水平偏波**，**垂直偏波**を生じる．

　電流分布を考えるときは，先端の状態から考

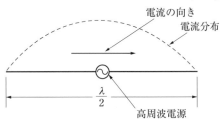

図1·8　半波長ダイポールアンテナ

第1章　アンテナの理論

えていく．アンテナの先端では導体を流れる電流は零であるが，その点から給電点に向かって考えていくと，アンテナ先端に向かう電流と先端から反射した電流によりアンテナ素子上に電流の最大値の異なる状態が生じる．これがアンテナ上の電流分布となる．

④ 接地アンテナ

図1·9のように，半波長ダイポールアンテナ素子の片側の給電点を接地すると，大地の電気影像による影像効果によって，垂直に設置した半波長ダイポールアンテナと同じような動作をするアンテナとして取り扱うことができる．これを **1/4波長垂直接地アンテナ**という．

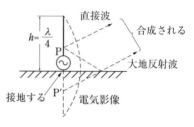

図1·9　接地アンテナ

1.5　指向性

アンテナから放射される電波は，一般に放射する方向によって強弱を生じる．その性質を **指向性**または**指向特性**といい，**最大放射方向**と任意の方向との同一距離における電界強度をそれぞれ E_0，E とするとき，

$$D = \frac{E}{E_0} \tag{1.36}$$

D をその任意の方向の**指向性係数**または**指向性関数**といい，角度の関数で表される．

Point

微小ダイポールおよび半波長ダイポールアンテナの指向性係数をそれぞれ D_H，D_D とすると，次式で表される．

$$D_H = \sin\theta \tag{1.37}$$

$$D_D = \frac{\cos\left(\dfrac{\pi}{2}\cos\theta\right)}{\sin\theta} \tag{1.38}$$

ただし，θ はアンテナ軸からの角度とする．

指向性を表すには，アンテナを原点においた座標軸を設け，各方向の電界強度の大きさに従った座標点の軌跡を描いて図形的に表す．一般には水平面，垂直面に分けた平面図が用いられる．それらを**水平面内指向性**および**垂直面内指向性**という．指向性がなく，全方向に

$D=1$ の特性を**無指向性**，水平面あるいは垂直面で $D=1$ の特性を**全方向性**，図形がアンテナをはさんで対称形となる特性を**双方向指向性**，どちらか片方のみかまたは極端に差のある場合を**単方向指向性**または**単一指向性**という．図 1・10 (a)のように，微小ダイポールおよび半波長ダイポールアンテナを水平に置いたとき，水平面内の双方向指向性を図(b)に，垂直面内の全方向性の特性を図(c)に示す．

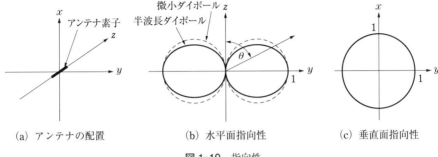

(a) アンテナの配置 　　 (b) 水平面指向性 　　 (c) 垂直面指向性

図 1・10　指向性

　図 1・11 に示す単方向指向性を持つアンテナの**主放射**を**主ビーム**または**主ローブ**（メインローブ），それ以外の副放射を**副ビーム**または**副ローブ**（サイドローブ）という．主ローブの最大放射方向を中心として，電界強度が最大放射方向の値の $1/\sqrt{2}$ になる角度（あるいは放射電力が $1/2$ になる角度）の幅を**半値角**または**半角幅**という．また，メインローブの値 E_f と最大放射方向から $180° \pm 60°$ の範囲にある最大のサイドローブの値 E_r との比 E_f/E_r を**前後比**（**F/B**）という．

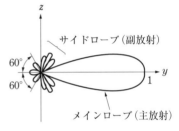

図 1・11　単方向指向性

　放射電力束密度の指向性を表したものを電力指向性または電力パターンという．電力指向性は電界強度の指向性係数を 2 乗したもので表される．
　電波の電界ベクトルを含む面の指向性を E 面指向性，磁界ベクトルを含む面の指向性を H 面指向性という．水平に置かれたダイポールアンテナの水平面指向性は E 面指向性である．

1.6　利得

　図 1・12 のように，二つのアンテナから最大放射方向で同じ距離の点において，基準アンテナの放射電力が P_0，被測定アンテナの放射電力が P のとき，それらのアンテナからの電界強度が等しくなったとすると，被測定アンテナの**利得** G は次式で与えられる．

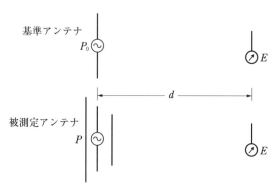

$$G = \frac{P_0}{P} \tag{1.39}$$

基準アンテナとして**半波長ダイポールアンテナ**を用いたときの値を**相対利得**，**等方性アン**テナを基準アンテナとしたときの値を**絶対利得**という．

基準アンテナ

P_0

d

被測定アンテナ

P

E

図1·12 利 得

特定の方向への電力束密度と，全放射電力を全方向について平均した値との比を，**指向性利得**という．これは，指向性があるために生じる利得である．

アンテナからの距離を r，水平方向の角度を $d\theta$，垂直方向の角度を $d\phi$ とすると，立体角 $d\omega$ は，

$$d\omega = \frac{dS}{r^2} = d\theta d\phi \tag{1.40}$$

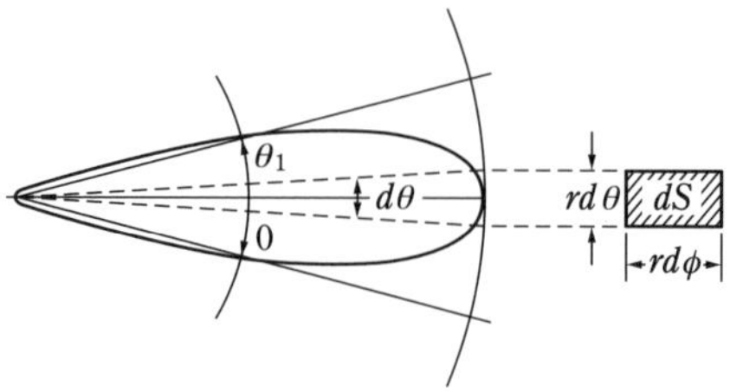

図1·13 アンテナの半値幅

最大放射方向に対する指向性利得 G_d は，指向性係数 D の2乗で表される電力指向性を全立体角の区間で積分することによって求めることができるので，位体角を用いて表せば，

$$G_d = \frac{4\pi}{\displaystyle\int_\omega D^2 d\omega} \tag{1.41}$$

指向性の鋭い指向性アンテナの半値幅が θ_1 と ϕ_1 で表されるとき，θ_1 と ϕ_1 がかなり小さくて $D \fallingdotseq 1$ とすると，指向性利得は次式で表される．

$$G_d = \frac{4\pi}{\displaystyle\int_0^{\theta_1} \int_0^{\phi_1} d\phi d\theta} \fallingdotseq \frac{4\pi}{\theta_1 \phi_1} \tag{1.42}$$

Point

ビーム立体角

式（1.41）において，分母の指向性関数を積分した値は指向性ビームの立体角を表すのでビーム立体角という．この値が小さいほど狭い立体角内に放射電力が集中していることを表し，指向性利得が大きくなる．

指向性利得と絶対利得

アンテナの絶対利得を G_I，指向性利得を G_d，放射効率を η とすると，次式の関係がある．

$$G_I = \eta G_d \tag{1.43}$$

$\eta < 1$ であるが，一般に HF 帯以上のアンテナでは $\eta \fallingdotseq 1$ である．

動作利得

アンテナと給電線の整合状態を含めた動作状態における利得である．一般に反射損によって利得は低下する．

基準アンテナおよび被測定アンテナから等しい電力を放射したときに生じる電界強度をそれぞれ E_0，E とすると被測定アンテナの利得 G は，次式で求めることもできる．

$$G = \left(\frac{E}{E_0} \right)^2$$

1.7 放射抵抗

微小ダイポールのアンテナ軸から θ 方向に距離 r〔m〕離れた点の電界強度 E〔V/m〕は，次式で表される．

$$E = \frac{60\pi Il}{\lambda r} \sin\theta \ \text{〔V/m〕} \tag{1.44}$$

また，その点における電力束密度 W〔W/m²〕は，次式で表される．

$$W = \frac{E^2}{120\pi} \ \text{〔W/m²〕} \tag{1.45}$$

図 1·14 のように，微小ダイポールから十分に離れた半径 r の球面 S 上において，微小長さ $rd\theta$ とその点の円周 $2\pi r\sin\theta$ の作る面積 $ds = 2\pi r^2 \sin\theta d\theta$ と，電力束密度 W との積を全区間にわたって積分すれば，微小ダイポールの放射電力 P〔W〕を求めることができる．これは，$\theta = 0 \sim \pi/2$ まで積分して 2 倍にすればよいので式

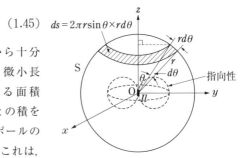

図 1·14 微小ダイポールの放射特性

(1.44) と式 (1.45) を代入すると，次式で表すことができる．

$$
\begin{aligned}
P &= 2 \times \int_0^{\pi/2} W ds \\
&= 2 \times \int_0^{\pi/2} \frac{E^2}{120\pi} \times 2\pi r^2 \sin\theta d\theta \\
&= 2 \times \frac{1}{120\pi} \times \frac{60^2\pi^2 I^2 l^2}{\lambda^2 r^2} \times 2\pi r^2 \int_0^{\pi/2} (\sin^2\theta \times \sin\theta) d\theta \\
&= \frac{120\pi^2 I^2 l^2}{\lambda^2} \times \int_0^{\pi/2} (1+\cos^2\theta)\sin\theta d\theta
\end{aligned}
\tag{1.46}
$$

ここで，$\cos\theta = t$ とおくと，

$$
\frac{dt}{d\theta} = -\sin\theta \qquad よって，\ \sin\theta d\theta = -dt
$$

となり，$\theta = 0$ のとき $t = 1$，$\theta = \pi/2$ のとき $t = 0$ を式 (1.46) に代入すると，式 (1.46) の積分は次式で表される．

$$
\begin{aligned}
\int_0^{\pi/2} (1+\cos^2\theta)\sin\theta d\theta &= -\int_1^0 (1-t^2)dt \\
&= [t]_0^1 - \left[\frac{t^3}{3}\right]_0^1 = 1 - \frac{1}{3} = \frac{2}{3}
\end{aligned}
$$

よって，式 (1.46) は次式となる．

$$
P = \frac{120\pi^2 I^2 l^2}{\lambda^2} \times \frac{2}{3} = 80\pi^2 \left(\frac{Il}{\lambda}\right)^2 \ [\mathrm{W}]
\tag{1.47}
$$

式 (1.47) においてアンテナから放射される放射電力 P [W] は，アンテナに電流 I [A] を流すことによって生じたものと等価的に取り扱うことができるので，電力 P が熱損失として等価的な抵抗で使われたものとみなせば，その抵抗 R_H [Ω] を導くことができる．これをアンテナの**放射抵抗**といい，微小ダイポールの放射抵抗は，次式で表される．

$$
R_H = \frac{P}{I^2} = 80\pi^2 \left(\frac{l}{\lambda}\right)^2 \ [\Omega]
\tag{1.48}
$$

Point

半波長ダイポールアンテナの放射抵抗 R_D [Ω] は，次式で表される．

$$
R_D \fallingdotseq 73.13 \ [\Omega]
\tag{1.49}
$$

1/4 波長垂直接地アンテナの放射抵抗 R_V [Ω] は，次式で表される．

$$
R_V = \frac{R_D}{2} \fallingdotseq 36.57 \ [\Omega]
\tag{1.50}
$$

 **電界強度**

長さ l_e〔m〕のアンテナに電流 I〔A〕を流したとき，最大放射方向に距離 d〔m〕離れた点の電界強度 E〔V/m〕は次式で表される.

$$E = \frac{60\pi I l_e}{\lambda d} \text{〔V/m〕}\tag{1.51}$$

ここで，l_e はアンテナの実効長であり，半波長ダイポールアンテナでは（1.10 節より）$l_e = \lambda/\pi$〔m〕だから，**半波長ダイポールアンテナの電界強度** E_D〔V/m〕は次式で表される.

$$E_D = \frac{60I}{d} \text{〔V/m〕}\tag{1.52}$$

半波長ダイポールアンテナに電力 P〔W〕を供給したときに流れる電流を I〔A〕とすると，アンテナの放射抵抗 R_R は 73.13〔Ω〕だから，次式で表される.

$$E_D = \frac{60I}{d} = \frac{60\sqrt{\dfrac{P}{73.13}}}{d}$$
$$\fallingdotseq \frac{\sqrt{49.2P}}{d} \fallingdotseq \frac{7\sqrt{P}}{d} \text{〔V/m〕}\tag{1.53}$$

相対利得 G_D のアンテナでは，次式となる.

$$E \fallingdotseq \frac{7\sqrt{G_D P}}{d} \text{〔V/m〕}\tag{1.54}$$

第1章 アンテナの理論

Point

実効長

　半波長ダイポールアンテナなどの定在波アンテナは，アンテナ素子の位置によって電流分布が異なる．アンテナの電流分布が，最大電流で一定としたときの等価的なアンテナの長さを実効長という．半波長ダイポールアンテナのアンテナ素子の長さは $\lambda/2$〔m〕であり，実効長は λ/π〔m〕である．

基本アンテナの電界強度

　アンテナの放射電力が P〔W〕のとき，最大放射方向に距離 d〔m〕離れた点の電界強度 E〔V/m〕は次式で表される.

等方性アンテナ
$$E_I = \frac{\sqrt{30P}}{d} \text{〔V/m〕} \quad (1.55)$$

絶対利得 G_I のアンテナ
$$E = \frac{\sqrt{30G_I P}}{d} \text{〔V/m〕} \quad (1.56)$$

微小ダイポール
$$E_H = \frac{\sqrt{45P}}{d} \text{〔V/m〕} \quad (1.57)$$

半波長ダイポールアンテナ
$$E_D \fallingdotseq \frac{7\sqrt{P}}{d} \text{〔V/m〕} \quad (1.58)$$

1/4 波長垂直接地アンテナ
$$E_V \fallingdotseq \frac{\sqrt{98P}}{d} \text{〔V/m〕} \quad (1.59)$$

微小接地アンテナ
$$E_S = \frac{\sqrt{90P}}{d} \text{〔V/m〕} \quad (1.60)$$

等方性アンテナおよび半波長ダイポールアンテナの放射電力がそれぞれ P_I, P_D のとき，両者の電界強度が等しいとすると，

$$\frac{\sqrt{30 P_I}}{d} = \frac{\sqrt{49.2 P_D}}{d}$$

よって，半波長ダイポールアンテナの絶対利得 G は，次式で表される．

$$G = \frac{P_I}{P_D} = \frac{49.2}{30} = 1.64 \qquad\qquad 10 \log_{10} 1.64 \fallingdotseq 2.15 \,[\mathrm{dB}] \qquad (1.61)$$

また，相対利得 G_D〔dB〕のアンテナ絶対利得は $G_D + 2.15$〔dB〕である．

微小ダイポールの絶対利得 G は，次式となる．

$$G = \frac{45}{30} = 1.5 \qquad\qquad 10 \log_{10} 1.5 \fallingdotseq 1.76 \,[\mathrm{dB}]$$

1.9 放射効率

　アンテナの放射抵抗は，電波のエネルギーとして放射される値に等価な抵抗値なので損失ではないが，実際のアンテナはアンテナ素子の損失やアンテナの支持物などの近接する物体の影響を受け，電力損失が生じる．これらの損失には，**導体抵抗**，**接地抵抗**，**誘電体損**，**漏えい損**，**コロナ損**などがあり，等価的に**損失抵抗**で表される．導体抵抗は，アンテナ自体の抵抗や延長コイルの抵抗分などであり，周波数が高くなるほど大きくなる．接地抵抗は，接地端子と大地との接触抵抗であり，周波数が低くなるほど大きくなる．**図1・15**のように，放射抵抗を R_R〔Ω〕，全損失抵抗を R_L〔Ω〕，放射電力を P_R〔W〕，アンテナ入力電力を P_A〔W〕とすると，**アンテナ効率**または**放射効率** η は次式で表される．

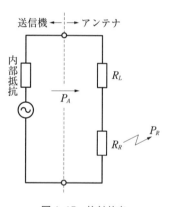

図1・15　放射効率

$$\eta = \frac{P_R}{P_A} = \frac{R_R}{R_R + R_L} \qquad\qquad (1.62)$$

　アンテナ効率は，MF（中波）帯の放送用送信アンテナや HF（短波）帯以上で用いられるアンテナでは比較的よく 90% 以上となるが，LF（長波）帯以下では波長に比べてアンテナ素子が短く，放射抵抗が低いうえに延長コイルを挿入した接地アンテナを用いるので，損失抵抗が放射抵抗に比べて大きく，大型の送信アンテナでもアンテナ効率は 25% 程度となるものもある．

1.10 線状アンテナの諸定数

① 実効長 (実効高)

半波長ダイポールアンテナなどの実際のアンテナでは，**図1・16**(a)のように給電点の電流が I_0〔A〕で，アンテナ素子上の電流分布は x の関数として I_x で表される．ここで**図1・16**(b)のように，電流が I_0 の一様な電流分布のアンテナと等価的に取り扱うことができる長さを l_e〔m〕とすると，これをアンテナの**実効長**という．

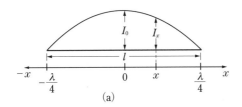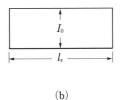

図1・16 実効長

半波長ダイポールアンテナの電流分布 I_x は次式で表される．

$$I_x = I_0 \cos \beta x \tag{1.63}$$

図1・16(a)と**図1・16**(b)の各アンテナの電流と長さの積が等しいので，次式が成り立つ．

$$\int_{-\lambda/4}^{\lambda/4} I_x dx = l_e I_0 \tag{1.64}$$

式 (1.63)，式 (1.64) より，実効長 l_e は次式で表される．

$$l_e = \int_{-\lambda/4}^{\lambda/4} \cos \beta x dx = \frac{1}{\beta} \Big[\sin \beta x \Big]_{-\lambda/4}^{\lambda/4} = \frac{\lambda}{2\pi} \left(\sin \frac{\pi}{2} + \sin \frac{\pi}{2} \right) = \frac{\lambda}{\pi} \text{〔m〕} \tag{1.65}$$

> 1/4 波長垂直接地アンテナの実効長は，同様にして求めると $\lambda/2\pi$ となる．また，垂直接地アンテナでは，実効長のことを実効高ともいう．

② 放射インピーダンス

アンテナの入力インピーダンスは，空間に放射されるエネルギーと等価的に表される**放射抵抗** R_R〔Ω〕のほかに，アンテナが空間にエネルギーを蓄える作用が存在する．これは，コンデンサやコイルが電磁気的エネルギー（無効電力）を蓄積するのと同じことなので，アンテナもこの作用に対応するリアクタンス成分が存在する．**放射リアクタンス** X_R〔Ω〕を含め

第1章 アンテナの理論

た**放射インピーダンス** $\dot{Z}_R$〔Ω〕は，半波長ダイポールアンテナでは次式で表される．

$$\dot{Z}_R = 73.13 + j42.55 \,[\Omega] \tag{1.66}$$

図 1・17 に，素子の長さ l を変化させたときのインピーダンスの変化を示す．R_R および X_R の値は，アンテナ素子の長さに大きく影響するが，特に X_R の変化が大きい．

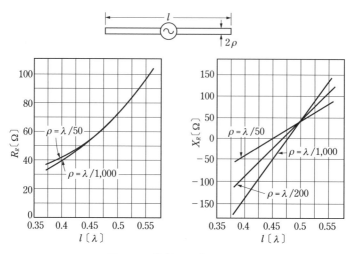

図 1・17 放射インピーダンス

図では，素子の直径（2ρ）を変化させたときのインピーダンスの変化を示してある．素子の直径が大きくなるほどアンテナの長さに対するインピーダンスの変化が小さくなるので，周波数を変化させたときにインピーダンスの変化が小さくなり，広帯域性を持つ．

③ 短縮率

半波長ダイポールアンテナは，式 (1.65) で表されるように，エネルギー放射と等価される放射抵抗以外に放射リアクタンスがあるが，リアクタンス成分があると給電する場合に整合回路が複雑になる．また，**図 1・17** のアンテナ素子の長さを変化させたときの放射インピーダンスの変化をみると，放射抵抗に比べて放射リアクタンスの変化が大きく，また，素子の長さを少し短縮したところに放射リアクタンスが零となる点がある．したがって，アンテナ素子を少し短くすると，アンテナの入力インピーダンスは放射抵抗のみとなり，給電が容易になる．この短くする割合のことを**短縮率**という．

ここで**図 1・18**(a)のように，アンテナの全長 $2l$〔m〕が半波長に等しくないときを考えると，放射抵抗を無視した導線のインピーダンス $\dot{Z}_l$ は，**図 1・18**(b)のような受端開放単線式線路が 2 本接続されているときのインピーダンスとして求められ，導線の特性インピーダン

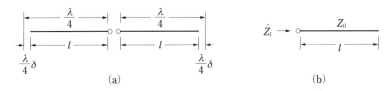

図 1・18　短縮率

スを Z_0 〔Ω〕とすれば，次式で表される．

$$\dot{Z}_l = jX_l = -j2Z_0 \cot \beta l \ [\Omega] \tag{1.67}$$

いま，l を $\lambda/4$ よりわずかに短縮したとして，

$$l = \frac{\lambda}{4}(1 - \delta) \ [\mathrm{m}] \tag{1.68}$$

とすると，$\dfrac{\pi \delta}{2} < 0.5$ 〔rad〕の条件では，次式となる．

$$X_l = -2Z_0 \cot \left\{ \beta \frac{\lambda}{4}(1 - \delta) \right\} = -2Z_0 \cot \left\{ \frac{\pi}{2}(1 - \delta) \right\}$$
$$= -2Z_0 \tan \frac{\pi}{2} \delta \fallingdotseq -Z_0 \pi \delta \ [\Omega] \tag{1.69}$$

長さを少し短縮しても放射抵抗が変化しないとすれば，半波長ダイポールアンテナの入力インピーダンス $\dot{Z}_i$ 〔Ω〕は次式で表される．

$$\dot{Z}_i = 73.13 + j(42.55 + X_l) \ [\Omega] \tag{1.70}$$

式 (1.70) の虚数部を零とするには，式 (1.69) および式 (1.70) より，

$$42.55 - Z_0 \pi \delta = 0$$

したがって，短縮率 δ 〔%〕は次式で与えられる．

$$\delta = \frac{42.55}{\pi Z_0} \times 100 \ [\%] \tag{1.71}$$

> 　短縮率は，一般に数％程度の値を持つ．また，素子の長さと直径の比によって変化し，直径が大きくなると短縮率は大きくなる．
> 　Z_0 は，単線式線路の特性インピーダンスとして求められ，導線の直径を d 〔m〕，長さを l 〔m〕とすると，次式で与えられる．
>
> $$Z_0 = 138 \log_{10} \frac{2l}{d} \ [\Omega] \tag{1.72}$$

第1章　アンテナの理論

三角関数の公式

$$\cot\left\{\frac{\pi}{2}(1-\delta)\right\} = \frac{\cos\left(\frac{\pi}{2} - \frac{\pi\delta}{2}\right)}{\sin\left(\frac{\pi}{2} - \frac{\pi\delta}{2}\right)}$$

$$= \frac{\cos\frac{\pi}{2}\cos\frac{\pi\delta}{2} + \sin\frac{\pi}{2}\sin\frac{\pi\delta}{2}}{\sin\frac{\pi}{2}\cos\frac{\pi\delta}{2} - \cos\frac{\pi}{2}\sin\frac{\pi\delta}{2}}$$

$$= \tan\frac{\pi\delta}{2}$$

$\Delta < 0.5\,[\mathrm{rad}]$ の条件では，

$$\sin\Delta \fallingdotseq \Delta \qquad \cos\Delta \fallingdotseq 1 \qquad \tan\Delta \fallingdotseq \Delta$$

④ 短縮コンデンサ・延長コイル

　アンテナの長さを変化させると，ある長さで放射インピーダンスが最小，給電点電流が最大となるが，最小の長さで共振状態になったときの周波数および波長を**固有周波数，固有波長**という．全長 $l\,[\mathrm{m}]$ の半波長ダイポールアンテナでは固有波長 $\lambda_0 = 2l\,[\mathrm{m}]$ となる．また，アンテナは図1·19 のような等価回路で表すことができ，図の $R_e\,[\Omega]$，$L_e\,[\mathrm{H}]$，C_e $[\mathrm{F}]$ をその**アンテナの実効定数**といい，それぞれ**実効抵抗，実効インダクタンス，実効静電容量**という．

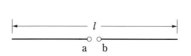
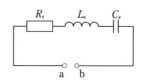

図1·19 アンテナの実効定数

　また，アンテナの固有波長が電波の波長より短いときは，放射リアクタンスは容量性となる．このとき，アンテナにコイルを挿入すればアンテナを共振状態とすることができる．この目的で用いられるコイルを**延長コイル**または**ローディングコイル**という．逆に，アンテナの固有波長が電波の波長より長いときに用いられるコンデンサを**短縮コンデンサ**という．

図1·20 可変リアクタンスを用いた共振

図 1·20 の垂直接地アンテナに可変コンデンサ C〔F〕と可変インダクタンス L〔H〕を接続すると，かなり広い範囲でアンテナを共振させて使うことができる．このような目的で用いられる可変インダクタンスを**バリオメータ**という．図の定数において，共振周波数 f〔Hz〕は次式で求めることができる．

$$f = \frac{1}{2\pi \sqrt{(L_e + L)\left(\frac{C_e C}{C_e + C}\right)}} \text{〔Hz〕} \tag{1.73}$$

1.11 受信アンテナの諸定数

◪ ループアンテナ

図 1·21 に示すような受信用ループ（枠形）アンテナは，HF 帯以下の電界強度測定用または方向探知用アンテナとして用いられる．また，ループの大きさが波長に比べて十分小さいので**微小ループアンテナ**ともいう．

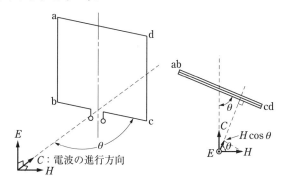

図 1·21 ループアンテナ

図において，N 回巻きループ abcd の面を電波の到来方向から角度 θ 傾けておくと，電波の電界 E および磁界 H は進行方向と垂直で，磁界がループ面に直交する成分は $H \cos\theta$ である．したがって，このループに誘起される起電力 e〔V〕は，鎖交磁束数を ϕ〔Wb〕，ループの面積を A〔m²〕とすると，次式で表される．

$$e = -N\frac{d\phi}{dt} = -N\frac{d}{dt}A\mu_0 H \cos\theta \text{〔V〕}$$

電波は角周波数 ω（$= 2\pi f$）で振動するから，最大磁界強度を H_0〔A/m〕とすると，次式となる．

$$e = -NA\mu_0 H_0 \cos\theta \frac{d}{dt} \cos\omega t$$
$$= \omega NA\mu_0 H_0 \cos\theta \sin\omega t \text{ [V]}$$

ここで，ω は次式で表される.

$$\omega = 2\pi f = \frac{2\pi c}{\lambda} = \frac{2\pi}{\lambda\sqrt{\varepsilon_0\mu_0}} = \frac{2\pi}{\lambda\mu_0}\sqrt{\frac{\mu_0}{\varepsilon_0}} = \frac{2\pi E_0}{\lambda\mu_0 H_0}$$

よって，

$$e = \frac{2\pi NA}{\lambda} E_0 \cos\theta \sin\omega t \text{ [V]}$$

実効値で表せば，次式となる.

$$e = \frac{2\pi NA}{\lambda} E \cos\theta \text{ [V]} \tag{1.74}$$

真空中の電波の伝搬速度 c [m/s] は，次式で表される.

$$c = \frac{1}{\sqrt{\varepsilon_0\mu_0}} \text{ [m/s]}$$

また，自由空間の固有インピーダンスを Z_0 [Ω] とすると，次式の関係がある.

$$Z_0 = \sqrt{\frac{\mu_0}{\varepsilon_0}} = \frac{E}{H} \text{ [Ω]}$$

---

② 有効電力

電波の電界強度が E [V/m] のとき，実効長 l_e [m] のアンテナを用いて，最大受信電圧が発生する方向に向けて受信したときの誘起電圧 V [V] は，次式で表される.

$$V = El_e \text{ [V]} \tag{1.75}$$

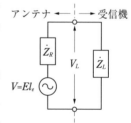

図 1・22 有効電力

誘起電圧 V は，受信機などの負荷を接続していない状態のアンテナ開放電圧であり，**図 1・22** のように送信アンテナと同様に放射インピーダンス $\dot{Z}_R$ が存在する電源回路として扱うことができる.

いま，$\dot{Z}_R = R_R + jX_R$ と受信機の入力インピーダンス $\dot{Z}_L = R_L + jX_L$ とが整合状態で，$R_R = R_L$，$X_R = -X_L$ ならば，受信機の端子電圧 V_L [V] は，

$$V_L = \frac{V}{2} = \frac{El_e}{2} \text{ [V]} \tag{1.76}$$

となり，このときの受信機入力電力は最大値 P_m [W] となり，次式で表される.

$$P_m = \frac{V_L{}^2}{R_L} = \frac{V_L{}^2}{R_R} = \frac{(El_e)^2}{4R_R} \ [\mathrm{W}] \tag{1.77}$$

> 受信機入力電力の最大値 P_m を有効電力または有能電力という．このとき，アンテナに受信された電力の半分が有効電力として受信機に与えられ，残りの半分が電波となって再放射される．

③ 線状アンテナの実効面積

電界強度が $E\ [\mathrm{V/m}]$ の地点での電力束密度 $W\ [\mathrm{W/m^2}]$ は，次式で表される．

$$W = \frac{E^2}{120\pi} \ [\mathrm{W/m^2}] \tag{1.78}$$

その位置に置かれた微小ダイポールの受信有効電力 $P_m\ [\mathrm{W}]$ は，次式で表される．

$$P_m = \frac{(El)^2}{4R_H} = \frac{E^2\lambda^2}{320\pi^2} \ [\mathrm{W}] \tag{1.79}$$

ただし，微小ダイポールの長さを $l\ [\mathrm{m}]$ とすると，微小ダイポールの放射抵抗は，$R_H = (80\pi^2 l^2)/\lambda^2\ [\Omega]$ である．

式 (1.79) に式 (1.78) を代入すると，次式となる．

$$P_m = \frac{3\lambda^2 W}{8\pi} \ [\mathrm{W}] \tag{1.80}$$

電力束密度 $W\ [\mathrm{W/m^2}]$ の空間に受信アンテナを置き，この受信アンテナから $P_m\ [\mathrm{W}]$ の電力を取り出すことができるとすると，次式が成り立つ．

$$P_m = A_e W \ [\mathrm{W}] \tag{1.81}$$

ここで，$A_e\ [\mathrm{m^2}]$ は面積の次元を持つアンテナの定数で，受信アンテナの**実効面積**という．微小ダイポールの実効面積 $A_H\ [\mathrm{m^2}]$ は，式 (1.80), (1.81) より，次式となる．

$$A_H = \frac{3\lambda^2}{8\pi} \fallingdotseq \frac{\lambda^2}{8.4} \ [\mathrm{m^2}] \tag{1.82}$$

半波長ダイポールアンテナの受信有効電力 $P_m\ [\mathrm{W}]$ は，次式で表される．

$$P_m = \frac{(El_D)^2}{4R_D} = \frac{E^2\lambda^2}{4R_D\pi^2} = \frac{120\pi W\lambda^2}{4R_D\pi^2} = \frac{30\lambda^2 W}{R_D\pi} \ [\mathrm{W}] \tag{1.83}$$

ただし，半波長ダイポールアンテナの実効長は $l_D = \dfrac{\lambda}{\pi}\ [\mathrm{m}]$

半波長ダイポールアンテナの放射抵抗は $R_D \fallingdotseq 73.13\ [\Omega]$ である．

よって，半波長ダイポールアンテナの実効面積 $A_D\ [\mathrm{m^2}]$ は，次式で表される．

$$A_D = \frac{30\lambda^2}{R_D\pi} = \frac{30\lambda^2}{73.13 \times \pi} \fallingdotseq 0.13\lambda^2 \ [\mathrm{m^2}] \tag{1.84}$$

第1章 アンテナの理論

Point

受信有効（有能）電力
　電力束密度 W〔$\mathrm{W/m^2}$〕の空間に置かれた，実効面積 A〔$\mathrm{m^2}$〕のアンテナから取り出すことができる受信有効（有能）電力 P_m〔W〕

$$P_m = AW \ \text{〔W〕} \tag{1.85}$$

実効面積
　微小ダイポールの実効面積 A_H〔$\mathrm{m^2}$〕

$$A_H = \frac{3\lambda^2}{8\pi} \fallingdotseq 0.12\lambda^2 \ \text{〔}\mathrm{m^2}\text{〕} \tag{1.86}$$

　半波長ダイポールアンテナの実効面積 A_D〔$\mathrm{m^2}$〕

$$A_D \fallingdotseq 0.13\lambda^2 \ \text{〔}\mathrm{m^2}\text{〕} \tag{1.87}$$

④ 散乱断面積

　空気などの均質な媒質中に置かれた，媒質定数の異なる物体に平面波が入射すると，金属の場合にはその物体に導電電流が誘起し，誘電体の場合には分極電流が誘起される．このとき，これらの電流が 2 次的な波源となって電磁波が再放射される．

　散乱する電磁波の方向が入射波の到来方向に一致する場合は，レーダ断面積または**後方散乱断面積**という．パルスレーダは，入射波方向に反射する電波を利用して物標からの反射波を受信する．

　自由空間中の物体に入射する平面波の電力束密度を W〔$\mathrm{W/m^2}$〕，物体から入射波方向への実効放射電力を P_S〔W〕とすると，物体の入射方向の散乱断面積 σ〔$\mathrm{m^2}$〕は，次式で表される．

$$\sigma = \frac{P_S}{W} \ \text{〔}\mathrm{m^2}\text{〕} \tag{1.88}$$

　半波長ダイポールアンテナによって電波が散乱するときは，到来電波によってアンテナに電圧 V〔V〕が誘起され，アンテナの入力インピーダンス R_D〔Ω〕とアンテナに接続された受信機の入力インピーダンスが整合されているときは，アンテナから放射される電力 P_S〔W〕は，次式で表される．

$$P_S = \frac{V^2}{4R_D} \ \text{〔W〕} \tag{1.89}$$

　電界強度を E〔$\mathrm{V/m}$〕，自由空間の固有インピーダンスを $Z_0 = 120\pi$〔Ω〕とすると，電力束密度は $W = E^2/Z_0$〔$\mathrm{W/m^2}$〕で表されるので，半波長ダイポールアンテナの散乱断面積 A_S〔$\mathrm{m^2}$〕は，次式で表される．

$$A_S = \frac{P_S}{W} = \frac{V^2 Z_0}{4 R_D E^2} \ \text{[m}^2\text{]} \tag{1.90}$$

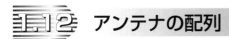 アンテナの配列

■ 配列アンテナの指向性

HF 帯以上の周波数で用いられるアンテナでは，半波長ダイポールアンテナなどのアンテナ素子を数本配列して多素子アンテナを構成することがある．それらの素子に給電する電流の位相と素子の間隔を適当に選べば，素子の配列面に対して同一方向あるいは垂直方向に指向性を持たせることができる．また，単方向指向性とすることも可能である．

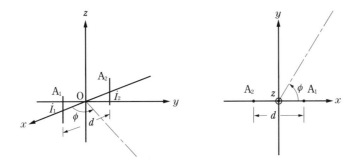

図 1・23　2 本の半波長ダイポールアンテナの配列

図 1・23 のように 2 本の半波長ダイポールアンテナ A_1 と A_2 を距離 d 〔m〕離して配列した場合，原点 O から十分に離れた点の**指向性係数** D は，それぞれのアンテナからの電界のベクトル和として求められ，次式で表される．

$$D = 2\cos\left\{ \frac{1}{2}\left(\delta - \frac{2\pi}{\lambda} d \cos\phi \right) \right\} \tag{1.91}$$

ここで，δ はそれぞれのアンテナに流れる電流 $\dot{I}_1$ に対する $\dot{I}_2$ の位相差であり，$\delta = 0$，$d = \lambda/2$ のときの指向性係数は，

$$D = 2\cos\left(\frac{\pi}{2}\cos\phi \right) \tag{1.92}$$

の式で表され，**図 1・24** (a) のように配列面に対して垂直方向に双方向の指向性を持つ．

また，$\delta = \pi/2$，$d = \lambda/4$ のときの指向性係数は，

$$D = 2\cos\left\{ \frac{\pi}{4}(1 - \cos\phi) \right\} \tag{1.93}$$

の式で表され，**図 1・24** (b)のように配列面と同一方向に単方向の指向性を持つ.

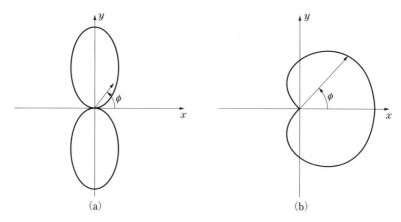

(a)   (b)

図 1・24 配列アンテナの指向性

　一般に，指向性が同じアンテナを並べた場合の合成指向性は，アンテナ素子の指向性と無指向性電波源を配列したときの指向性の積で表される.

　半波長ダイポールアンテナの指向性は，xy 平面上では無指向性だから，指向性係数は $D(\phi) = 1$ で表されるので，配列アンテナの指向性は**図 1・24** で表される指向性となる.

　xz 平面において，x 軸からの角度を θ としたときの半波長ダイポールアンテナの指向性係数 $D(\theta)$ は，

$$D(\theta) = \frac{\cos\left(\dfrac{\pi}{2}\cos\theta\right)}{\sin\theta} \tag{1.94}$$

の式で表される 8 字特性となるので，式 (1.94) で表される半波長ダイポールアンテナの指向性係数と，式 (1.91)〜(1.93) の $\phi = \theta$ とした式で表される**配列指向性係数**との積で表される.

② 配列アンテナのインピーダンス

　図 1・25 (a)のように 2 本の半波長アンテナが平行に配置され，電磁波によって結合しているとき，アンテナ素子 A_1 に加える電圧を $\dot{V}_{11}$，このとき A_1 に流れる電流を $\dot{I}_1$，この電流によって，受信アンテナ A_2 の付近に $\dot{E}_2$ の電界が発生し，A_2 に $\dot{V}_{21}$ の開放電圧が発生した. 次に，**図 1・25** (b)のように A_2 に $\dot{V}_{22}$ の電圧を加えたとき，A_2 に流れる電流を $\dot{I}_2$，A_1 に発生し

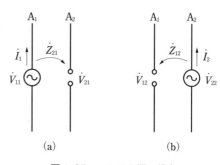

(a)   (b)

図 1・25 アンテナ間の結合

た開放電圧を $\dot{V}_{12}$ とすると，

$$\frac{\dot{V}_{21}}{\dot{I}_1} = \frac{\dot{V}_{12}}{\dot{I}_2} \tag{1.95}$$

の関係が成立する．これを**可逆定理**という．

Point

可逆定理

　図 1・25 のアンテナ素子間の関係は式 (1.95) で表される．これは，アンテナを送信用と受信用に用いたとき，利得，指向性，放射インピーダンスなどのほとんどの特性が一致するからである．これを送受信アンテナの可逆定理という．ただし，電流分布は励振方法が異なるため，厳密には一致しない．

　これらのアンテナの関係は，トランスのように相互インダクタンスで結合された結合回路と同様に考えることができ，アンテナ A_1 と A_2 との間の相互インピーダンスを考えると，A_1 から A_2 の結合では，

$$\frac{\dot{V}_{21}}{\dot{I}_1} = \dot{Z}_{21} = R_{21} + jX_{21} \tag{1.96}$$

A_2 から A_1 の結合では，

$$\frac{\dot{V}_{12}}{\dot{I}_2} = \dot{Z}_{12} = R_{12} + jX_{12} \tag{1.97}$$

の式で表すことができる．また，可逆定理より，

$$\dot{Z}_{12} = \dot{Z}_{21} \qquad R_{12} = R_{21} \qquad X_{12} = X_{21}$$

となる．ここで，相互に結合があるときのアンテナ A_1 と A_2 の電圧をそれぞれ $\dot{V}_1$, $\dot{V}_2$ とすると，電気回路で用いられる重ね合わせの原理を用いれば，

$$\dot{V}_1 = \dot{V}_{11} + \dot{V}_{12} = \dot{Z}_{11}\dot{I}_1 + \dot{Z}_{12}\dot{I}_2 \tag{1.98}$$

$$\dot{V}_2 = \dot{V}_{21} + \dot{V}_{22} = \dot{Z}_{21}\dot{I}_1 + \dot{Z}_{22}\dot{I}_2 \tag{1.99}$$

の関係が成立する．ただし，$\dot{Z}_{11}$, $\dot{Z}_{22}$ は相互結合がないときの A_1, A_2 の給電点インピーダンスである．

　半波長ダイポールアンテナを**図 1・26** のように 2 本平行に配置したときの相互インピーダンス $\dot{Z}_{21}$

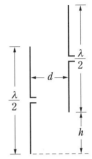

図 1・26　半波長ダイポールアンテナ間の相互インピーダンス

を表 1.2 に示す．間隔 d および位置 h を変化させると，$\dot{Z}_{21}$ の値は振動的に変化する．

表 1.2 半波長ダイポールアンテナの相互インピーダンス（$\dot{Z}_{21} = R_{21} + jX_{21}$ 〔Ω〕）

d＼h	0	0.5λ	1.0λ	1.5λ	2.0λ
0	$73.13 + j42.55$	$26.39 + j20.15$	$-4.12 - j0.72$	$1.73 + j0.19$	$-0.96 - j0.08$
0.5λ	$-12.52 - j29.91$	$-11.88 - j7.84$	$-0.70 + j4.05$	$1.04 - j1.42$	$-0.74 + j0.63$
1.0λ	$4.01 + j17.73$	$9.03 + j8.90$	$4.06 - j4.20$	$-2.68 - j0.28$	$1.11 + j0.88$
1.5λ	$-1.89 - j12.30$	$-5.83 - j8.51$	$-6.21 + j1.87$	$2.09 + j3.06$	$0.56 - j2.07$
2.0λ	$1.08 + j9.36$	$3.84 + j7.49$	$6.24 + j0.42$	$0.24 - j4.19$	$-2.55 + j0.98$
2.5λ	$-0.70 - j7.54$	$-2.66 - j6.51$	$-5.44 - j1.81$	$-2.20 + j3.67$	$2.86 + j1.08$
3.0λ	$0.49 + j6.31$	$1.94 + j5.68$	$4.53 + j2.51$	$3.27 - j2.57$	$-1.91 - j2.56$

開口面アンテナ

■ パラボラアンテナ

　代表的な開口面構造のアンテナとしてパラボラアンテナがある．パラボラアンテナは，電波を放射する 1 次放射器と**回転放物面**構造の反射鏡で構成されている．1 次放射器の点波源から放射された球面波は，反射鏡で反射されることによって開口面において位相のそろった平面波に変換されて放射される．

　図 1・27 において，x 軸上にある焦点 F に 1 次放射器を置くと，x 軸上の F→O→F の通路を通る電波と反射鏡上の任意の点 F→A→B の通路を通る電波の通路差が同じであるためには，

$$\overline{\text{FO}} + \overline{\text{OF}} = \overline{\text{FA}} + \overline{\text{AB}}$$

$$2l = a + a\cos\theta \tag{1.100}$$

移項して 2 乗すると，

$$a^2 = (2l - a\cos\theta)^2 = 4l^2 - 4la\cos\theta + a^2\cos^2\theta$$

$$= 4l^2 - 4la\cos\theta + a^2(1 - \sin^2\theta) \tag{1.101}$$

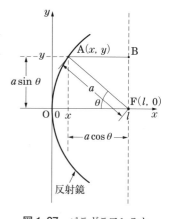

図 1・27 パラボラアンテナ

ここで，点 A の座標 (x, y) より，次式が成り立つ.

$$x = l - a\cos\theta$$
$$y = a\sin\theta$$

よって，

$$\cos\theta = \frac{l - x}{a} \tag{1.102}$$

$$\sin\theta = \frac{y}{a} \tag{1.103}$$

式 (1.102)，(1.103) を式 (1.101) に代入すると，

$$a^2 = 4l^2 - 4la\frac{l-x}{a} + a^2\left(1 - \frac{y^2}{a^2}\right) = 4lx + a^2 - y^2$$

したがって，

$$y^2 = 4lx \tag{1.104}$$

式 (1.104) は，点 F$(l, 0)$ を焦点とした放物線を表す. よって，回転放物面で構成された反射鏡を用いれば，開口面において平面波を放射することができる.

第1章 アンテナの理論

開口面アンテナの電磁界分布

アンテナからの放射電界の性質は，アンテナからの距離によって異なる. 特に反射板などの開口面を持つアンテナでは，電界パターンが距離に対して変化するフレネル領域と，変化しないフラウンホーファ領域が存在する.

　フレネル領域（近傍領域）　アンテナのごく近傍の静電界や誘導電磁界が優勢な距離から離れて遠方領域までの間の領域のこと. アンテナの開口面の各部分からの放射が干渉して，アンテナからの水平位置（放射角度）に対する電界強度が距離に対して振動的に変化する.

　フラウンホーファ領域（遠方領域）　アンテナから十分遠方の領域で，アンテナからの放射角度に対する電界パターンが距離によってほとんど変化しない領域である.

　また，これらの領域の境界までの距離 d 〔m〕は，開口面の直径を D 〔m〕，波長を λ 〔m〕とすると，$D \geqq \lambda$ の条件の場合は次式で表される.

$$d = \frac{2D^2}{\lambda} \text{〔m〕} \tag{1.105}$$

2 実効面積

実効面積は線状アンテナにおいても適用することができるが，主にパラボラアンテナなどの開口面を持つ立体構造のアンテナの動作を解析する場合に用いられる．

受信アンテナの利得は受信電力の比を表し，実効面積も同じく受信電力の比を表すので，利得 G_1，実効面積 A_1 $[\mathrm{m}^2]$ のアンテナと利得 G_2，実効面積 A_2 $[\mathrm{m}^2]$ で表される二つのアンテナの間には，次式の関係がある．

$$\frac{G_1}{G_2} = \frac{A_1}{A_2} \tag{1.106}$$

等方性アンテナおよび微小ダイポールの利得，実効面積をそれぞれ G_I，A_I および G_H，A_H とすると，等方性アンテナの実効面積 A_I は，次式で表される．

$$A_I = \frac{G_I}{G_H} A_H = \frac{1}{1.5} \times \frac{3\lambda^2}{8\pi} = \frac{\lambda^2}{4\pi} \ [\mathrm{m}^2] \tag{1.107}$$

パラボラアンテナの開口面は円形だから，直径を D $[\mathrm{m}]$ とすると，幾何学的な開口面積 A $[\mathrm{m}^2]$ は，

$$A = \pi \left(\frac{D}{2}\right)^2 \ [\mathrm{m}^2] \tag{1.108}$$

で表されるので，式 (1.108) を式 (1.111) に代入すると次式が得られる．

$$G_I = \frac{4\pi}{\lambda^2} \eta \pi \left(\frac{D}{2}\right)^2 = \eta \left(\frac{\pi D}{\lambda}\right)^2 \tag{1.109}$$

開口面アンテナにおいて，実効面積 A_e $[\mathrm{m}^2]$ と幾何学的な開口面積 A $[\mathrm{m}^2]$ との比を**開口効率**という．開口効率 η およびアンテナの絶対利得 G_I は次式で表される．

$$\eta = \frac{A_e}{A} \tag{1.110}$$

$$G_I = \frac{4\pi}{\lambda^2} \eta A \tag{1.111}$$

Point

等方性アンテナの実効面積 A_I $[\mathrm{m}^2]$ は，

$$A_I = \frac{\lambda^2}{4\pi} \ [\mathrm{m}^2] \tag{1.112}$$

絶対利得 G_I の任意のアンテナの実効面積 A_e $[\mathrm{m}^2]$ は，

$$A_e = \frac{\lambda^2}{4\pi} G_I \fallingdotseq 0.08\lambda^2 G_I \ [\mathrm{m}^2] \tag{1.113}$$

微小ダイポールの実効面積 A_H $[\mathrm{m}^2]$ は，$G_I = 1.5 = 3/2$ だから，

$$A_H = \frac{\lambda^2}{4\pi} \times \frac{3}{2} = \frac{3\lambda^2}{8\pi} \fallingdotseq 0.12\lambda^2 \ [\mathrm{m}^2] \tag{1.114}$$

半波長ダイポールアンテナの実効面積 A_D $[\mathrm{m}^2]$ は，$G_I = 1.64$ だから，

$$A_D = \frac{\lambda^2}{4\pi} \times 1.64 \fallingdotseq 0.13\lambda^2 \, [\mathrm{m}^2] \tag{1.115}$$

1.14 伝達公式

図 1·28 のように，送受信アンテナを対向して d [m] 離して置いたとき，送信アンテナの絶対利得および放射電力を G_T，P_T [W] とすると，受信点の電力束密度 W_R [W/m²] は，次式で表される．

$$W_R = \frac{G_T P_T}{4\pi d^2} \, [\mathrm{W/m}^2] \tag{1.116}$$

また，受信アンテナの利得を G_R，実効面積を A_R [W] とすると，受信電力 P_R [W] は，

$$\begin{aligned} P_R = W_R A_R &= \frac{G_T P_T}{4\pi d^2} \times \frac{\lambda^2}{4\pi} G_R \\ &= \left(\frac{\lambda}{4\pi d}\right)^2 G_T G_R P_T \, [\mathrm{W}] \end{aligned} \tag{1.117}$$

の式で表され，これを**フリスの伝達公式（伝送公式）**という．

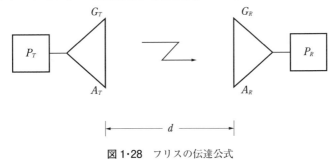

図 1·28 フリスの伝達公式

送信アンテナの実効面積を A_T [m²] とすれば，

$$A_T = \frac{\lambda^2}{4\pi} G_T \, [\mathrm{m}^2] \tag{1.118}$$

電力束密度 W_R [W/m²] および受信電力 P_R [W] は，次式で表すこともできる．

$$W_R = \frac{A_T P_T}{\lambda^2 d^2} \, [\mathrm{W/m}^2] \tag{1.119}$$

$$P_R = \frac{A_T A_R P_T}{\lambda^2 d^2} \, [\mathrm{W}] \tag{1.120}$$

第1章　アンテナの理論

Point

フリスの伝達公式より，伝送損を Γ とすると，次式となる．

$$P_R = \frac{G_T G_R P_T}{\Gamma} \tag{1.121}$$

ここで，送受信アンテナとして，等方性アンテナを用いたとき $(G_T = G_R = 1)$ の伝送損 Γ_0 は，大地や電離層などの電波伝搬路上の損失などを無視した自由空間の伝搬損失を表し，自由空間基本伝送損といい次式で表される．

$$\Gamma_0 = \left(\frac{4\pi d}{\lambda}\right)^2 \tag{1.122}$$

dB で表せば，次式となる．

$$\Gamma_{0\,\mathrm{dB}} = 10\log_{10}\Gamma_0 = 10\log_{10}\left(\frac{4\pi d}{\lambda}\right)^2 = 20\log_{10}\frac{4\pi d}{\lambda} \text{ (dB)} \tag{1.123}$$

基本問題練習

問1　　　　　　　　　　　　　　　　　　　　　　　2陸技

次の記述は，電波の平面波と球面波について述べたものである．このうち誤っているものを下の番号から選べ．

1　電波の進行方向に直交する平面内で，一様な電界と磁界を持つ電波を平面波という．

2　波面が球面の電波を球面波という．

3　凸面の誘電体レンズにより，球面波を平面波に変換することができる．

4　平面波と球面波は，いずれも縦波であり，光波と同じ速さで進む．

5　アンテナから放射された電波は，アンテナから十分離れた距離においては平面波とみなすことができる．

▶▶▶▶▶ p.1

解説　誤っている選択肢は，正しくは次のようになる．

　　4　誤「いずれも縦波であり」→ 正「いずれも**横波**であり」

問2　　　　　　　　　　　　　　　　　　　1陸技　2陸技

次の記述は，電界 E 〔V/m〕と磁界 H 〔A/m〕に関するマクスウェルの方程式について述べたものである．　　　　内に入れるべき字句の正しい組合せを下の番号から選べ．ただし，媒質は均質，等方性，線形，非分散性とし，誘電率を ε 〔F/m〕，透磁率を μ 〔H/m〕，導電率を σ 〔S/m〕および印加電流を J_0 〔A/m²〕とする．なお，同じ記号の　　　　内には，同じ

● 解答 ●

問1 -4

字句が入るものとする.

(1) E と H に関するマクスウェルの方程式は，次式で表される.

$$\boxed{\text{A}}\, H = J_0 + \sigma E + \varepsilon \frac{\partial E}{\partial t} \qquad \cdots\cdots①$$

$$\boxed{\text{A}}\, E = -\mu \frac{\partial H}{\partial t} \qquad\qquad \cdots\cdots②$$

(2) 式①は，拡張された $\boxed{\text{B}}$ の法則と呼ばれ，この右辺は，第1項の印加電流（1次電流源），第2項の導電流（2次電流）および $\boxed{\text{C}}$ と呼ばれている第3項からなる．第3項は，$\boxed{\text{C}}$ が印加電流および導電流と同様に磁界を発生することを表している.

(3) 式②は，$\boxed{\text{D}}$ の法則と呼ばれ，磁界が変化すると，電界が発生することを表している.

	A	B	C	D
1	rot	アンペア	変位電流	ファラデー
2	rot	ファラデー	対流電流	アンペア
3	rot	アンペア	対流電流	ファラデー
4	div	ファラデー	対流電流	アンペア
5	div	アンペア	変位電流	ファラデー

▶▶▶▶▶ p.3

解説 問題の (1) において，rot（ローテーション）はベクトルの回転を表す．試験問題ではナブラ演算子 ∇ を用いて，次式のようにベクトルの外積で表されることもある.

$$\mathrm{rot} H = \nabla \times H = J_0 + \sigma E + \varepsilon \frac{\partial E}{\partial t}$$

$$\mathrm{rot} E = \nabla \times E = -\mu \frac{\partial H}{\partial t}$$

問3 ▬▬▬▬▬▬▬▬▬▬▬▬▬▬▬ 1陸技

次の記述は，自由空間内の平面波を波動方程式から導出する過程について述べたものである．$\boxed{}$ 内に入れるべき字句の正しい組合せを下の番号から選べ．ただし，自由空間の誘電率を ε_0〔F/m〕，透磁率を μ_0〔H/m〕として，電界 E〔V/m〕が角周波数 ω〔rad/s〕で正弦的に変化しているものとする.

(1) E については，以下の波動方程式が成立する．ここで，$k^2 = \omega^2 \mu_0 \varepsilon_0$ とする.

● 解答 ●

問2-1

$$\nabla^2 \boldsymbol{E} + k^2 \boldsymbol{E} = 0 \qquad \cdots\cdots\text{①}$$

(2) 直角座標系 (x, y, z) で，$\boldsymbol{E}$ が y だけの関数とすると，式①より，以下の式が得られる．

$$\boxed{\text{A}} + k^2 E_z = 0 \qquad \cdots\cdots\text{②}$$

(3) 式②の解は，M，N を境界条件によって定まる定数とすると，次式で表される．

$$E_z = Me^{-jky} + Ne^{+jky} \qquad \cdots\cdots\text{③}$$

(4) 以下，式③の右辺の第 1 項で表される $\boxed{\text{B}}$ のみを考える．ky が 2π の値をとるごとに同一の変化が繰り返されるから，$ky = 2\pi$ を満たす y が波長 λ となる．すなわち，周波数を f〔Hz〕とすると，$\lambda = \boxed{\text{C}}$〔m〕となる．

(5) 式③の右辺の第 1 項に時間項 $e^{j\omega t}$ を掛けると，E_z は，次式で表される．

$$E_z = Me^{j(\omega t - ky)} \qquad \cdots\cdots\text{④}$$

(6) 式④より，E_z の等位相面を表す式は，定数を K とおくと，次式で与えられる．

$$\omega t - ky = K \qquad \cdots\cdots\text{⑤}$$

(7) 式⑤の両辺を時間 t について微分すると，等位相面の進む速度，すなわち，電波の速度 c が以下のように求まる．

$$c = \frac{dy}{dt} = \boxed{\text{D}} = \frac{1}{\sqrt{\mu_0 \varepsilon_0}} \text{〔m/s〕}$$

	A	B	C	D
1	$\dfrac{dE_z}{dy}$	前進波	$\dfrac{1}{f\sqrt{\mu_0\varepsilon_0}}$	$\dfrac{\omega}{k}$
2	$\dfrac{dE_z}{dy}$	後退波	$\dfrac{\sqrt{\mu_0\varepsilon_0}}{f}$	$\dfrac{k}{\omega}$
3	$\dfrac{d^2E_z}{dy^2}$	後退波	$\dfrac{\sqrt{\mu_0\varepsilon_0}}{f}$	$\dfrac{k}{\omega}$
4	$\dfrac{d^2E_z}{dy^2}$	前進波	$\dfrac{1}{f\sqrt{\mu_0\varepsilon_0}}$	$\dfrac{\omega}{k}$
5	$\dfrac{d^2E_z}{dy^2}$	前進波	$\dfrac{1}{f\sqrt{\mu_0\varepsilon_0}}$	$\dfrac{k}{\omega}$

▶▶▶▶▶ p.3

解説 問題の式①において，∇^2 はラプラシアンと呼び，次式で表される．

$$\nabla^2 = \nabla \cdot \nabla = \left(\boldsymbol{i} \frac{\partial}{\partial x} + \boldsymbol{j} \frac{\partial}{\partial y} + \boldsymbol{k} \frac{\partial}{\partial z} \right)^2$$

$$= \frac{\partial^2}{\partial x^2} + \frac{\partial^2}{\partial y^2} + \frac{\partial^2}{\partial z^2}$$

問題の式⑤の両辺を時間 t について微分すると，次式で表される．

$$\frac{d}{dt}\omega t - \frac{d}{dt}ky = \frac{d}{dt}K$$

定数 K の微分は，$\frac{d}{dt}K = 0$ となるから，次式となる．

$$\omega - k\frac{dy}{dt} = 0$$

題意より，$k = \omega\sqrt{\mu_0\varepsilon_0}$ だから，電波の速度 c〔m/s〕は次式で表される．

$$c = \frac{dy}{dt} = \frac{\omega}{k} = \frac{1}{\sqrt{\mu_0\varepsilon_0}} \text{〔m/s〕}$$

問4 2陸技

自由空間の固有インピーダンスの値として，最も近いものを下の番号から選べ．ただし，自由空間の誘電率 ε_0 を $\varepsilon_0 = \frac{10^{-9}}{36\pi}$〔F/m〕とし，透磁率 μ_0 を $\mu_0 = 4\pi \times 10^{-7}$〔H/m〕とする．

1　120π〔Ω〕　2　150π〔Ω〕　3　180π〔Ω〕　4　240π〔Ω〕　5　320π〔Ω〕

p.6

解説　自由空間の固有インピーダンス Z_0〔Ω〕は，次式で表される．

$$Z_0 = \sqrt{\frac{\mu_0}{\varepsilon_0}} = \sqrt{4\pi \times 10^{-7} \times 36\pi \times 10^9}$$

$$= \sqrt{144\pi^2 \times 10^2} = 120\pi \text{〔Ω〕}$$

問5 2陸技

自由空間において，到来電波の電界強度が 1〔V/m〕であった．このときの磁界強度の値として，最も近いものを下の番号から選べ．ただし，電波は平面波とする．

1　1.3×10^{-3}〔A/m〕　2　2.7×10^{-3}〔A/m〕　3　5.3×10^{-3}〔A/m〕
4　7.3×10^{-3}〔A/m〕　5　8.6×10^{-3}〔A/m〕

p.6

解答

問3 -4　問4 -1

解説　電界強度を E〔V/m〕，自由空間の固有インピーダンスを Z_0〔Ω〕とすると，磁界強度 H〔A/m〕は，次式で表される．

$$H = \frac{E}{Z_0} = \frac{E}{120\pi} \fallingdotseq \frac{1}{377} = \frac{1,000}{377} \times 10^{-3} \fallingdotseq 2.7 \times 10^{-3} \text{〔A/m〕}$$

問6　　　　　　　　　　　　　　　　　　　　　　1陸技　2陸技類題

次の記述は，自由空間に置かれた微小ダイポールを正弦波電流で励振した場合に発生する電界について述べたものである．□□□内に入れるべき字句の正しい組合せを下の番号から選べ．

(1) 微小ダイポールの長さを l〔m〕，微小ダイポールを流れる電流を I〔A〕，角周波数を ω〔rad/s〕，波長を λ〔m〕，微小ダイポールの電流が流れる方向と微小ダイポールの中心から距離 r〔m〕の任意の点 P を見た方向とがなす角度を θ〔rad〕とすると，放射電界，誘導電界および静電界の 3 つの成分からなる点 P における微小ダイポールによる電界強度 E_θ は，次式で表される．

$$E_\theta = \frac{j60\pi Il\sin\theta}{\lambda}\left(\frac{1}{r} - \frac{j\lambda}{2\pi r^2} - \frac{\lambda^2}{4\pi^2 r^3}\right)e^{j(\omega t - 2\pi r/\lambda)} \text{〔V/m〕} \quad \cdots\cdots①$$

(2) E_θ の放射電界の大きさを $|E_1|$〔V/m〕，E_θ の誘導電界の大きさを $|E_2|$〔V/m〕，E_θ の静電界の大きさを $|E_3|$〔V/m〕とすると，$|E_1|$，$|E_2|$，$|E_3|$ は，式①より微小ダイポールの中心からの距離 r が　A　〔m〕のとき等しくなる．

(3) 微小ダイポールの中心からの距離 $r = 5\lambda$〔m〕のとき，$|E_1|$，$|E_2|$，$|E_3|$ の比は，式①より $|E_1| : |E_2| : |E_3| \fallingdotseq$　B　となる．

	A	B
1	λ/π	$0.0039 : 0.063 : 1$
2	λ/π	$1 : 0.032 : 0.001$
3	$\lambda/(2\pi)$	$1 : 0.159 : 0.025$
4	$\lambda/(2\pi)$	$0.0039 : 0.063 : 1$
5	$\lambda/(2\pi)$	$1 : 0.032 : 0.001$

▶▶▶▶▶ p.8

解説　問題の式①の（　）内の各項がそれぞれ放射電界 $|E_1|$，誘導電界 $|E_2|$，静電界 $|E_3|$ を表すので，それらが等しくなる距離を r〔m〕とすると，次式が成り立つ．

$$\frac{1}{r} = \frac{\lambda}{2\pi r^2} = \frac{\lambda^2}{4\pi^2 r^3}$$

● 解答 ●

問5 -2

各辺に r^2 を掛けると，次式となる．

$$r = \frac{\lambda}{2\pi} = \left(\frac{\lambda}{2\pi}\right)^2 \times \frac{1}{r}$$

よって，r は次式で表される．

$$r = \frac{\lambda}{2\pi} \text{ (m)}$$

問題の式①において（ ）内の各項に $r = 5\lambda$ を代入して $|E_1| : |E_2| : |E_3|$ を求めると，次式で表される．

$$\begin{aligned}
|E_1| : |E_2| : |E_3| &= \frac{1}{5\lambda} : \frac{\lambda}{2\pi \times 25\lambda^2} : \frac{\lambda^2}{4\pi^2 \times 125\lambda^3} \\
&= \frac{1}{5} : \frac{1}{2\pi \times 25} : \frac{1}{4\pi^2 \times 125} = 1 : \frac{1}{10\pi} : \frac{1}{100\pi^2}
\end{aligned}$$

ここで，$1/\pi \fallingdotseq 0.32$，$\pi^2 \fallingdotseq 10$ として計算すれば，次式となる．

$$1 : \frac{0.32}{10} : \frac{1}{100 \times 10} = 1 : 0.032 : 0.001$$

問7 ▮▮▮▮▮▮▮▮▮▮▮▮▮▮▮▮▮▮▮▮▮▮▮▮▮ 2陸技

図に示す電界強度の放射パターンを持つアンテナの前後比（*F/B*）の値として，正しいものを下の番号から選べ．ただし，メインローブ A の電界強度の最大値を 0〔dB〕としたとき，B，C，D，E および F の各サイドローブの電界強度の最大値をそれぞれ -20〔dB〕，-13〔dB〕，-26〔dB〕，-16〔dB〕および -18〔dB〕とし，また，角度 θ_1，θ_2，θ_3 および θ_4 をそれぞれ $58°$，$58°$，$48°$ および $57°$ とする．

1　23〔dB〕

2　20〔dB〕

3　18〔dB〕

4　16〔dB〕

5　13〔dB〕

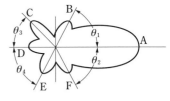

▶▶▶▶▶ p.11

解説　前後比 R は，メインローブ A の電界強度 E_f と $180° \pm 60°$ の範囲内にある最大のサイドローブの電界強度 E_r との比であるが，電界強度がデシベルで表されているのでそれらの差となる．図のサイドローブのうち C，D，E が範囲内にあるが C が最大なの

● **解答** ●

問6 -5

で，C の値より，前後比 R〔dB〕は次式で表される．

$$R = 20 \log_{10} \frac{E_f}{E_r} = E_f \,〔\text{dB}〕 - E_r \,〔\text{dB}〕 = 0 - (-13) = 13 \,〔\text{dB}〕$$

問8 ▰▰▰▰▰▰▰▰▰▰▰▰▰▰▰▰▰▰▰▰

次の記述は，図に示すような線状アンテナの指向性について述べたものである．□内に入れるべき字句の正しい組合せを下の番号から選べ．ただし，電界強度の指向性関数を $D(\theta)$ とする．

(1) 十分遠方における電界強度の指向性は，$D(\theta)$ に比例し，距離に □A□．

(2) 微小ダイポールの $D(\theta)$ は，□B□ と表され，また，半波長ダイポールアンテナの $D(\theta)$ は，近似的に □C□ と表される．

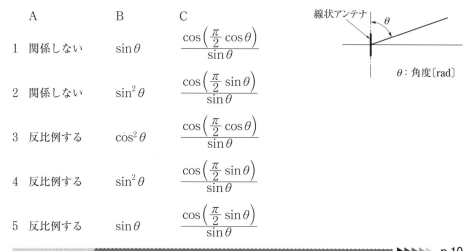

θ：角度〔rad〕

	A	B	C
1	関係しない	$\sin\theta$	$\dfrac{\cos\left(\dfrac{\pi}{2}\cos\theta\right)}{\sin\theta}$
2	関係しない	$\sin^2\theta$	$\dfrac{\cos\left(\dfrac{\pi}{2}\sin\theta\right)}{\sin\theta}$
3	反比例する	$\cos^2\theta$	$\dfrac{\cos\left(\dfrac{\pi}{2}\cos\theta\right)}{\sin\theta}$
4	反比例する	$\sin^2\theta$	$\dfrac{\cos\left(\dfrac{\pi}{2}\sin\theta\right)}{\sin\theta}$
5	反比例する	$\sin\theta$	$\dfrac{\cos\left(\dfrac{\pi}{2}\sin\theta\right)}{\sin\theta}$

▶▶▶▶▷▷ p.10

解説 十分遠方のフラウンホーファ領域においては，電界強度の指向性は，$D(\theta)$ に比例し，距離に関係しない．また，微小ダイポールおよび半波長ダイポールアンテナともに，$\theta = 0$ のとき $D(0) = 0$，$\theta = \pi/2$ のとき $D(\pi/2) = 1$ となる．

問9 ▰▰▰▰▰▰▰▰▰▰▰▰▰▰▰▰▰▰▰▰

電界面内の電力半値幅が 2.0°，磁界面内の電力半値幅が 2.5° のビームを持つアンテナの指向性利得 G_d〔dB〕の値として，最も近いものを下の番号から選べ．ただし，アンテナからの全電力は，電界面内および磁界面内の電力半値幅 θ_E〔rad〕および θ_H〔rad〕内に一様

● 解答 ●

問7-5　**問8**-1

に放射されているものとし，指向性利得 G_d（真数）は，次式で与えられるものとする．

ただし，$\log_{10} 2 = 0.3$ とする．

$$G_d \fallingdotseq \frac{4\pi}{\theta_E \theta_H}$$

1　29〔dB〕　　　2　34〔dB〕　　　3　39〔dB〕　　　4　43〔dB〕　　　5　48〔dB〕

▶▶▶▶▶ p.12

解説　題意の半値幅 θ_{Ed}, θ_{Hd} は，単位が〔°〕なので，これらをラジアン θ_E, θ_H〔rad〕に変換すると，次式で表される．

$$\theta_E = \theta_{Ed} \times \frac{\pi}{180} = \frac{2\pi}{180}, \quad \theta_H = \theta_{Hd} \times \frac{\pi}{180} = \frac{2.5\pi}{180}$$

題意の式より，指向性利得 G_d は次式で表される．

$$G_d \fallingdotseq \frac{4\pi}{\theta_E \theta_H} = \frac{4\pi \times 180 \times 180}{2\pi \times 2.5\pi} = \frac{4 \times 32{,}400}{5 \times 3.14} = \frac{0.8 \times 32{,}400}{3.14} \fallingdotseq 8 \times 10^3$$

デシベルで求めると，次式で表される．

$$G_{dB} = 10 \log_{10} G_d = 10 \log_{10}(8 \times 10^3) = 10 \log_{10} 2^3 + 10 \log_{10} 10^3$$
$$= 3 \times 10 \times 0.3 + 3 \times 10 = 39 \text{〔dB〕}$$

問10　　　　　　　　　　　　　　　　　　　　　　　　1陸技　2陸技

実効長 3〔cm〕の直線状アンテナを周波数 1,000〔MHz〕で用いたとき，このアンテナの放射抵抗の値として，最も近いものを下の番号から選べ．ただし，微小ダイポールの放射電力 P は，ダイポールの長さを l〔m〕，波長を λ〔m〕および流れる電流を I〔A〕とすれば，次式で表されるものとする．

$$P = 80 \left(\frac{\pi I l}{\lambda} \right)^2 \text{〔W〕}$$

1　8〔Ω〕　　　2　16〔Ω〕　　　3　23〔Ω〕　　　4　30〔Ω〕　　　5　37〔Ω〕

▶▶▶▶▶ p.13

解説　周波数 $f = 1{,}000$〔MHz〕の電波の波長 λ〔m〕は，次式で表される．

$$\lambda \fallingdotseq \frac{300}{f} = \frac{300}{1{,}000} = 3 \times 10^{-1} \text{〔m〕}$$

アンテナの長さ $l = 3$〔cm〕$= 3 \times 10^{-2}$〔m〕は，波長 λ に比較してかなり短いので，放射抵抗 R_r〔Ω〕は，題意の微小ダイポールの式を用いて次式で表される．

● 解答 ●

問9 -3

第1章　アンテナの理論

$$R_r = \frac{P}{I^2} = 80\pi^2 \left(\frac{l}{\lambda}\right)^2$$

$$\fallingdotseq 80 \times 10 \times \left(\frac{3 \times 10^{-2}}{3 \times 10^{-1}}\right)^2 = 8 \times 10^2 \times 10^{-2} = 8 \;[\Omega]$$

ただし，$\pi^2 \fallingdotseq 10$ とする．

問11　　　　　　　　　　　　　　　　　　　　　　　　　　1陸技

自由空間において，放射電力が等しい微小ダイポールと半波長ダイポールアンテナによって最大放射方向の同じ距離の点に生ずるそれぞれの電界強度 E_1 および E_2〔V/m〕の比 E_1/E_2 の値として，最も近いものを下の番号から選べ．ただし，$\sqrt{5} = 2.24$ とする．

1　0.65　　　2　0.76　　　3　0.84　　　4　0.96　　　5　1.04

▶▶▶▶▶ p.15

解説　放射電力を P〔W〕，距離を d〔m〕とすると，微小ダイポールによる電界強度 E_1〔V/m〕および半波長ダイポールアンテナによる電界強度 E_2〔V/m〕は，次式で表される．

$$E_1 = \frac{\sqrt{45P}}{d} \;[\text{V/m}] \qquad E_2 \fallingdotseq \frac{7\sqrt{P}}{d} \;[\text{V/m}]$$

よって，

$$\frac{E_1}{E_2} = \frac{\sqrt{45}}{7} = \frac{3\sqrt{5}}{7} = \frac{3 \times 2.24}{7} = 0.96$$

問12　　　　　　　　　　　　　　　　　　　　　　　　　　2陸技

自由空間において，絶対利得 10〔dB〕のアンテナで電波を放射したとき，最大放射方向の 50〔km〕離れた点における電界強度が 3〔mV/m〕であった．このときの供給電力の値として，最も近いものを下の番号から選べ．ただし，アンテナの損失はないものとする．

1　37〔W〕　　　2　41〔W〕　　　3　53〔W〕　　　4　64〔W〕　　　5　75〔W〕

▶▶▶▶▶ p.15

解説　絶対利得 10〔dB〕の真数を $G_1 = 10$，供給電力を P〔W〕，距離を d〔m〕とすると電界強度 E〔V/m〕は，次式で表される．

$$E = \frac{\sqrt{30G_1P}}{d} \;[\text{V/m}]$$

両辺を 2 乗して供給電力 P〔W〕を求めると，次式となる．

● 解答 ●

問10 -1　　問11 -4

$$P = \frac{(Ed)^2}{30G_I} = \frac{(3 \times 10^{-3} \times 50 \times 10^3)^2}{30 \times 10} = \frac{3^2 \times 5^2 \times 10^2}{3 \times 10^2} = 75 \, \text{[W]}$$

問13 〔1陸技〕 〔2陸技類題〕

電波の波長を λ〔m〕としたとき，図に示す水平部の長さが $\lambda/12$〔m〕，垂直部の長さが $\lambda/6$〔m〕の逆 L 形アンテナの実効高 h_e を表す式として，正しいものを下の番号から選べ．ただし，大地は完全導体とし，アンテナ上の電流は，給電点で最大の正弦状分布とする．

1 $h_e = \dfrac{\lambda}{\sqrt{2}\pi}$〔m〕

2 $h_e = \dfrac{\sqrt{3}\lambda}{4\pi}$〔m〕

3 $h_e = \dfrac{\lambda}{2\pi}$〔m〕

4 $h_e = \dfrac{\lambda}{2\sqrt{2}\pi}$〔m〕

5 $h_e = \dfrac{\sqrt{3}\lambda}{2\sqrt{2}\pi}$〔m〕

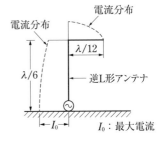

▶▶▶▶▶ p.17

解説 アンテナの全長 l は，

$$l = \frac{\lambda}{6} + \frac{\lambda}{12} = \frac{3\lambda}{12} = \frac{\lambda}{4}$$

だから，給電点の電流 I_0〔A〕が最大で，cos 関数で分布しているものとすることができる．逆 L 形接地アンテナは垂直部のみが放射に関係するので，垂直部分の長さ $l = \lambda/6$ の電流を基部から積分して給電点の電流 I_0〔A〕で割れば実効高 h_e〔m〕を求めることができる．位相定数を $\beta = 2\pi/\lambda$ とすると，h_e は次式で表される．

$$h_e = \frac{1}{I_0} \int_0^{\lambda/6} I_0 \cos\beta l\, dl = \frac{1}{\beta}\Big[\sin\beta l\Big]_0^{\lambda/6}$$
$$= \frac{\lambda}{2\pi}\left(\sin\frac{2\pi \times \lambda}{\lambda \times 6} - \sin 0\right) = \frac{\lambda}{2\pi}\sin\frac{\pi}{3} = \frac{\sqrt{3}\lambda}{4\pi}\ \text{〔m〕}$$

問14 〔1陸技〕 〔2陸技〕

図に示す半波長ダイポールアンテナを周波数 30〔MHz〕で使用するとき，アンテナの入力インピーダンスを純抵抗とするためのアンテナ素子の長さ l〔m〕の値として，最も近いも

● **解答** ●

問12-5   **問13**-2

のを下の番号から選べ．ただし，アンテナ素子の直径を 5〔mm〕とし，碍子等による浮遊容量は無視するものとする．

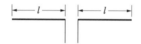

1 2.02〔m〕　　　2 2.21〔m〕　　　3 2.30〔m〕　　　4 2.42〔m〕　　　5 2.58〔m〕

▶▶▶▶ p.18

解説　周波数 30〔MHz〕の電波の波長は $\lambda = 10$〔m〕であり，半波長ダイポールアンテナの片方の素子の長さ L〔m〕は，$\lambda/4$ だから $L = 2.5$〔m〕となる．長さ L〔m〕，直径 d〔m〕の単線式線路の特性インピーダンス Z_0〔Ω〕は，次式で表される．

$$Z_0 = 138 \log_{10} \frac{2L}{d} = 138 \log_{10} \frac{2 \times 2.5}{5 \times 10^{-3}} = 138 \times 3 = 414 \, [\Omega]$$

短縮率 δ は，次式で表される．

$$\delta = \frac{42.55}{\pi Z_0} = \frac{42.55}{3.14 \times 414} \fallingdotseq 0.033$$

よって，短縮率を考慮したアンテナ素子の長さ l〔m〕は，次式で表される．

$$l = L(1 - \delta) = 2.5 \times (1 - 0.033) \fallingdotseq 2.5 - 0.08 = 2.42 \, [\text{m}]$$

問15　　　　　　　　　　　　　　　　　　　　　　　　　　　　　1陸技

アンテナ導線（素子）の特性インピーダンスが 471〔Ω〕で，長さ 25〔m〕の垂直接地アンテナを周波数 1.5〔MHz〕に共振させて用いるとき，アンテナの基部に挿入すべき延長コイルのインダクタンスの値として，最も近いものを下の番号から選べ．ただし，大地は完全導体とする．

1 50〔μH〕　　　2 73〔μH〕　　　3 93〔μH〕　　　4 105〔μH〕　　　5 120〔μH〕

▶▶▶▶ p.20

解説　周波数 $f = 1.5$〔MHz〕の電波の波長 λ〔m〕は，次式で表される．

$$\lambda \fallingdotseq \frac{300}{f} = \frac{300}{1.5} = 200 \, [\text{m}]$$

垂直接地アンテナを特性インピーダンス Z_0〔Ω〕，長さ l〔m〕の終端が開放された単線の線路として，リアクタンス X_A を求めると次式で表される．

◖解答◗

問14-4

$$X_A = -jZ_0 \cot \beta l = -jZ_0 \frac{1}{\tan \beta l} \tag{1}$$

式 (1) の tan を求めると，次式で表される．

$$\tan \beta l = \tan \frac{2\pi}{\lambda} l = \tan \frac{2\pi}{200} \times 25 = \tan \frac{\pi}{4} = 1 \tag{2}$$

式 (1)，(2) と題意の値より，次式となる．

$$X_A = -jZ_0 = -j471 \,[\Omega]$$

アンテナを共振させるために用いられるインダクタンス L [H] の延長コイルの誘導性リアクタンス X_L の値は，

$$X_L = 2\pi fL = Z_0$$

となるので，L を求めると次式で表される．

$$L = \frac{Z_0}{2\pi f} = \frac{471}{2 \times 3.14 \times 1.5 \times 10^6} = \frac{471}{9.42} \times 10^{-6}$$
$$= 50 \times 10^{-6} \,[\mathrm{H}] = 50 \,[\mu\mathrm{H}]$$

問16 　　　　　　　　　　　　　　　　　　　　　　　2陸技

　周波数が 600 [kHz]，電界強度が 5 [mV/m] のとき，直径 50 [cm]，巻数 10 の円形ループアンテナに誘起する電圧の値として，最も近いものを下の番号から選べ．ただし，円形ループアンテナの面と電波の到来方向とのなす角度は 60° とする．

1　62 [μV]　　　　2　73 [μV]　　　　3　82 [μV]　　　　4　93 [μV]　　　　5　102 [μV]

▶▶▶▶▶ p.21

解説　直径を D [m] とすると，ループの面積 A [m²] は，次式で表される．

$$A = \pi \left(\frac{D}{2} \right)^2$$

　電界強度を E [V/m]，巻数を N，ループ面と電波の到来方向のなす角度を θ [°] とすると，誘起電圧 e [V] は，次式で表される．

$$e = \frac{2\pi NA}{\lambda} E \cos \theta = \frac{2\pi N}{\lambda} \times \frac{\pi D^2}{4} E \cos \theta$$
$$= \frac{2\pi \times 10 \times \pi \times 0.5^2}{500 \times 4} \times 5 \times 10^{-3} \times \cos 60° = 62 \times 10^{-6} \,[\mathrm{V}] = 62 \,[\mu\mathrm{V}]$$

　ただし，周波数 600 [kHz] の電波の波長は $\lambda = 500$ [m]，$\pi^2 = 10$，$\cos 60° = \frac{1}{2}$ である．

● 解答 ●

問15-1　　**問16**-1

問17 　　　　　　　　　　　　　　　　　　　　　　　　2陸技

　周波数 30〔MHz〕用の半波長ダイポールアンテナの実効面積の値として，最も近いものを下の番号から選べ．

1　6〔m²〕　　　2　13〔m²〕　　　3　20〔m²〕　　　4　30〔m²〕　　　5　46〔m²〕

▶▶▶▶▶ p.23

解説　半波長ダイポールアンテナの実効面積 A_D〔m²〕は，次式で表される．

$$A_D \fallingdotseq 0.13\lambda^2 = 0.13 \times 10^2 = 13\ \text{〔m²〕}$$

　　　ただし，周波数 30〔MHz〕の電波の波長は $\lambda = 10$〔m〕である．

問18 　　　　　　　　　　　　　　　　　　　　　　　　1陸技

　次の記述は，アンテナの利得と指向性および受信電力について述べたものである．このうち誤っているものを下の番号から選べ．

1　受信アンテナの利得や指向性は，可逆の定理により，送信アンテナとして用いた場合と同じである．

2　自由空間中で送信アンテナに受信アンテナを対向させて電波を受信するときの受信電力は，フリスの伝達公式により求めることができる．

3　微小ダイポールの絶対利得は，等方性アンテナの約 1.76 倍であり，約 1.5〔dB〕である．

4　半波長ダイポールアンテナの絶対利得は，等方性アンテナの約 1.64 倍であり，約 2.15〔dB〕である．

5　一般に同じアンテナを複数個並べたアンテナの指向性は，アンテナ単体の指向性に配列指向係数を掛けたものに等しい．

▶▶▶▶▶ p.15〜31

解説　誤っている選択肢は，正しくは次のようになる．

　　3　微小ダイポールの絶対利得は，等方性アンテナの**約 1.5 倍**であり，**約 1.76〔dB〕**である．

問19 　　　　　　　　　　　　　　　　　　　　　　　　1陸技

　次の記述は，自由空間において，一つのアンテナを送信と受信に用いたときのそれぞれの特性について述べたものである．このうち誤っているものを下の番号から選べ．

1　利得は，同じである．

2　放射電力密度の指向性と有能受信電力（受信最大有効電力）の指向性は，同じである．

● **解答** ●

問17-2　　**問18**-3

3 放射電界強度の指向性と受信開放電圧の指向性は，同じである．

4 アンテナ上の電流分布は，一般に異なる．

5 入力（給電点）インピーダンスは，異なる．

▶▶▶▶▶ p.27

解説 誤っている選択肢は，正しくは次のようになる．

　　5　入力（給電点）インピーダンスは，**同じである**．

問20　　　　　　　　　　　　　　　　　　　　　　　1陸技 2陸技類題

　開口径が 2〔m〕の円形パラボラアンテナを周波数 15〔GHz〕で使用するときの絶対利得の値として，最も近いものを下の番号から選べ．ただし，開口効率を 0.6 とし，$\log_{10}\pi = 0.5$，$\log_{10}6 = 0.78$ とする．

1　26〔dB〕　　　2　33〔dB〕　　　3　38〔dB〕　　　4　43〔dB〕　　　5　48〔dB〕

▶▶▶▶▶ p.30

解説　周波数が $f = 15$〔GHz〕$= 15\times10^9$〔Hz〕の電波の波長 λ〔m〕は，次式で表される．

$$\lambda \fallingdotseq \frac{3\times10^8}{f} = \frac{3\times10^8}{15\times10^9} = 2\times10^{-2}\ \text{〔m〕}$$

開口径を D〔m〕，開口効率を η とすると，絶対利得 G_I〔dB〕は，次式で表される．

$$G_I = 10\log_{10}\eta\left(\frac{\pi D}{\lambda}\right)^2 = 10\log_{10}\left\{0.6\times\left(\frac{\pi\times2}{2\times10^{-2}}\right)^2\right\}$$
$$= 10\log_{10}(6\times\pi^2\times10^3)$$
$$= 10\log_{10}6 + 20\log_{10}\pi + 10\log_{10}10^3$$
$$= 10\times0.78 + 20\times0.5 + 10\times3 = 7.8 + 10 + 30 \fallingdotseq 48\ \text{〔dB〕}$$

問21　　　　　　　　　　　　　　　　　　　　　　　　　　　　1陸技

　次の記述は，開口面アンテナによる放射電磁界の空間的分布とその性質について述べたものである．　　　内に入れるべき字句の正しい組合せを下の番号から選べ．ただし，開口面の直径は波長に比べて十分大きいものとする．

(1)　アンテナからの放射角度に対する電界分布のパターンは，フレネル領域では距離によって　A　，フラウンホーファ領域では距離によって　B　．

(2)　アンテナからフレネル領域とフラウンホーファ領域の境界までの距離は，開口面の実効的な最大寸法を D〔m〕および波長を λ〔m〕とすると，ほぼ　C　〔m〕で与えられる．

● 解答 ●

問19-5　　**問20**-5

	A	B	C
1	変化し	ほとんど変化しない	$2D^2/\lambda$
2	変化し	ほとんど変化しない	D^2/λ
3	変化し	ほとんど変化しない	$3D^2/\lambda$
4	ほとんど変化せず	変化する	D^2/λ
5	ほとんど変化せず	変化する	$3D^2/\lambda$

▶▶▶▶▷ p.29

問22　2陸技

次の記述は，アンテナの利得について述べたものである．　　内に入れるべき字句の正しい組合せを下の番号から選べ．

(1) 基準アンテナの実効面積 A_{es}〔m²〕とすると，実効面積が A_e〔m²〕のアンテナの利得は，　A　で表される．

(2) 等方性アンテナに対する利得を　B　利得という．

(3) 半波長ダイポールアンテナの絶対利得は，約　C　〔dB〕である．

	A	B	C
1	A_{es}/A_e	相対	1.50
2	A_{es}/A_e	絶対	2.15
3	A_e/A_{es}	相対	1.50
4	A_e/A_{es}	絶対	1.50
5	A_e/A_{es}	絶対	2.15

▶▶▶▶▷ p.30

問23　1陸技

自由空間において，周波数150〔MHz〕で半波長ダイポールアンテナに対する相対利得10〔dB〕のアンテナを用いるとき，このアンテナの実効面積の値として，最も近いものを下の番号から選べ．

1　1.9〔m²〕　　　2　2.6〔m²〕　　　3　3.9〔m²〕　　　4　4.5〔m²〕　　　5　5.2〔m²〕

▶▶▶▶▷ p.30

解説　相対利得 G_D（真数）を絶対利得 G_I（真数）で表すと，次式となる．

$$G_I = G_D \times 1.64$$

● **解答** ●

問21-1　　**問22**-5

第1章　アンテナの理論

絶対利得が G_I のアンテナの実効面積 A_e 〔m^2〕は，次式で表される．

$$A_e = \frac{\lambda^2}{4\pi} G_I = \frac{\lambda^2}{4\pi} \times 1.64 \times G_D = \frac{2^2}{4 \times 3.14} \times 1.64 \times 10 \fallingdotseq 5.2 \text{〔m}^2\text{〕}$$

ただし，相対利得 10〔dB〕の真数は $G_D = 10$，周波数 150〔MHz〕の電波の波長は $\lambda = 2$〔m〕である．また，$A_e \fallingdotseq 0.13\lambda^2 G_D$ の式を用いて求めることもできる．

問24　　　　　　　　　　　　　　　　　　　　　　　　　　　　　2陸技

次の記述は，フリスの伝達公式について述べたものである． 内に入れるべき字句の正しい組合せを下の番号から選べ．ただし，図に示すように，送信アンテナに供給される電力を P_t〔W〕，送信および受信アンテナの絶対利得をそれぞれ G_t（真数）および G_r（真数），送信および受信アンテナの実効面積をそれぞれ A_t〔m^2〕および A_r〔m^2〕，受信アンテナから取り出し得る受信有効電力を P_r〔W〕，送受信アンテナ間の距離を d〔m〕，波長を λ〔m〕とする．

(1)　送信アンテナから d〔m〕の点における電波の電力束密度 p は，次式で表される．

$$p = \boxed{\text{A}} \text{〔W/m}^2\text{〕} \qquad \cdots\cdots①$$

(2)　受信アンテナの実効面積 A_r は，次式で表される．

$$A_r = \boxed{\text{B}} \text{〔m}^2\text{〕} \qquad \cdots\cdots②$$

(3)　式①および②より，P_r は，次式で表され，この式は，フリスの伝達公式と呼ばれている．

$$P_r = \boxed{\text{C}} \times P_t G_t G_r \text{〔W〕}$$

	A	B	C
1	$\dfrac{P_t G_t}{4\pi d^2}$	$\dfrac{\lambda^2 G_r}{4\pi}$	$\left(\dfrac{\lambda}{4\pi d}\right)^2$
2	$\dfrac{P_t G_t}{4\pi d^2}$	$\dfrac{\lambda^2 G_r}{4\pi}$	$\dfrac{\lambda}{4\pi d}$
3	$\dfrac{P_t G_t}{4\pi d^2}$	$\dfrac{\lambda G_r}{4\pi}$	$\left(\dfrac{\lambda}{4\pi d}\right)^2$
4	$\dfrac{P_t G_t}{4\pi d}$	$\dfrac{\lambda G_r}{4\pi}$	$\left(\dfrac{\lambda}{4\pi d}\right)^2$
5	$\dfrac{P_t G_t}{4\pi d}$	$\dfrac{\lambda^2 G_r}{4\pi}$	$\dfrac{\lambda}{4\pi d}$

送信アンテナ G_t, A_t　　　受信アンテナ G_r, A_r

送信機 ── P_t ◁　　　▷ P_r ── 受信機

$\longleftarrow d \longrightarrow$

▶▶▶▶▶ p.31

解答

 -5　 -1

第1章 アンテナの理論

アンテナの実例

アンテナの分類

　アンテナは，その構造から，**線状アンテナおよび立体構造アンテナ（開口面アンテナ）**に分類することができる.

　線状アンテナとは，ダイポールアンテナなどの導線で構成されたアンテナで，主に **UHF** 帯以下の周波数で用いられる. 立体構造アンテナとは，パラボラアンテナなどの電波が開口面から放射される構造のアンテナで，主に **SHF** 帯以上の周波数で用いられる.

　また，線状アンテナはその動作原理により，アンテナ導線上の定在波を利用して共振して用いる**定在波アンテナ**，進行波のみを利用する**進行波アンテナ**に分類することができる.

UHF（極超短波）：300～3,000〔MHz〕
SHF：3～30〔GHz〕

MF 帯以下のアンテナ

接地アンテナ

　MF 帯以下の周波数で用いられる送信アンテナは **1/4 波長接地アンテナ**を基本に構成されるが，波長（λ）が長くなると（例えば周波数が 250〔kHz〕では λ/4 = 300〔m〕）建設費が高くなる. これを軽減するためには，**ローディングコイル**をアンテナに付加するか，図 **2·1** のような **T 形，逆 L 形，かさ形**などの形状にして，**実効高をあまり減少させないで**実際の高さを減らす方法を用いる. すなわち，高さが低くても，その固有波長（固有周波数）は高さのわりに低く（高く）ならないので，アンテナを共振させることが容易で，かつ放射に有効な垂直部分の電流分布を大きくすることができる. ただし，水平部分からも電波が放射するため，全方向性にはならない.

MF（中波）：300～3,000〔kHz〕
　T 形アンテナなどの接地アンテナは，海岸局，NDB（無指向性ビーコン），MF（中波）帯の小規模放送局の送信アンテナなどに用いられる.

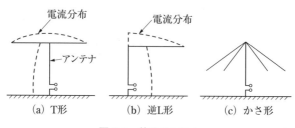

図2・1　接地アンテナ

2.3　フェージング防止アンテナ

　図 2・2 のように，垂直アンテナの頂部にトップリング（頂冠）をつけて静電容量を付加したアンテナを**頂部負荷形**（トップローディング）**アンテナ**または**頂冠付アンテナ**という．また，アンテナの電気的長さを 0.53λ として，MF 帯の大規模放送局の送信アンテナとして用いられるアンテナを**フェージング防止アンテナ**という．

> 特徴：高角度放射が少ない，中波放送の送信用，近距離フェージングを防止

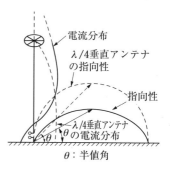

図2・2　フェージング防止アンテナ

Point

フェージング防止アンテナ
　MF 帯の中波放送波の電波伝搬において，送信所から約 100〔km〕の距離では，地表波と電離層反射波の電界強度が同じくらいの値となり，干渉性フェージング（近距離フェージング）を生じる．これを防止するため，アンテナの電気的長さを 0.53λ として仰角 60° 方向の放射を低減し，電離層反射波を減少させることによりフェージングの影響を減少させる．

2.4　接地方式

　接地アンテナでは，**接地抵抗**により生じる損失が損失の大部分を占めて，**アンテナ効率**を低下させる．また，アンテナ近傍の大地の導電率もアンテナ効率に大きく影響する．そこで，接地は完全に行わなければならない．接地の種類には，地面の状態や送信規模により，次の各種の方式がある．

〔1〕 深掘接地

地下数〔m〕の常水面以下の深さに銅板数枚を適当な間隔で埋設し，周囲に水分を含む木炭などを満たす．導線は銅板に並列に接続されて地上に導かれる．この方法は地面の導電率が大きい場所で小規模のアンテナ系に用いられる．なお，接地抵抗は 10〔Ω〕くらいである．

〔2〕 放射状接地

図 2・3(a)のように，地下 30～50〔cm〕に放射状に張られた導線を用いたものである．この方法は，アンテナ高以上の半径にわたり導線を張りめぐらせるので規模が大きくなるが，接地効果が大きいので，中波放送局などの大規模アンテナの接地として用いられる．

〔3〕 多重接地

相当広い面積にわたって地線網を区分埋設し，**接地コイル**を用いて各区分電流を等しくし，損失を少なくしたものである．大規模な送信所に用いられるもので，電流が基底部より遠い区分に流れる場合には架空線のインダクタンスが大きいので接地コイルは少なくし，反対に基底部に近い区分では架空線のインダクタンスが小さいので接地コイルを多くし，すべての区分に対しインピーダンスを等しくして各区分の電流負担を均一にする．この方式の接地抵抗は数〔Ω〕以下である．

〔4〕 カウンタポイズ

大地が乾燥した砂地，岩石などの場合，大地と完全に絶縁された架空に張られた放射状の**地線網**を接地の代わりとする．この地線と大地との容量性リアクタンスによって接地と同様の効果が得られる．

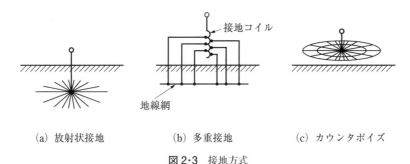

(a) 放射状接地   (b) 多重接地   (c) カウンタポイズ

図 2・3 接地方式

2.5 方向探知用アンテナ

方向探知用アンテナは，航空機や船舶の方位測定用に用いられる受信アンテナである．使用周波数帯は HF 帯以下であり，波長に比較してアンテナが小さいので，微小アンテナとして解析することができる．

第2章　アンテナの実例

1 ループアンテナ（枠形アンテナ）

図2·4(a)のように，導線を円形または方形のループ状に適当な回数巻いたもので，主に方向探知用の受信アンテナとして用いられる．電波の磁力線とループ面の鎖交によって起電力が誘起されるとすると，ループ面と磁力線(磁界ベクトル)が**垂直**のとき，すなわちループ面と**電界ベクトルが平行**のときに**受信感度が最大**となる．ループ面と電波の進行方向とが角度 θ をなすときは最大値の $\cos\theta$ 倍になるので，$\theta = 0°$ が最大となり $\theta = 90°$ で零となる．したがって，指向性は図2·4(b)のように8字形となる．

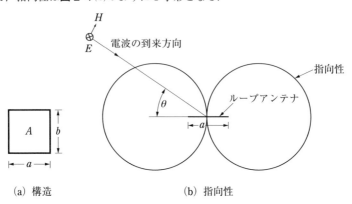

(a) 構造   (b) 指向性

図2·4 ループアンテナ

図2·4(b)の指向性は，a 辺に発生する電圧がおのおのの辺で相殺することにより生じる．しかし，実際には各素子の不平衡などによって相殺されない電圧が生じ，これが垂直効果となって指向性が乱れ，電圧の零点が不明確となるので，方向探知においては障害となる．防止法としては，静電しゃへい，容量平衡法，補助アンテナによる中和などがある．

ループの軸としてフェライトコアを挿入すると，実効長が比透磁率 μ_r 倍に増加する．このようなアンテナを**フェライトバーアンテナ**といい，AMラジオの内蔵アンテナとして用いられる．

特徴：放射抵抗が非常に低い，最大感度の方向はループ面と同じ（平行），実効長はループの面積と巻数の積に比例，8字形指向性

Point

ループアンテナの誘起電圧

受信電界強度を E 〔V/m〕，電波の波長を λ〔m〕，ループの面積を A〔m²〕，巻数を N，実効長を l_e〔m〕とすると，誘起電圧 V〔V〕は，次式で表される．

$$V = E\frac{2\pi AN}{\lambda}\cos\theta = El_e\cos\theta \text{ 〔V〕} \tag{2.1}$$

ただし，$l_e = \dfrac{2\pi AN}{\lambda}$〔m〕とする． $\tag{2.2}$

◻2 単一方向決定方式

　ループアンテナは，回転しながら電波を受信して，受信電圧が最小の方向を知ることによって電波の到来方向を探知することができる（最大電圧によると，回転に対する変化が小さいので不適当）．しかし，このままでは**図2・4**(b)のように双方向性であるので，**図2・5**に示す構成により，**図2・6**のような**カージオイド形**の指向性を持たせる．

　図2・5において，ループアンテナで受信された電波と，振幅を調整して位相を90°遅らせた垂直アンテナで受信された電波とを合成すると，**図2・6**のような単一方向の指向性を得ることができる．

図2・5　方向探知機の構成図

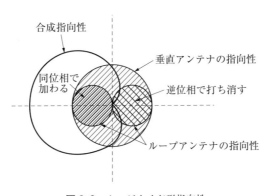

図2・6　カージオイド形指向性

　遠距離方位測定において電離層で反射された電波を受信する場合は，偏波面が回転してだ円偏波となるため，方位測定に誤差が生じる．特に HF 帯では誤差が大きく，また LF，MF 帯においても夜間においては誤差が大きくなる．これを夜間誤差または偏波誤差という．

2.5　方向探知用アンテナ

HF帯のアンテナ

2.6 装荷ダイポールアンテナ

ダイポールアンテナ上の1点または多点あるいは連続的にインピーダンスを装荷した構造のアンテナを**装荷ダイポールアンテナ**という．ダイポールアンテナ上の電流分布を制御することにより，必要な指向性やインピーダンス特性を実現することができる．

インピーダンスを装荷する位置に応じて，**図2·7**(a)のように給電点に近い位置に装荷するアンテナを**底辺装荷**，図(b)の中間の位置は**中間装荷**，

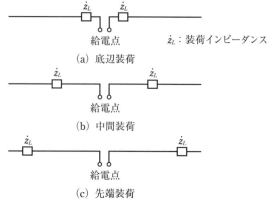

$\dot{z}_L$：装荷インピーダンス

(a) 底辺装荷

(b) 中間装荷

(c) 先端装荷

図2·7 装荷ダイポールアンテナ

図(c)の先端に近い位置は**先端装荷**という．一般に受動素子を装荷するが，非線形素子やトランジスタ増幅器を装荷することもある．

インピーダンスとして，抵抗を装荷する場合は損失が発生するが，広帯域化することができる．リアクタンス（コイル）を装荷する場合は，半波長より短い容量性のダイポールアンテナを整合させることができるが，共振特性のため狭帯域となる．キャパシタンスを装荷する場合は，分布容量装荷とすることで，広帯域化することができる．

特徴：抵抗装荷は広帯域，リアクタンス装荷は容量性のダイポールアンテナを整合させることができるが狭帯域．

2.7 ビームアンテナ

HF（短波）帯は，一般に電離層反射波による遠距離通信に使われるので，目的方向に鋭い指向性が望まれる．そこで，複数の半波長ダイポールアンテナを図2·8のように行列配置し，それぞれからの放射が一方向に強め合うように給電する．その配列をダイポールアレーといい，このような構成のアンテナを**ビームアンテナ（カーテンアンテナ）**という．ビームアンテナの指向性は，配列寸法，エレメントの数によって異なる．また，単一指向性にす

る場合は，背面にダイポールアレーを設置し，位相差給電することによって，必要な指向性を得る．6行8列の配列で17dB程度の相対利得が得られる．

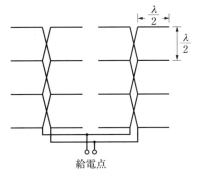

1面で構成されたビームアンテナの指向性は双方向性であるが，同一構造で90°位相差給電された反射器を放射器の面とλ/4離して設置すると単一指向性となり，利得は約3〔dB〕増加する．

図2·8 ビームアンテナ

特徴：狭帯域，鋭い指向性

HF：3〜30〔MHz〕

ビームアンテナは，エレメントの配列方法および各エレメントの位相関係の違いによって，横形ビームアンテナ（ブロードサイドアレー）と縦形ビームアンテナ（エンドファイアアレー）とに分けられる．

半波長ダイポールアンテナ

ビームアンテナの各素子を構成するのは半波長ダイポールアンテナである．半波長ダイポールアンテナの特性は次のとおりである．

素子の長さ	1/2 波長
給電点インピーダンス	$73.13 + j42.55$ 〔Ω〕
指向性	水平に置いたときの水平面内指向性は8字形 垂直面内指向性は全方向性
絶対利得	1.64（2.15〔dB〕）
実効長	λ/π〔m〕
実効面積	$\dfrac{30\lambda^2}{73.13\pi} \fallingdotseq 0.13\lambda^2$〔m²〕
電界強度	放射電力が P〔W〕のとき，最大放射方向に距離 d〔m〕離れた点の電界強度 E_D〔V/m〕は次式で表される．

$$E_D \fallingdotseq \frac{7\sqrt{P}}{d}\ \text{〔V/m〕}$$

2.8 ロンビックアンテナ

ロンビックアンテナは，図2·9のように波長の数倍の長さの導線を大地に平行でひし形に配置し，導線の一端を特性インピーダンス Z_0 で終端した構造の**進行波アンテナ**である．

※ 右端余白の縦書き：第2章 アンテナの実例

進行波アンテナは，導線に進行波だけを流すようにしたもので，アンテナを共振しないで用いる非同調アンテナとして動作する．したがって，広帯域性を持ち，波長による感度や指向性の変化が少ない，鋭い単一指向性を持つなどの特長がある．1辺の長さ l を $3\lambda \sim 8\lambda$ にとると，$8 \sim 13$ 〔dB〕程度の相対利得が得られる．

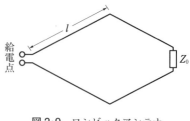

図2·9 ロンビックアンテナ

特徴：広帯域，鋭い単一指向性，サイドローブが比較的大きい，進行波アンテナ

VHF・UHF帯のアンテナ

VHF：$30 \sim 300$ 〔MHz〕　　　UHF：$300 \sim 3{,}000$ 〔MHz〕

2.9 ダイポールアンテナ

■1 折返し半波長ダイポールアンテナ

　図2·10のように，**半波長ダイポールアンテナ**（1.4**3**の基本アンテナの節を参照）を折り返した構造のアンテナを**折返し半波長ダイポールアンテナ**という．折返し半波長ダイポールアンテナは，折り返しの効果として放射抵抗が大きくなるので，八木・宇田アンテナの放射器として用いると給電線の特性インピーダンスと整合しやすくなり，広帯域となる．

　また，素子の太さが同じ2線式の折返し半波長ダイポールアンテナでは，指向性は半波長ダイポールアンテナとほぼ同じで，実効長は2倍の $2\lambda/\pi$ 〔m〕となるが，放射電力は同じであり，利得も変わらない．

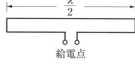

図2·10 折返し半波長ダイポールアンテナ

特徴：広帯域，放射抵抗が大きい，不平衡電流が少ない

Point

折返し半波長ダイポールアンテナの入力インピーダンス

　素子の太さが同じ2線式の折返し半波長ダイポールアンテナでは，中央の電流の最大値を I 〔A〕とすれば，給電点では $2I$ を給電した単一の半波長ダイポールアンテナと等価に考えられるから，放射電力 P 〔W〕は，

$$P = 73.13 \times (2I)^2 \fallingdotseq 293I^2 \, \text{[W]} \tag{2.3}$$

となり，放射抵抗は 4 倍に増加したことになる．また，導線の数を n 本とすれば，単一の半波長ダイポールアンテナに比べて実効長は n 倍，放射抵抗は n^2 倍となる．

② バイコニカルアンテナ

図 2·11 のように，導体板または多数の導線で構成された円錐の頂点に給電する構造のアンテナを**バイコニカル（双円すい）アンテナ**という．円錐の底面の直径と母線の長さの比を一定とした自己相似アンテナである．アンテナの入力インピーダンス Z 〔Ω〕は次式で表される．

$$Z \fallingdotseq 276 \log_{10} \left(\cot \frac{\theta}{2} \right) \, \text{[Ω]} \tag{2.4}$$

頂角 2θ を広く（約 50°〜90°）設定したり母線を長くすると，広帯域となる．垂直偏波で用いられるときは，図 1·12 のように片方の素子を円盤形とした**ディスコーンアンテナ**がある．VHF，UHF 帯の広帯域アンテナとして用いられる．

円錐の代わりに三角形の導体平面板または多数の導線を用いた**ファン（扇形）アンテナ**は，受信用の八木・宇田アンテナの放射器としても用いられている．

第 2 章　アンテナの実例

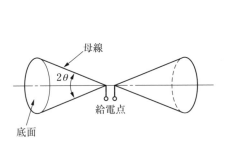

図 2·11　バイコニカルアンテナ

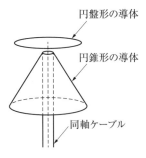

図 2·12　ディスコーンアンテナ

特徴：広帯域，水平偏波，水平面 8 字形指向性

2.10　八木・宇田アンテナ

① 配列による単一指向性

図 2·13 (a)のように，半波長ダイポールアンテナ R_a の後方 λ/4 の位置に別の半波長ダイ

ポールアンテナを置き，R_a に対して 90° 位相の進んだ同じ大きさの電流を給電すれば，R_a の方向に**図 2·13**(b)のような単方向のカージオイド形指向性を持つ.

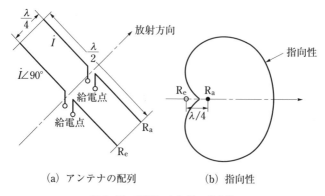

(a) アンテナの配列　　　(b) 指向性

図 2·13　配列による単一指向性

図 2·14 に，アンテナの中心から各方向に十分離れた点における電界ベクトルの状態を示す．R_a の方向では，R_e からの電界 E_e は，R_a より 90° 位相が進んだ電流による位相の進みが R_a よりも $\lambda/4$（= 90°）遠方にあるため，空間の位相の遅れ（90°）と相殺されて，R_a による電界 E_a と同相となり強め合う.

また横方向では，十分遠方にあるという条件から，各素子（エレメント）からの電界の空間による位相差は考えなくてよいので，図のように大きさは $\sqrt{2}E_a$ となる．さらに R_e 方向では，

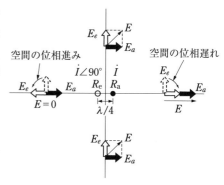

図 2·14　アンテナから各方向の電界

電流の位相差（90°）と空間による位相の遅れ（90°）が加わり，逆相となり打ち消し合う．したがって，**図 2·13**(b)のような指向性となる.

図 2·13(b)の指向性はアンテナを水平に配列した場合の垂直面指向性となる．半波長ダイポールアンテナの水平面指向性は，**図 1·10**(b)のような 8 字形指向性なので，配列アンテナの水平面指向性は，これらの指向性の積で表される特性となる.

❷ 反射器と導波器

図 2·15(a)のように，給電された半波長ダイポールアンテナ R_a の近くに，アンテナの長さを $\lambda/2$ より長くした**無給電素子**（パラスチックエレメント）R_e を置くと，R_a から放射された電波は R_e で受信され，起電力が誘起される．この起電力により R_e に電流が流れる．これは電力として消費されないので，電波として再放射される．このとき R_e に流れる電流

は，各エレメント間の距離と R_e の長さによって，R_a に流れる電流に対する位相が変化する．そこで，これらの値を変化させることによって，**図2・13**(b)と同じような単方向の指向性を得ることができる．同様に，**図2・15**(b)のように R_a の前方に $\lambda/2$ より短い**無給電素子** D_i を置くことによっても，D_i の方向に単方向の指向性を持たせることができる．ここで，R_a を**放射器**，R_e を**反射器**，D_i を**導波器**という．

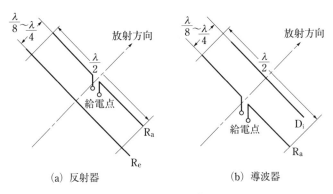

(a) 反射器   (b) 導波器

図2・15　反射器と導波器

③ 八木・宇田アンテナ

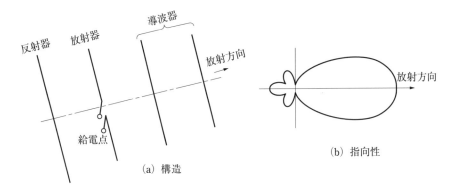

(a) 構造   (b) 指向性

図2・16　八木・宇田アンテナ

　図2・16(a)のように，給電されている放射器と無給電の反射器および導波器により構成されたアンテナを，**八木・宇田アンテナ**または**八木アンテナ**という．簡単に高利得で鋭い指向性が得られるので，UHF 帯までの固定通信や地上波放送の受信用に用いられている．TV や FM ラジオの受信用アンテナでは，入力インピーダンスの整合を容易にするためや，広帯域性を持たせるために，素子を太くしたり，放射器を2素子にしたり，折返し形や扇形にしている．

導波器の素子数を増やせば，利得および指向性を向上させることができる．相対利得は，反射器1，放射器1，導波器1という構成の3素子で約6〔dB〕，導波器3とした5素子では約9〔dB〕が得られる．

特徴：狭帯域，単一指向性，高利得

2.11 対数周期アンテナ

図2·17(a)のように，順に素子を折り曲げたアンテナを**対数周期アンテナ**という．また，**図2·17**(b)のように，ダイポールアレーで構成されたものを**対数周期ダイポールアレーアンテナ**という．

図2·17(b)に示すように，アンテナ素子の両端の延長線の交点Oを頂点として，延長線と中心線との角度をθ，n番目の素子の長さをl_n，Oからn番目の素子までの距離をx_nとすると，次式で表される対数周期比τを保つように構成されている．

$$\tau = \frac{l_{n+1}}{l_n} = \frac{x_{n+1}}{x_n} \tag{2.5}$$

$$\theta = \tan^{-1}\frac{l_n}{x_n} \tag{2.6}$$

周波数が大きく変化しても，入力インピーダンスは周期的にわずかな変化を伴うもののほぼ一定であり，広帯域性を持つが，最長素子と最短素子によって使用周波数の下限と上限が制限される．使用可能な周波数の下限は最も長いダイポールの長さが1/2波長となる周波数で，上限は最も短いダイポールの長さが1/2波長となる周波数であり，その範囲内での特性は，周波数の対数に対して周期的に小さな変化を繰り返す．また，実用化されている周波数帯域は10：1程度である．指向性は，給電点方向に単方向の指向性を持つ．

特徴：広帯域，単一指向性，高利得

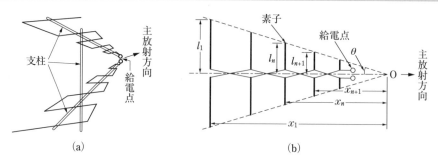

(a)　　　　　　　　　　(b)

図2·17　対数周期アンテナ

2.12 移動体通信用アンテナ

　自動車や船舶などの移動体通信の送受信アンテナには，主に垂直偏波で全方向性の特性を持つアンテナが用いられる.

1 スリーブアンテナ

　図2・18のように，同軸ケーブルの内部導体にλ/4の垂直導体を接続し，外部導体はλ/4の同筒形の管（スリーブ）を同軸ケーブルにかぶせ，その上端を接続したアンテナを**スリーブアンテナ**という. 垂直素子とスリーブで垂直半波長ダイポールとして動作するので，利得，指向性などは，半波長ダイポールアンテナと同じであるが，スリーブが太いことにより入力インピーダンスは65〜70〔Ω〕程度になる. また，スリーブが不平衡電流を阻止するので，同軸ケーブルと直接接続することができる.

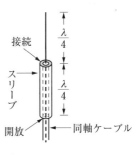

図2・18 スリーブアンテナ

特徴：垂直偏波，全方向性，不平衡アンテナ

2 ブラウンアンテナ

　図2・19のように，同軸ケーブルの外部導体から放射状に2〜4本のλ/4の長さの水平導体（地線）を接続したアンテナを，**ブラウンアンテナ**または**グランドプレーンアンテナ**という. アンテナ素子のうち，垂直導体の電流が放射に関係し，水平導体は，対となる導体に互いに逆方向の電流が流れるので，電磁界は相殺されて放射に関係しない. このため，垂直偏波のアンテナとして動作する.

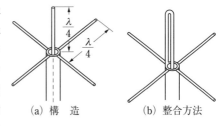

（a）構　造　　　　　　（b）整合方法

図2・19 ブラウンアンテナ

　また，不平衡電流は水平導体を流れる電流により打ち消されるので，不平衡給電線を直接接続することができる. しかし放射抵抗が低く，水平導体が4本の場合は20〔Ω〕程度となるので，一般に用いられている50〔Ω〕の同軸ケーブルと接続するためには，整合させる必要がある. 整合には，**図2・19**(b)に示すような折返し形や，地線の角度を変える，給電点の位置を地線から上げるなどの方法がある.

特徴：垂直偏波，全方向性，放射抵抗が低い，不平衡アンテナ

❸ J形アンテナ

図2・20のように，同軸ケーブルの内部導体に $3\lambda/4$ の垂直導体を接続し，これと平行な $\lambda/4$ の垂直導体を同軸ケーブルの外部導体に接続したアンテナを，**J形アンテナ**という．アンテナ素子の下から $\lambda/4$ の部分の平行導体には互いに逆方向の電流が流れるので放射に関係しないが，この部分が整合器の働きをするので同軸ケーブルと直接接続することができる．$\lambda/2$ の放射素子が垂直半波長ダイポールアンテナとして動作するので，利得，指向性などは半波長ダイポールアンテナと同じである．

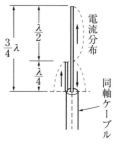

図2・20　J形アンテナ

特徴：垂直偏波，全方向性，不平衡アンテナ

❹ コリニアアレーアンテナ

図2・21のように，$\lambda/2$ 同軸アンテナや垂直半波長ダイポールアンテナを多段に重ねたものを**コリニアアレーアンテナ**という．単にアンテナの素子の長さを長くしただけでは，各アンテナ素子の電流が $\lambda/2$ ごとに逆位相となるので，水平方向に利得は発生しない．そこで，図のように各同軸アンテナの位相を180°ずらして給電することによって，各アンテナ素子の電流が同位相となるので，水平面内指向性が全方向性となり，垂直面内は鋭い8字形の指向性となるので高利得のアンテナとなる．給電点のインピーダンスは，給電点の位置を変える方法などにより変化するので，同軸ケーブルとインピーダンス

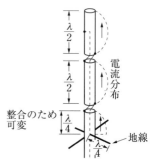

図2・21　コリニアアレーアンテナ

整合をとることができる．また，単線の途中の $\lambda/2$ ごとに $\lambda/2$ に相当する π〔rad〕の移相回路を挿入することにより，多段垂直アンテナとして動作させるコリニアアレーアンテナもある．

特徴：垂直偏波，全方向性，高利得，不平衡アンテナ

❺ セクタセル基地局用アンテナ

携帯電話基地局では，各セル（小無線ゾーン）の基地局に全方向性のアンテナを用いた**オムニセル方式**と，基地局に指向性アンテナを用いることによって扇形のセルに分割したセクタセル方式がある．**セクタセル方式**のアンテナとしては，図2・22のような反射板付きダイポールアレーアンテナが用いられる．反射板の角度 θ が180°より大きな角度を持つ反射板とダイポールアレーアンテナによって構成されている．ダイポールアレーはプリ

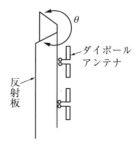

図2・22　セクタセル基地局用アンテナ

ント基板で作られ，全体がレードームで保護されている構造を持つ．

> 特徴：垂直偏波，水平面指向性の半値角は$180°$，垂直面に鋭い指向性を持つ

⑥ ホイップアンテナ

図 2・23 のように，自動車や船舶などの移動体（金属の車体など）に $\lambda/4$ の垂直素子のみを取り付けた構造で，同軸ケーブルの外部導体は直接移動体に接続される．指向性などの特性は自動車の車体などの影響で変化するが，理論的には **1/4 波長垂直接地アンテナ**と同様に動作するので，特性も同じに取り扱ってよい．

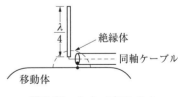

図 2・23 ホイップアンテナ

放射抵抗は 40〔Ω〕程度となるので，50〔Ω〕の同軸ケーブルと直接接続して使用することができる．

> 特徴：垂直偏波，全方向性，不平衡アンテナ
>
> 1/4 波長垂直接地アンテナの放射抵抗は，半波長ダイポールアンテナの 1/2 なので，
>
> $$\frac{73.13}{2} \fallingdotseq 36.6 \,〔Ω〕$$

⑦ 逆 F 形アンテナ

図 2・24 のように，携帯電話などの携帯機の筐体の地板に平行に取り付けた導体板をアンテナ素子として用いるアンテナを**板状逆 F 形アンテナ**という．携帯無線機などの筐体に垂直に $\lambda/4$，$\lambda/2$ または $3\lambda/8$ のアンテナ素子を取り付けた**モノポールアンテナ**（ホイップアンテナ）があるが，逆 F 形アンテナは，これより小型化や低姿勢化を図った構造である．アンテナ素子の高さを低くするために逆 L 形とし，素子の途中から給電することによってイン

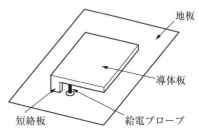

図 2・24 板状逆 F 形アンテナ

ピーダンス整合をしやすくしている．また，板状にすることによって広帯域特性を持たせてある．

> 特徴：小型，低姿勢，広帯域，携帯電話の内蔵アンテナ

携帯電話用アンテナの特徴
- 携帯電話などの携帯機に取り付けられたアンテナには，モノポールアンテナ，微小ルー

プアンテナ，逆 L 形アンテナ，逆 F 形アンテナ，板状逆 F 形アンテナなどがある．
- 板状逆 F 形アンテナは，逆 F 形アンテナに比べて周波数帯域幅が広い．
- 機器の筐体部分は小さいため，波長に比べて十分に広い地板の役割を果たさない．
- 機器を人体に近付けて用いると，人体は損失のある誘電体として働く．
- 人体によって放射電波は吸収や散乱を起こし，放射パターンがひずみ，効率が低下する．
- 複数の板状逆 F 形アンテナなどによって，ダイバーシティ受信を行う．

⑧ マイクロストリップアンテナ

両面が導体で挟まれた誘電体基板のうち，片面が使用する電波の波長に比べて十分に広い接地導体面と，もう一方の面が狭い幅を持つ導体線路によって構成された不平衡線路で，マイクロ波帯で用いられるものをマイクロストリップ線路という．ストリップ線路は電波放射による損失が欠点であるが，電波放射を積極的に利用したアンテナを**マイクロストリップアンテナ**という．

図 2・25 に放射素子が方形で背面給電型のマイクロストリップアンテナを示す．放射素子は方形のほかに円形や多角形などの形状の素子が用いられる．また，放射素子からストリップ線路を伸ばして側面で給電することもできる．

誘電体内を伝搬する電波の波長 λ_e〔m〕は，誘電体の比誘電率を ε_r〔F/m〕，真空中の電波の波長を λ〔m〕とすると，$\lambda_e = \lambda / \sqrt{\varepsilon_r}$ で表される．放射素子の長さを $l = \lambda_e/2$〔m〕にすれば放射素子を電波の周波数で共振させることができる．

アンテナの入力インピーダンスは，放射素子上の給電点の位置により変化するので，**図 2・25** のように給電点を放射素子の中央から少しずらした位置とすることによって，インピーダンスを整合することができる．また，周波数特性は，誘電体の厚さ h〔m〕が厚いほど，幅 w〔m〕が広いほど広帯域となる．

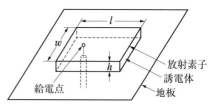

図 2・25 マイクロストリップアンテナ

アンテナの指向性は，地板と垂直の方向に最大放射方向がある単一指向性となるが，マイクロストリップアンテナを多数接続したマイクロストリップアレーアンテナでは，各素子に給電する位相を変化させることで，特定の方向に指向性を持たせることができるので，放物面反射鏡の給電部に用いて人工衛星などに用いられるマルチビームアンテナとすることや平面アンテナとして用いることができる．

特徴：単一指向性，放射素子の幅を大きくして広帯域，不平衡アンテナ

2.13 ターンスタイルアンテナ

1 ターンスタイルアンテナ

2本の半波長ダイポールアンテナを図2・26(a)のように水平面内に直角に配置し，互いに90°の位相差を持った電流で励振するアンテナをターンスタイルアンテナという．水平面内の指向性が全方向性となるが，1段では利得が低いので，図2・26(b)のように多段に積み重ねて，垂直面内の指向性を鋭くして利得を向上させる．N段構成の場合に最大利得を得る間隔dは，$d = N\lambda/(N+1)$で表され，$N = 6$のときの相対利得は8〔dB〕程度になる．

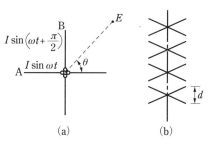

図2・26 ターンスタイルアンテナ

特徴：水平偏波，全方向性

Point

ターンスタイルアンテナの指向性

図2・26(a)のように，Aのダイポールアンテナからθ方向の点Pにおける電界E_Aは，アンテナ電流をI，電流の角周波数をω，比例定数をkとすると，次式で表される．

$$E_A = kI \sin\omega t \sin\theta$$

ただし，指向性は近似的に微小ダイポールと同じとする．

Bのダイポールアンテナは，90°の位相差を持つ振幅の等しい電流で励振されているので，電界E_Bは，次式で表される．

$$E_B = kI \sin\left(\omega t + \frac{\pi}{2}\right) \sin\left(\frac{\pi}{2} - \theta\right) = kI \cos\omega t \cos\theta$$

したがって，合成電界E_0は，次式で表される．

$$
\begin{aligned}
E_0 &= E_A + E_B \\
&= kI \sin\omega t \sin\theta + kI \cos\omega t \cos\theta = kI \cos(\omega t - \theta)
\end{aligned}
\tag{2.7}
$$

ここで，$\cos(\alpha - \beta) = \cos\alpha \cos\beta + \sin\alpha \sin\beta$の公式を用いる．

式(2.7)は，角周波数ωで電界の最大値の方向は回転するが，最大振幅はθの値によって変化しないから全方向性となる．

2 スーパターンスタイルアンテナ

ターンスタイルアンテナの素子として，図2・27のようなコウモリの羽の形の素子で構

成したアンテナを**スーパターンスタイルアンテナ**または**バットウィングアンテナ**という．長さの異なるダイポールアンテナ素子を何本も組み合わせた構造として広帯域化している．また，多段に積み重ねることにより利得を向上させている．6〜12段で相対利得7〜14〔dB〕．

特徴：広帯域，水平偏波，全方向性，多段にすると高利得，VHF帯放送の送信用

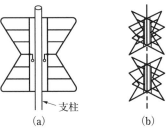

(a) (b)

図2・27 スーパターンスタイルアンテナ

Point

スーパターンスタイルアンテナの利得

　アンテナを積み重ねる間隔を d，波長を λ，段数を N とすると，相対利得 G_D（真数）は次式で表される．

$$G_D \fallingdotseq 1.2N\frac{d}{\lambda} \tag{2.8}$$

2.14 スーパゲインアンテナ

　図2・28のように，断面が四角または三角の鉄塔の側面に反射板をつけ，その外側に半波長ダイポールアンテナを取り付けた構造である．各素子は給電点インピーダンスの周波数特性の補正と機械的強度を補うため，短絡片によるトラップを並列に挿入してあり，広帯域性を持たせてある．また，各素子単体では単一方向の指向性を持つが，各素子の電流の位相を90°ずつ変えて励振することによって，水平面内はほぼ全方向性になる．スーパターンスタイルアンテナと同じように，多段に積み重ねることにより利得を向上させており，相対利得 G_D（真数）は式(2.8)で表される．主にVHF帯放送の送信用に用いられている．相対利得は12段で約14〔dB〕となる．

特徴：広帯域，水平偏波，全方向性，多段にすると高利得，VHF帯放送の送信用

　同じ動作原理のアンテナとして，次のアンテナがある．

① **四角形ループアンテナ**　反射板を用いずに，$\lambda/2$ のアンテナ素子を4方向に配置して，鉄柱に取り付けた構造を持つ．各素子は同位相，同振幅の電流で給電する．主にVHF帯放送の送信用に用いられている．

② **4ダイポールアンテナ**　反射板に約 0.7λ のアンテナ素子を約 $\lambda/2$ の間隔で平行に4個配置した構造である．アンテナ素子に幅が広い導体板を用いて広帯域特性を持たせ，

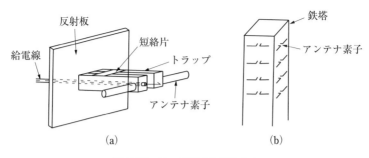

図 2·28 スーパゲインアンテナ

UHF 帯放送の送信用に用いられている．λ/2 よりも少し長いアンテナ素子を 2 個配置した構造の 2 ダイポールアンテナもある．

③ **スキューアンテナ** **図 2·29** のように鉄塔の角に斜め向き（スキュー）に反射板付きダイポールアンテナを取り付けた構造のアンテナであり，UHF 帯放送の送信用に用いられている．鉄塔の幅がアンテナ素子に比較してかなり広い場合や，同一の鉄塔に VHF 帯のスーパゲインアンテナと UHF 帯のスキューアンテナを共用して設置する場合に用いられている．

図 2·29 の鉄塔の中心 O から半径 r の円周上にアンテナ素子を配置し，各アンテナから電波を円の接線方向に放射させると，水平面内でほぼ全方向性の指向性とすることができるが，円の半径を変えると指向性は周期的に変化する．

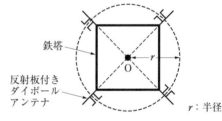

図 2·29 スキューアンテナ

第2章 アンテナの実例

Point

ビームチルト

　移動体通信や放送では，水平面が全方向性で垂直面に鋭い 8 字形の指向性を持つ垂直方向に多段に放射素子を配列したコーリニアアレーアンテナなどが用いられる．垂直面の指向性が鋭いので，サービスエリア内で良好な電界強度特性を得るためには，垂直面の指向性を下方に傾けることが必要な場合がある．この指向性を傾けることをビームチルトという．指向性を傾けるには，アンテナを機械的に下方に向ける方法，各アンテナ素子に給電する電流の位相をずらす方法などがある．

2.15　双ループアンテナ

図 2·30 (a)は基本の 2 素子形のもので，円周が約 1 波長の二つのループを約 λ/2 の平行

給電線で結び，中央から給電すると，**図 2・30** (b) の 4 素子のダイポールアレーと等価の働きが生じる．実際には**図 2・30** (c) のように，スーパゲインアンテナと同様に利得を上げ，垂直面内の単一方向の指向性を鋭くする目的から，4 素子形（または 6 素子形）のように多段とし，さらに反射板を設けたものを三角（または四角）鉄塔の各側面に取り付け，水平面内をほぼ全方向性として使用する．また，反射板と素子の間隔は 0.25～0.3λ に設定される．UHF 帯放送の送信用に用いられている．相対利得は，ループが二つの 2L 形が 1 段 1 面で約 7〔dB〕，6L 形 1 段を 4 方向に取り付けた全方向性の場合は約 7〔dB〕となる．

特徴：広帯域，水平偏波，単体では単一指向性，各鉄塔面に取り付けて全方向性，高利得，UHF 帯放送の送信用

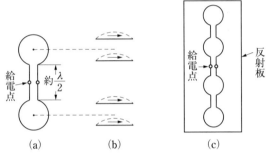

図 2・30　双ループアンテナ

2.16　ループアレーアンテナ

ループアレーアンテナはリングアンテナとも呼ばれ，**図 2・31** のようにアンテナ素子に円周長が約 1 波長であるループを用いた構造で，八木アンテナと同じように，給電する放射器と無給電素子の反射器および導波器によって構成されている．ループ状の素子の電流分布は，上下の点が最大で上側と下側に同じ方向の電流が流れる．また，放射特性は半波長ダイポールアンテナを約 0.27λ の間隔で上下に積み重ねたものと同じであり，水平偏波の電波を放射する．同

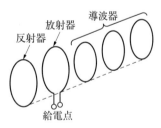

図 2・31　ループアレーアンテナ

じ素子数の八木アンテナと比較すると，利得は高く，垂直面指向性は鋭く，周波数特性は広帯域となる．相対利得は 5 素子で約 9.5〔dB〕となる．

特徴：八木アンテナより広帯域，水平偏波，単一指向性，高利得

2.17 ヘリカルアンテナ

1 サイドファイアヘリカルアンテナ

図 2·32 のように，円筒形の導体柱の周囲に，ら旋導体の 1
巻きの長さを波長 λ の整数倍（通常，2λ あるいは 3λ）として，
約 λ/2 のピッチで給電点から上下にそれぞれ 5〜6 回程度互いに
逆巻きにし，ら旋導体の終端を導体円柱に短絡したアンテナで
ある．指向性が，ら旋の軸と直角方向に向くので，**サイドファ
イアヘリカルアンテナ**という．**ヘリックス**（ら旋）の電流分布
は各ターンの同一点で同一位相となり，垂直方向の指向性が鋭
くなる．水平面の指向性はほぼ全方向性となる．また，給電点
の上と下の素子による電界は，垂直方向の成分が逆方向となっ
て打ち消されるので，水平偏波の電波が放射される．UHF 帯テ
レビ放送の送信用に用いられている．全長 3λ の 1 段で，相対利得は 7〔dB〕程度となり，
これを 1〜4 段の構成で用いられる．

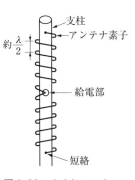

図 2·32 サイドファイアヘ
リカルアンテナ

> 特徴：広帯域，水平偏波，全方向性，高利得，UHF 帯放送の送信用

2 エンドファイアヘリカルアンテナ

図 2·33 のように，右または左にら旋状に巻
かれた素子（**ヘリックス**）と反射板からなるア
ンテナを**エンドファイアヘリカルアンテナ**と
いう．また，ヘリックスの円周は約 1〜数波長
で，ピッチ p は数分の 1 波長の構造である．ヘ
リックスを流れる電流は進行波となって先端に
向かいながら空間に放射されるので，進行波ア

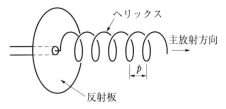

図 2·33 エンドファイアヘリカルアンテナ

ンテナとして動作して，軸方向に鋭い指向性が得られる．偏波は円偏波となり，人工衛星な
どの宇宙通信用アンテナとして用いられる．また，ヘリックスの巻数を少なくすると主ビー
ムの半値角は大きくなる．ヘリックスの全長を 2.5 波長以上にすると，入力インピーダンス
がほぼ一定となり使用周波数帯域が広くなる．

> 特徴：広帯域，円偏波，単一指向性，高利得

立体構造のアンテナ

電波の波長が短くなると，光学レンズや反射鏡と同じような構造を持つアンテナが用いられる．

2.18 コーナレフレクタアンテナ

図2・34(a)のように，半波長ダイポールアンテナの放射器に導体板または格子状の導体反射板を配置した構造のアンテナをコーナレフレクタアンテナという．鏡像効果によって図2・34(b)のように放射器Pの影像アンテナ P_1, P_2, P_3 が存在するものと等しくなるので，放射電界はこれらのアンテナ素子の合成されたものとなり，前方に鋭い指向性が得られる．

一般に，反射板の開き角度 θ は90°または60°のものが用いられ，半波長ダイポールアンテナと影像アンテナの総数は，θ が90°では4個（360/90），60°では6個（360/60），45°では8個（360/45）となり，θ が小さくなると影像アンテナの数が増える．無限大反射板による最大相対利得は，90°で約10〔dB〕，60°で約12〔dB〕であるが，板の寸法および放射器の位置を適当に選べば約10〔dB〕の相対利得が得られる．VHF，UHF帯の固定通信用や基地局用アンテナ，空港に設置された計器着陸装置（ILS）のグライドパス用アンテナなどに用いられている．

特徴：単一指向性，高利得

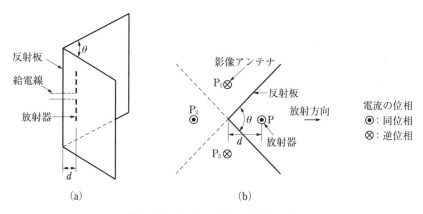

図2・34　コーナレフレクタアンテナ

2.19 パラボラアンテナ

1 パラボラアンテナ

図2・35のように，**ホーンアンテナ**（または**半波長ダイポールアンテナ**など）の**1次放射器**と**回転放物面**（パラボロイド）の反射鏡により構成されたアンテナを**パラボラアンテナ**という．電波を放射する1次放射器を反射鏡の焦点Fに置くと，どこの面で反射した電波でも開口面までの距離が一定となるから，開口面では位相のそろった平面波として放射される．したがって，鋭い指向性と高い利得が得られる．開口径2〔m〕の7.5〔GHz〕用のアンテナで，40〔dB〕程度の絶対利得が得られる．

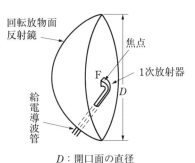

回転放物面反射鏡
焦点
F
1次放射器
給電導波管
D
D：開口面の直径

図2・35 パラボラアンテナ

特徴：鋭い単一指向性，高利得

> **Point**
>
> **パラボラアンテナのビーム幅**
>
> 指向性のビーム幅 θ（3〔dB〕帯域幅）は，開口面の直径を D〔m〕，波長を λ〔m〕とすると，次式で表される．
>
> $$\theta \fallingdotseq \frac{70\lambda}{D}\ [°] \tag{2.9}$$
>
> **パラボラアンテナの利得**
>
> 絶対利得 G_I は，反射鏡の幾何学的な開口面積を A〔m²〕，実効面積を A_e〔m²〕とすると，
>
> $$G_I = \frac{4\pi A_e}{\lambda^2} = \frac{4\pi \eta A}{\lambda^2} = \eta \left(\frac{\pi D}{\lambda} \right)^2 \tag{2.10}$$
>
> で表される．ここで，η はパラボラアンテナの開口効率であり，一般に $\eta = 0.5 \sim 0.6$ 程度の値となる．

2 オフセットパラボラアンテナ

図2・36のように，回転対称でない反射鏡を使用したパラボラアンテナを**オフセットパラボラアンテナ**という．円形パラボラアンテナでは，反射鏡の前面に1次放射器や給電線を設けなければならないので，給電装置や支持柱が電波の通路を妨害し，放射特性を劣化させる原因となる．オフセットパラボラアンテナではこれらの影響が軽減され，サイドローブを少

なくすることができる.

地上系固定無線通信回線などで用いられる偏波共用方式では，アンテナの反射鏡の鏡面が軸対称でないため，垂直偏波または水平偏波の直線偏波を用いたときに，ほかの偏波成分である**交差偏波**が発生しやすい．また，BS（放送衛星）受信用アンテナとして用いられているが，センターフィードパラボラアンテナでは仰角が大きくなるので雪や塵などが付着しやすいが，オフセットパラボラアンテナではこれを防止することができる．円形パラボラアンテナに比べて大地からの熱雑音の影響を受けに

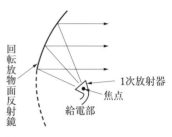

図2・36　オフセットパラボラアンテナ

くいなどの特徴がある．開口径45〔cm〕の12〔GHz〕用の受信アンテナで34〔dB〕程度の絶対利得が得られる.

> 特徴：鋭い単一指向性，高利得，1次放射器の影響を受けない，交差偏波が発生しやすい，大地からの熱雑音の影響を受けにくい

③ カセグレンアンテナ

図2・37のように，1次放射器，**回転双曲面**の副反射鏡，**回転放物面**の主反射鏡で構成されたアンテナである．副反射鏡の虚焦点と主反射鏡の焦点Fが一致するように配置してある．さらに，副反射鏡の焦点の位置に1次放射器を配置して，1次放射器の励振点（位相中心）と一致させる．1次放射器が主反射鏡側にあるので，背面，側面への漏れが少ない．したがって，衛星通信の地球局に用いると，大地からの熱雑音などの影響を受けにくい．また，オフセット化することによって，サイドローブ特性を向上させることができる．開口径10〔m〕の4〔GHz〕用のアンテナで，51〔dB〕程度の絶対利得が得られる.

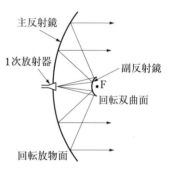

図2・37　カセグレンアンテナ

> 特徴：鋭い単一指向性，高利得，1次放射器からの漏れが少ない，大地からの熱雑音の影響を受けにくい

④ グレゴリアンアンテナ

図2・38のように，1次放射器，**回転だ円面**の副反射鏡，回転放物面の主反射鏡で構成され，回転だ円面の一方の焦点を主反射鏡の焦点と一致させ，他の焦点を1次放射器の励振点（位相中心）と一致させた構造のアンテナである．カセグレンアンテナと同様に，1次放射

器からの球面波は副反射鏡で反射され，その反射波が主
反射鏡で反射されて，平面波となって前方に鋭い指向性
を持つ．また，背面，側面への漏れが少ない，衛星通信
の地球局に用いると大地からの熱雑音などの影響を受け
にくい特徴がある．また，オフセット化することによっ
て，サイドローブ特性を向上させることができる．パラ
ボラアンテナと比較すると，主反射鏡で生ずる交差偏波
成分が少ないので，偏波共用アンテナとして用いられる．

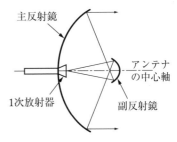

図2·38 グレゴリアンアンテナ

特徴：鋭い単一指向性，高利得，1次放射器からの漏れが少ない，大地からの熱雑音の影響を受
けにくい

⑤ コセカント2乗特性アンテナ

　航空路監視レーダ（ARSR）や**空港監視レーダ**（ASR）では，**図2·39** のように航空機か
ら反射されるレーダ電波を受信して画面上に表示させる．このとき，航空機が飛行してレー
ダアンテナと航空機までの距離 R が変化すると，受信電力が変化して画面上に等しい輝度
が得られない．

　航空機までの距離 R〔m〕と高度 h〔m〕の関係は，**図2·39** より，

$$R \sin \theta = h$$

　したがって，距離 R は，次式で表される．

$$R = \frac{h}{\sin \theta} = h \cosec \theta \ \text{〔m〕} \tag{2.11}$$

　また，航空機からの反射波受信電力は指向
性係数の2乗に比例するので，$\cosec^2 \theta$ に比
例する特性をレーダアンテナの垂直面電力指
向性に持たせてやると，航空機が等高度で飛
行するときは反射波受信電力が距離に無関係
となり，ほぼ一定の値となる．このアンテナ
の特性を得るためには，反射器を2重曲率に
する方法が用いられている．

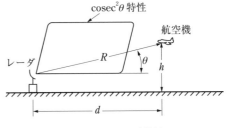

図2·39 コセカント2乗特性アンテナ

特徴：鋭い水平面単一指向性，垂直面電力指向性は $\cosec^2 \theta$ 特性，航空管制レーダ用

2.20 ホーンアンテナ

1 角錐ホーンアンテナ

導波管の特性インピーダンスは自由空間の固有インピーダンスより大きいので，導波管を伝わってきた電磁波を空間に放射させるためには，終端部をただ単に開口させただけでは反射波が生じて効率が悪い．

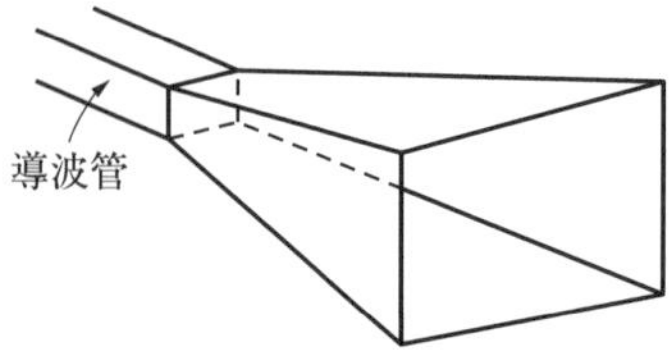

したがって，導波管から空間への移り変わりを図 2·40 のように徐々に変化させ，管内の特性インピーダンスが次第に自由空間の固有インピーダンスに整合していくようにする．このような放射器を，**角錐ホーンアンテナ**という．また，図 2·40 の角錐のほかに扇形や円錐などのホーンアンテナがあり，円錐ホーンアンテナではアンテナに給電する導波管は円形導波管が用いられる．

図 2·40　角錐ホーンアンテナ

導波管内を進行してきた電磁波は，管内の電磁界分布が開口面まで球面状に広がって拡大していく．電磁波の波長に比べてホーンの長さが十分に長いときは，開口面で平面波に近い状態に整えられて空間に放射されるので，前方へ鋭い指向性が得られる．

ホーンの長さと開きの角度によって指向性および利得が異なるが，角度が一定の場合は，長さを増すほど指向性が鋭く利得も大きくなる．長さを一定にした場合は，開きの角度を増していくとそれらが良くなるが，開きすぎるとかえって悪くなり，その間に最適の角度が存在する．このアンテナは単独に用いられるほか，アンテナ利得測定用の標準アンテナやパラボラアンテナなどの 1 次放射器としても用いられている．

また，図 2·40 の角錐ホーンアンテナの開口面の縦横比は，一般に用いられる TE_{10} モード導波管の縦横比と同じ 1 : 2 程度であるが，縦（E 面）または横（H 面）方向に大きく広げた扇形ホーンアンテナも用いられる．

特徴：鋭い単一指向性，高利得，アンテナ利得測定用の標準アンテナ

導波管の遮断波長を λ_c とすると，TE_{10} モードの場合の特性インピーダンス Z_0 〔Ω〕は次式で表される．

$$Z_0 = \frac{120\pi}{\sqrt{1 - \left(\frac{\lambda}{\lambda_c}\right)^2}} \ \text{〔Ω〕} \tag{2.12}$$

角錐ホーンアンテナの利得

　ホーンの開口面の縦および横の長さを a, b〔m〕, 開口面積を $A = ab$〔m^2〕, 開口効率を η とすると, 絶対利得 G_I は次式で表される.

$$G_I = \frac{4\pi}{\lambda^2} A\eta = \frac{4\pi ab}{\lambda^2}\eta \tag{2.13}$$

　開口効率の最大値の理論値は 0.8 であるが, 実際には 0.5〜0.6 程度の値を持ち, 20〜30〔dB〕程度の絶対利得が得られる. また, 電界面の開口効率を η_E, 磁界面の開口効率を η_H とすると, 開口効率は $\eta = \eta_E\eta_H$ によって表すことができる.

　最大開口効率を満足するときの絶対利得 G_{I0} は, $\pi^2 = 10$ とすると, 次式で表される.

$$G_{I0} = \frac{4\pi A}{\lambda^2} \times 0.8 = 3.2 \times \frac{\pi^2}{\pi} \times \frac{A}{\lambda^2} \fallingdotseq \frac{32A}{\pi\lambda^2} = \frac{32ab}{\pi\lambda^2} \tag{2.14}$$

❷ ホーンレフレクタアンテナ

　図 2・41 のように, 角錐ホーンと回転放物面反射鏡の一部を組み合わせた構造のアンテナを**ホーンレフレクタアンテナ**という. 非常に鋭い指向性と, ほとんど平面波に近い放射波が得られる. パラボラアンテナに比べて1次放射器からの直接波の影響が小さいので, サイドローブが少ない, 開口効率が大きい (0.6〜0.8), 多周波数帯で共用できる, 直線偏波および円偏波両用に使用できるなどの特徴があるが, 機械的な構造に問題がある. 開口径 3〔m〕, 高さ 7.5〔m〕の 4〜6〔GHz〕用のアンテナで 42〔dB〕程度の利得が得られる.

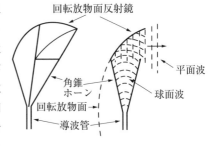

(a) 外観　　　(b) 動作原理

図 2・41　ホーンレフレクタアンテナ

特徴：鋭い単一指向性, 高利得, 開口効率が大きい, サイドローブが少ない

開口面アンテナのサイドローブの軽減方法
- 反射鏡面の修正および精度を向上させる.
- オフセット形にして1次放射器の影響を受けないようにする.
- 電波吸収材を1次放射器外周部やその支持柱に取り付ける.
- 電波吸収材で構成された遮へい板を反射鏡の周りに取り付ける.
- 1次放射器の特性を改善してビーム効率を高くする.
- 反射鏡面への電波の照度分布を変えて開口周辺部の照射レベルを低くする.
- カセグレンアンテナでは主反射鏡に対する副反射鏡の面積比を小さくする.

第2章　アンテナの実例

2.21 無給電アンテナ

　山岳などによって電波伝搬路の見通しがきかない場合に，電源や増幅器などを用いないで，山頂などに設置して電波の通路を曲げることによって回線を構成する中継方法を**パッシブ中継**という．パッシブ中継法には，二つのアンテナを背面合わせに用いて給電線で接続する方法，電波レンズを用いる方法，平面反射板を用いる方法がある．このうち，主に用いられるのは反射板を用いる方法で，給電線などで生じる損失がなく，ひずみの発生なども少ない特徴があり，このとき用いられる**平面反射板**を**無給電アンテナ**という．

　反射板と送信アンテナとの距離が十分遠く，**フラウンホーファ領域**にあるものを**遠隔形平面反射板**，それ以内の距離に設置されるものを**近接形平面反射板**という．遠隔形平面反射板の利得は入射方向より見た平面反射板の**開口面積**で定まり，開口効率は平面反射板の大きさと面精度で決まる．

　近接形平面反射板は，**図2・42**のようなものが用いられる．**図2・42**(a)は2枚の平面反射板を近接させて設置したもので，この系の利得は遠隔形に比べ低下するが，平面反射板間の距離を小さくとれば，反射板付加損を小さくすることができる．**図2・42**(b)のようにアンテナに近接させて反射板を設置したものは，ビーム給電法とよばれる．反射板と励振アンテナで構成された複合アンテナ系の利得は，両者の距離，面積比，アンテナの開口面電界分布などによって決まる．

> 　反射板を用いる場合は，鉄塔からの散乱波による広角指向性の劣化，方向調整の方法，直交偏波を使用するときの偏波面の変化などに注意することが必要であり，通信回線においては，区間損失の増大，熱雑音の増加，偏波面の変化，他回線への干渉などに注意する必要がある．

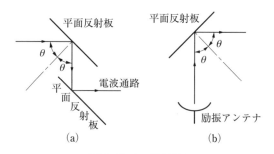

図2・42　平面反射板

有効投影面積

　電波伝搬路に反射板を用いたときの利得の増加を，アンテナの開口面積として表したものを

有効投影面積または有効開口面積という.

平面反射板の実際の面積を $S\,[\text{m}^2]$，開口効率を η，入射角を θ とすると，有効投影面積 $S_e\,[\text{m}^2]$ は次式で表される.

$$S_e = \eta S \cos\theta \,[\text{m}^2] \tag{2.15}$$

ここで**開口効率** η は，平面反射板の大きさと面精度によって決まる.

2.22 電波レンズ

光学におけるレンズの作用を応用して，ホーンアンテナから放射される電波を前方に集中させ，非常に鋭い指向性を持たせることができる．このような目的の装置を**電波レンズ**といい，**誘電体レンズ**および**金属板レンズ（メタルレンズ）**がある．

① 誘電体レンズ

誘電体（ポリスチロールなど）を図2·43(a)のように凸形の回転双曲面にして，ホーンアンテナの開口面に取り付ける．比誘電率が ε_r の誘電体中では電波の速度は空気中の $1/\sqrt{\varepsilon_r}$ となるため，中央の厚い部分では速度が遅くなり，レンズ通過後，波面がそろって平面波となる．この効果は，光が凸レンズで屈折することと同じである．また，**ゾーニング**（切り取り）を行えばレンズの厚さを減らすことができるので，重量が軽くなり，誘電体損失を少なくすることもできるが，周波数帯域は狭くなる．

図2·43(b)のゾーニングのきざみ幅 $t\,[\text{m}]$ は，電波の波長を $\lambda\,[\text{m}]$，誘電体の屈折率を $n = \sqrt{\varepsilon_r}$ とすると，次式で表される.

$$t = \frac{\lambda}{n-1}\,[\text{m}] \tag{2.16}$$

特徴：鋭い単一指向性，高利得，広帯域

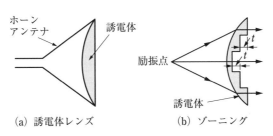

(a) 誘電体レンズ (b) ゾーニング

図2·43 誘電体レンズ

② 金属板レンズ（メタルレンズ）

　導波管内を進行する電波は，自由空間の波長より管内波長が長くなり，速度が見かけ上速くなることから，**図2・44**(a)のような構造の金属板の仕切りを電界に平行に設けると，端の厚い部分で波面の曲がりが補正され，平面波を形成させることができる．これは光学上の凹レンズに類似する作用となる．これを**導波管形メタルレンズ（ウェーブガイドレンズ）**という．また，**図2・44**(b)のように，逆に凸レンズのような形で磁界と平行に金属板を並べ，電波の進行方向に対して適当な角度に傾きを持たせ，どの間隙を通過する電波もすべて通過距離を等しくなるようにさせると，開口面で平面波が形成されるようになる．このような作用をする金属板レンズを**パスレングスレンズ**という．金属板の間隔は，高次モードの発生を防ぐために λ/2 よりも狭く設定する．

> 特徴：鋭い単一指向性，高利得，広帯域，工作の精密度が必要

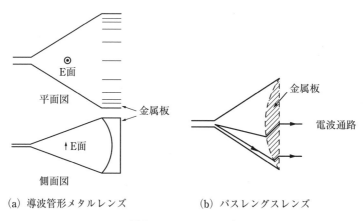

平面図
E面

金属板

側面図
E面

（a）導波管形メタルレンズ

金属板

電波通路

（b）パスレングスレンズ

図2・44　メタルレンズ

2.23 レードーム

　パラボラアンテナなどの反射板付きアンテナの板面への積雪や風害，1次放射器として用いられるホーンアンテナの開口部分への雪，雨およびほこりの侵入，あるいはアンテナ駆動機構を保護するために用いられる誘電体カバーを**レードーム**という．特に降雪地帯においては，パラボラアンテナの開口面にレードームを装着することが多い．レードームの性能として，電波の透過率が高く，機械的に強く，耐候性があることが要求される．電波の透過率を高くするためには誘電体損の少ない材料を選び，かつ反射を小さくする必要がある．

　反射を小さくするためには，次の方法が用いられる．

① 波長に比べて十分に薄い誘電体板を用いる.

② 比較的誘電率の高い表皮の間に，厚さが λ/4 の低誘電率のコアを接着する.

③ 誘電体板の厚みを λ/2 とする.

④ レードームが平面の場合は，放射電波の波面とは角度をつけて装着する.

レードームの材料には，ガラス繊維強化プラスチックなどの FRP が用いられる.

2.24 スロットアンテナ

■1 スロットアンテナ

図 2·45 のように，金属板に半波長のスロット（細隙）を切り，長辺の相対する縁に給電すると，電流は金属板に流れ，板の両面から電波が効率よく放射される．このような開口形アンテナをスロットアンテナといい，主に数〔cm〕以下の波長で用いられる．指向性は，スロットと同じ形状の半波長ダイポールアンテナと同じ 8 字形となるが，偏波面はダイポールアンテナと異なり，図では垂直偏波となる．

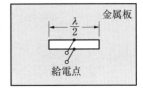

（a）スロット

給電点
（b）等価ダイポール

図 2·45 スロットアンテナ

Point

スロットアンテナの入力インピーダンス

スロットと同じ形状のダイポールアンテナの入力インピーダンスを $\dot{Z}_D$，自由空間の固有インピーダンスを Z_0 とすると，スロットアンテナの入力インピーダンス $\dot{Z}_S$ は次式で与えられる.

$$\dot{Z}_S = \frac{Z_0{}^2}{4\dot{Z}_D} = \frac{(120\pi)^2}{4\dot{Z}_D} = \frac{(60\pi)^2}{\dot{Z}_D} \,〔\Omega〕 \tag{2.17}$$

半波長ダイポールアンテナの放射抵抗 $|\dot{Z}_D|$ を 73〔Ω〕とすると，スロットアンテナの放射抵抗 $|\dot{Z}_S|$ は約 490〔Ω〕となる.

■2 スロットアレーアンテナ

図 2·46 のように，導波管の側壁に複数個のスロットを設けて電波放射に利用するアンテナをスロットアレーアンテナという．各スロットは間隔 $\lambda_g/2$（λ_g は管内波長）ごとに適当

な角度の傾きを持たせて，その傾きが交互に逆になるように配列してある．導波管には縦方向の壁面電流が流れるようなモード（TE_{10}）でマイクロ波を伝送すると，この電流をスロットが切断することになり電界 E が発生するが，垂直成分 E_V は逆位相で相殺し合い，水平成分 E_H は同相で強め合って，軸と直角方向に鋭いビームを形成して電波が放射される．このアンテナは小型・軽量で風圧も少なく，回転させたときにバランスが取りやすいなどの利点から，主に船舶のレーダ用アンテナとして用いられている．

特徴：水平偏波，鋭い水平面単一指向性，高利得，サイドローブが少ない，船舶のレーダ用

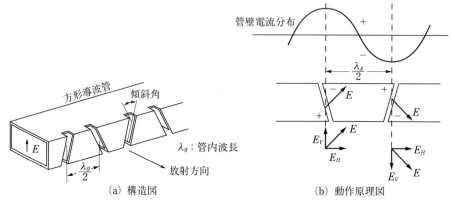

(a) 構造図　　　　　　　　　　　(b) 動作原理図

図 2·46　スロットアレーアンテナ

2.25　フェーズドアレーアンテナ

　複数の放射素子を配列し，それらを励振するアンテナを**アレーアンテナ**と呼び，アレーアンテナを用いてビーム方向を変移させるアンテナを走査アンテナという．

　図 2·47 のように，給電回路の途中に移相器を挿入して位相を変化させるアンテナを**フェーズドアレーアンテナ**という．パラボラアンテナなどのビーム方向を変化させるためには機械的にアンテナの向きを変えるが，フェーズドアレーアンテナではアンテナ素子を平面上に配置し，各素子の励振位相を変化

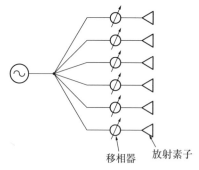

図 2·47　フェーズドアレーアンテナ

させることによって，電子的に主ビームを任意の方向に向けることができる．また，アンテ

ナ素子から直接放射する直接放射形アレーアンテナと，1次給電アレーと反射鏡を組み合わせたアレー給電反射鏡形アンテナがある．給電方法には，図2・47のような並列給電回路と直列に給電する直列給電回路がある．このほかに，位相走査平面アレーの給電回路を簡略化する方法として空間給電方式がある．空間給電方式には，透過形空間給電アレーアンテナと反射鏡を用いる反射形空間給電アレーアンテナがある．

移相器には，主にフェライト形またはダイオード形のデジタル移相器が用いられる．フェライト形は，フェライトの透磁率を変化させて二つの位相量を変化させる．ダイオード形は，PINダイオードとハイブリッド回路などによって二つの位相量を変化させる．nビットのデジタル移相器では，$0 \sim 2\pi$〔rad〕の位相を2^nに等分割するので，最小の位相変化量は$2\pi/2^n$〔rad〕となる．位相変化量は階段状の値となるが，アンテナ素子に設定する位相量を連続に変化するものとすれば，位相誤差は最大で$\pi/2^n$〔rad〕となるのでこれを量子化位相誤差という．量子化位相誤差が大きいと指向性のサイドローブが大きくなるので，これを低減させるにはデジタル移相器のビット数を多くする．

特徴：給電位相を変えることによって指向性を制御する，マイクロ波用，量子化位相誤差を低減させるには移相器のビット数を多くする

2.26　漏えい同軸ケーブル

図2・48のように，同軸ケーブルの外部導体にスロットを開け，アンテナと給電線の機能を兼ね備えたものである．スロットの形状を変えることにより，漏えいする電波の量を加減できる．トンネル内や地下街などに張り巡らして使用するので，電波の放射がケーブルに沿ってほぼ一様であるため地形や建造物などに左右されず，通信不能区間や回線品質の劣化を生じることがない．また，必要なところに電波を効率よく放射することができる．

特徴：ケーブルに沿って電波を放射，広い周波数帯で使用可能

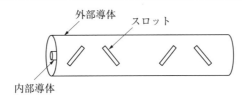

外部導体　スロット

内部導体

図2・48　漏えい同軸ケーブル

基本問題練習

問1　　　　　　　　　　　　　　　　　　　　　　　　2陸技

次の記述は，装荷ダイポールアンテナについて述べたものである．　内に入れるべき字句の正しい組合せを下の番号から選べ．

(1) 抵抗装荷は，アンテナの　A　を目的として利用される．

(2) リアクタンス装荷は，長さの短い　B　のダイポールアンテナを共振させ，整合させるために用いられ，共振させるので帯域が　C　なる．

	A	B	C
1	信号対雑音比（S/N）の改善	誘導性	広く
2	信号対雑音比（S/N）の改善	容量性	広く
3	信号対雑音比（S/N）の改善	容量性	狭く
4	広帯域化	誘導性	広く
5	広帯域化	容量性	狭く

▶▶▶▶▶ p.54

問2　　　　　　　　　　　　　　　　　　　　　　　　2陸技

次の記述は，半波長ダイポールアンテナについて述べたものである．このうち誤っているものを下の番号から選べ．ただし，波長を λ〔m〕とする．

1 放射抵抗は，約 73〔Ω〕である．

2 実効長は，λ/π〔m〕である．

3 実効面積は，約 $0.08\lambda^2$〔m²〕である．

4 絶対利得は，2.15〔dB〕である．

5 E面内の指向性パターンは，8字特性である．

▶▶▶▶▶ p.55

解説　誤っている選択肢は，正しくは次のようになる．

3　実効面積は，約 **$0.13\lambda^2$**〔m²〕である．

問3　　　　　　　　　　　　　　　　　　　　　　　　1陸技

図に示す3線式折返し半波長ダイポールアンテナを用いて 300〔MHz〕の電波を受信したときの実効長の値として，最も近いものを下の番号から選べ．ただし，3本のアンテナ素子

解答

問1-5　　**問2**-3

はそれぞれ平行で，かつ，極めて近接して配置されており，その素材や寸法は同じものとし，波長を λ〔m〕とする．また，アンテナの損失はないものとする．

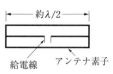

1　96〔cm〕

2　109〔cm〕

3　116〔cm〕

4　125〔cm〕

5　134〔cm〕

▶▶▶▶▷ p.56

解説

周波数 $f = 300$〔MHz〕の電波の波長 λ〔m〕は，次式で表される．

$$\lambda \fallingdotseq \frac{300}{f} = \frac{300}{300} = 1 \,〔\text{m}〕$$

3 線式折返し半波長ダイポールアンテナの実効長 l_e〔m〕は，半波長ダイポールアンテナの 3 倍となるので，$1/\pi \fallingdotseq 0.32$ とすると次式で表される．

$$l_e = 3 \times \frac{\lambda}{\pi} \fallingdotseq 3 \times 0.32 = 0.96 \,〔\text{m}〕 = 96 \,〔\text{cm}〕$$

問4　　　　　　　　　　　　　　　　　　　　　　　1陸技

周波数が 100〔MHz〕の電波を，素子の太さが等しい 2 線式折返し半波長ダイポールアンテナで受信した場合の最大受信機入力電圧が 3〔mV〕であった．このときの受信電界強度の値として，最も近いものを下の番号から選べ．ただし，アンテナ回路（給電線を含む）と受信機の入力回路は整合しており，アンテナの最大感度の方向は到来電波の方向と一致しているものとする．

1　1.5〔mV/m〕　　　2　2.2〔mV/m〕　　　3　3.1〔mV/m〕　　　4　4.5〔mV/m〕

5　5.5〔mV/m〕

▶▶▶▶▷ p.56

解説　周波数 $f = 100$〔MHz〕の電波の波長を $\lambda = 3$〔m〕とすると，2 線式折返し半波長ダイポールアンテナの実効長 l_e〔m〕は，半波長ダイポールアンテナの 2 倍となるので，次式で表される．

$$l_e = 2 \times \frac{\lambda}{\pi} = \frac{2 \times 3}{\pi} = \frac{6}{\pi} \,〔\text{m}〕$$

アンテナに誘起する電圧を V_0 とすると，アンテナのインピーダンスと受信機のイ

● **解答** ●

問3 -1

ンピーダンスが整合しているときの最大受信機入力電圧は $V = V_0/2$ となるので，$V_0 = 2V$〔mV〕である．よって，受信電界強度 E〔mV/m〕は次式で表される．

$$E = \frac{V_0}{l_e} = 2V \times \frac{1}{l_e} = 2 \times 3 \times \frac{\pi}{6} = \pi \fallingdotseq 3.1 \text{〔mV/m〕}$$

問5 2陸技

次の記述は，図に示すバイコニカルアンテナ（双円錐アンテナ）について述べたものである． 内に入れるべき字句の正しい組合せを下の番号から選べ．

(1) 円錐の底面の直径と母線の長さの比が一定である自己相似アンテナである．このアンテナを広帯域にするには，一般に頂角を A したり，母線を B することで対応している．

(2) このアンテナの変形として円錐の代わりに導体平面板を三角形に切り取ったもの，あるいは多数の導線を用いた C がある．

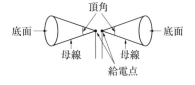

	A	B	C
1	狭く（約20から30度）	短く	ファンアンテナ
2	狭く（約20から30度）	長く	スロットアンテナ
3	広く（約50から90度）	長く	スロットアンテナ
4	広く（約50から90度）	長く	ファンアンテナ
5	広く（約50から90度）	短く	スロットアンテナ

▶▶▶▶▷ p.57

問6 2陸技

次の記述は，図に示すディスコーンアンテナについて述べたものである． 内に入れるべき字句の正しい組合せを下の番号から選べ．

(1) 図に示すように，円錐形の導体の頂点に円盤形の導体を置き，円錐形の導体に同軸ケーブルの外部導体を，円盤形の導体に内部導体をそれぞれ接続したものであり，給電点は，円錐形の導体の A にある．

(2) 水平面内の指向性は， B であり，垂直偏波の電波の送受信に用いられる．スリーブアンテナやブラウンアンテナに比べて C 特性を持つ．

● 解答 ●

問4 -3　　**問5** -4

	A	B	C
1	底辺	全方向性	狭帯域
2	底辺	全方向性	広帯域
3	底辺	単一指向性	狭帯域
4	頂点	単一指向性	狭帯域
5	頂点	全方向性	広帯域

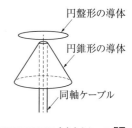

円盤形の導体
円錐形の導体
同軸ケーブル

▶▶▶▶▶ p.57

問7　　　　　　　　　　　　　　　　　　　　　　1陸技　2陸技類題

　次の記述は，3素子八木・宇田アンテナ（八木アンテナ）の帯域幅に関する一般的事項について述べたものである．このうち誤っているものを下の番号から選べ．

1　利得が最高になるように各部の寸法を選ぶと，帯域幅が狭くなる．
2　導波器の長さが中心周波数における長さよりも短めの方が，帯域幅が広い．
3　反射器の長さが中心周波数における長さよりも長めの方が，帯域幅が広い．
4　放射器，導波器および反射器の導体が太いほど，帯域幅が狭い．
5　対数周期ダイポールアレーアンテナの帯域幅より狭い．

▶▶▶▶▶ p.57

解説　誤っている選択肢は，正しくは次のようになる．
　　4　放射器，導波器および反射器の導体が太いほど，帯域幅が**広い**．

問8　　　　　　　　　　　　　　　　　　　　　　　　　　　1陸技

　次の記述は，図に示す対数周期ダイポールアレーアンテナについて述べたものである．このうち誤っているものを下の番号から選べ．

1　隣り合う素子の長さの比 l_{n+1}/l_n と隣り合う素子の頂点 O からの距離の比 x_{n+1}/x_n は等しい．
2　使用可能な周波数範囲は，最も長い素子と最も短い素子によって決まる．
3　主放射の方向は矢印アの方向である．
4　素子にはダイポールアンテナが用いられ，隣接するダイポールアンテナごとに逆位相で給電する．
5　航空機の航行援助用施設である ILS（計器着陸装置）のローカライザのアンテナとして用いられる．

解答
問6-5　**問7**-4

第2章　アンテナの実例

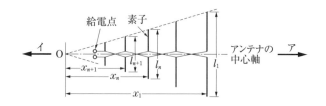

▶▶▶▶▷ p.60

解説 誤っている選択肢は，正しくは次のようになる．

　　3　主放射の方向は矢印**イの方向**である．

問9 　　　　　　　　　　　　　　　　　　　　　　　　　　　　2陸技

　次の記述は，図に示すブラウンアンテナについて述べたものである．このうち誤っている
ものを下の番号から選べ．

1　放射素子と地線の長さは，共に約 1/4 波長である．

2　地線は，同軸ケーブルの内部導体に接続されている．

3　地線は，同軸ケーブルの外部導体に漏れ電流が流れ出す
　のを防ぐ働きをする．

4　入力インピーダンスは，地線の取付け角度によって変わ
　る．

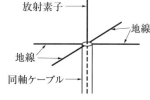

5　放射素子を大地に対して垂直に置いたとき，水平面内の指向性は，ほぼ全方向性である．

▶▶▶▶▷ p.61

解説 誤っている選択肢は，正しくは次のようになる．

　　2　地線は，同軸ケーブルの**外部導体**に接続されている．

問10 　　　　　　　　　　　　　　　　　　　　　　　　　　　2陸技

　次の記述は，コリニアアレーアンテナについて述べたものである．このうち誤っているも
のを下の番号から選べ．

1　垂直半波長ダイポールアンテナ等を構成単位としたアレーアンテナである．

2　構成単位のアンテナを垂直方向に一直線上に等間隔に並べて，隣り合う各素子を互いに
　同振幅，逆位相の電流で励振する．

3　構成単位のアンテナの数を増やすと，垂直面内の指向性が鋭くなる．

4　使用可能な周波数範囲を広くするためには，素子の直径 D と長さ L の比 (D/L) を大き
　くする．

解答

問8-3　　**問9**-2

5　水平面内の指向性は，全方向性である.

▶▶▶▶ p.62

解説　誤っている選択肢は，正しくは次のようになる.

　　2　誤「逆位相の電流で励振する.」→ 正「**同位相**の電流で励振する.」

問11　　　　　　　　　　　　　　　　　　　　　　　　　　　　　　　　1陸技

　次の記述は，図に示すように移動体通信に用いられる携帯機のきょう体の上に外付けされたモノポールアンテナ（ユニポールアンテナ）について述べたものである. このうち誤っているものを下の番号から選べ.

1　携帯機のきょう体の上に外付けされたモノポールアンテナは，一般にその長さ h によってアンテナの特性が変化する.

2　長さ h が 1/2 波長のモノポールアンテナは，1/4 波長のモノポールアンテナと比較したとき，携帯機のきょう体に流れる高周波電流が小さい.

3　長さ h が 1/2 波長のモノポールアンテナは，1/4 波長のモノポールアンテナと比較したとき，放射パターンがきょう体の大きさやきょう体に近接する手などの影響を受けにくい.

4　長さ h が 1/2 波長のモノポールアンテナは，1/4 波長のモノポールアンテナと比較したとき，給電点インピーダンスが低い.

5　長さ h が 3/8 波長のモノポールアンテナは，1/2 波長のモノポールアンテナと比較したとき，50〔Ω〕系の給電線と整合が取りやすい.

▶▶▶▶ p.63

解説　誤っている選択肢は，正しくは次のようになる.

　　4　誤「給電点インピーダンスが低い.」→ 正「給電点インピーダンスが**高い**.」

　　　長さ h が 1/2 波長のモノポールアンテナは，給電点において電流分布が最小で，電圧分布が最大となるので給電点インピーダンスが高い. 長さ h が 1/4 波長のモノポールアンテナは，給電点において電流分布が最大で，電圧分布が最小となるので給電点インピーダンスが低い.

問12　　　　　　　　　　　　　　　　　　　　　　　　　　　1陸技　2陸技

　次の記述は，図に示す携帯電話等の携帯機に用いられる逆 L 形アンテナ，逆 F 形アンテナおよび板状逆 F 形アンテナの原理的構成例について述べたものである. 　　内に入れるべき字句の正しい組合せを下の番号から選べ.

● 解答 ●

問10 -2　　**問11** -4

第2章　アンテナの実例

(1) 逆 L 形アンテナは，図 1 に示すように 1/4 波長モノポールアンテナの途中を直角に折り曲げたアンテナであり，そのインピーダンスの抵抗分の値は，1/4 波長モノポールアンテナに比べて $\boxed{A}$，また，リアクタンス分の値は，$\boxed{B}$ で大きいため，通常の同軸線路などとのインピーダンス整合が取りにくい．

(2) 逆 F 形アンテナは，図 2 に示すように逆 L 形アンテナの給電点近くのアンテナ素子と地板（グランドプレーン）の間に短絡部を設け，アンテナの入力インピーダンスを調整しやすくし，逆 L 形アンテナに比べてインピーダンス整合が取りやすくしたものである．

(3) 板状逆 F 形アンテナは，図 3 に示すように逆 F 形アンテナのアンテナ素子を板状にし，短絡板と給電点を設けたものであり，逆 F 形アンテナに比べて周波数帯域幅が $\boxed{C}$．

	A	B	C
1	大きく	容量性	狭い
2	大きく	誘導性	広い
3	小さく	容量性	広い
4	小さく	誘導性	広い
5	小さく	誘導性	狭い

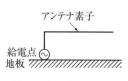

図 1 逆 L 形アンテナ　　**図 2** 逆 F 形アンテナ　　**図 3** 板状逆 F 形アンテナ

▶▶▶▶▶ p.63

問 13　　　　　　　　　　　　　　　　　　　　　　　　　　1 陸技

次の記述は，図に示す方形のマイクロストリップアンテナについて述べたものである．□内に入れるべき字句を下の番号から選べ．ただし，給電は，同軸給電とする．

(1) 図 1 に示すように，地板上に波長に比べて十分に薄い誘電体を置き，その上に放射板を平行に密着して置いた構造であり，放射板の中央から少しずらした位置で放射板と $\boxed{ア}$ の間に給電する．

(2) 放射板と地板間にある誘電体に生ずる電界は，電波の放射には寄与しないが，放射板の周縁部に生ずる漏れ電界は電波の放射に寄与する．放射板の長さ l〔m〕を誘電体内での電波の波長 λ_e〔m〕の

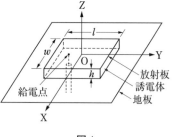

図 1

解答

問 12-3

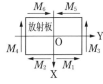

図2

イ にすると共振する.

図2に示すように磁流 $M_1 \sim M_6$〔V〕で表すと，磁流 ウ は相加されて放射に寄与するが，他は互いに相殺されて放射には寄与しない.

アンテナの指向性は，放射板から エ 軸の正の方向に最大放射方向がある単一指向性である.

(3) アンテナの入力インピーダンスは，放射板上の給電点の位置により変化する．また，その周波数特性は，厚さ h〔m〕が厚いほど，幅 w〔m〕が広いほど オ となる.

1	誘電体	2	1/2	3	M_3とM_4	4 X
6	地板	7	1/3	8	M_1とM_5	9 Z

5 広帯域
10 狭帯域

▶▶▶▶▶ p.64

問14

1陸技 2陸技類題

次の記述は，図に示す反射板付きの水平偏波用双ループアンテナについて述べたものである． 内に入れるべき字句の正しい組合せを下の番号から選べ．ただし，二つのループアンテナの間隔は約0.5波長で，反射板とアンテナ素子の間隔は約0.25波長とする.

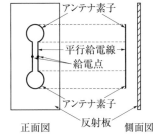

正面図　側面図

(1) 二つのループアンテナの円周の長さは，それぞれ約 A 波長である.

(2) 指向性は， B と等価であり，垂直面内で C となる.

	A	B	C
1	0.5	反射板付き4ダイポールアンテナ	8字特性
2	0.5	反射板付き4ダイポールアンテナ	単一指向性
3	0.5	スーパターンスタイルアンテナ	単一指向性
4	1	反射板付き4ダイポールアンテナ	単一指向性
5	1	スーパターンスタイルアンテナ	8字特性

▶▶▶▶▶ p.67

第2章　アンテナの実例

解答

問13 ア-6 イ-2 ウ-3 エ-9 オ-5 問14-4

問15 1陸技

次の記述は，図に示すヘリカルアンテナについて述べたものである． ___ 内に入れるべき字句を下の番号から選べ．ただし，ヘリックスのピッチ p は，数分の1波長程度とする．

(1) ヘリックスの1巻きの長さが1波長に近くなると，電流はヘリックスの軸に沿った ___ア___ となる．

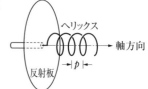

(2) ヘリックスの1巻きの長さが1波長に近くなると，ヘリックスの ___イ___ に主ビームが放射される．

(3) ヘリックスの1巻きの長さが1波長に近くなると，偏波は， ___ウ___ 偏波になる．

(4) ヘリックスの巻数を少なくすると，主ビームの半値角が ___エ___ なる．

(5) ヘリックスの全長を2.5波長以上にすると，入力インピーダンスがほぼ一定になるため，使用周波数帯域が ___オ___ ．

1	定在波	2	軸方向	3	直線	4	大きく	5	狭くなる
6	進行波	7	軸と直角の方向	8	円	9	小さく	10	広くなる

▶▶▶▶ p.69

問16 1陸技 2陸技

次の記述は，図に示すコーナレフレクタアンテナについて述べたものである． ___ 内に入れるべき字句の正しい組合せを下の番号から選べ．ただし，波長を λ 〔m〕とし，平面反射板または金属すだれは，電波を理想的に反射する大きさであるものとする．

(1) 半波長ダイポールアンテナに平面反射板または金属すだれを組み合わせた構造であり，金属すだれは半波長ダイポールアンテナ素子に平行に導体棒を並べたもので，導体棒の間隔は平面反射板と等価な反射特性を得るために約 ___A___ 以下にする必要がある．

(2) 開き角は，90度，60度などがあり，半波長ダイポールアンテナとその影像の合計数は，90度では4個，60度では6個であり，開き角が小さくなると影像の数が増え，例えば，45度では ___B___ となる．これらの複数のアンテナの効果により，半波長ダイポールアンテナ単体の場合よりも鋭い指向性と大きな利得が得られる．

(3) アンテナパターンは，2つ折りにした平面反射板または金属すだれの折り目から半波長ダイポールアンテナ素子までの距離 d〔m〕によって大きく変わる．理論的には，開き角が90度のとき，$d = $ ___C___ では指向性が二つに割れて正面方向では零になり，$d = $ ___D___ では主ビームは鋭くなるがサイドローブを生ずる．一般に，単一指向性となるように d を $\lambda/4 \sim 3\lambda/4$ の範囲で調整する．

● 解答 ●

問15 ア-6 イ-2 ウ-8 エ-4 オ-10

	A	B	C	D
1	$\lambda/5$	10 個	$3\lambda/2$	$\lambda/2$
2	$\lambda/5$	9 個	λ	$3\lambda/2$
3	$\lambda/10$	9 個	$3\lambda/2$	λ
4	$\lambda/10$	8 個	λ	$3\lambda/2$
5	$\lambda/10$	8 個	$3\lambda/2$	λ

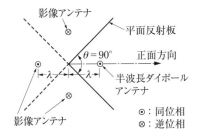

半波長ダイポールアンテナ　開き角　平面反射板（金属すだれ）　d

▶▶▶▶ p.70

解説　半波長ダイポールアンテナと影像アンテナの合計数は，開き角が $45°$ では，$360/45 = 8$ 個となる．**図2·49** のように開き角 $\theta = 90°$，$d = \lambda$ のときは，平面反射板によって発生する影像アンテナのうち 2 本が半波長ダイポールアンテナと逆位相の電流が流れる．正面方向の遠方から見ると距離差が λ および 2λ の位置あるアンテナは，距離差による電界の位相差が発生しない．よって，正面方向の合成電界は電流の位相によって決定されるので，4 本のうち 2 本の電流が逆位相となることから，正面方向の合成電界は相殺されて，指向性が二つに割れて正面方向では零になる．

影像アンテナ　平面反射板　$\theta = 90°$　正面方向　半波長ダイポールアンテナ　λ　λ　影像アンテナ　⊙：同位相　⊗：逆位相

図2·49　解説図

第2章　アンテナの実例

問17

　次の記述は，図に示すオフセットパラボラアンテナについて述べたものである．このうち誤っているものを下の番号から選べ．

1　オフセットパラボラアンテナは，回転放物面反射鏡の一部分だけを反射鏡に使うように構成したものであり，1次放射器は，回転放物面の焦点に置かれ，反射鏡に向けられている．

2　反射鏡の前面に1次放射器や給電線路がないため，これらにより電波の通路がブロッキングを受けず，円形パ

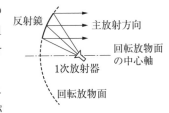

反射鏡　主放射方向　回転放物面の中心軸　1次放射器　回転放物面

解答

問16 -4

ラボラアンテナに比べると，サイドローブが少ない．

3　1次放射器が開口面の正面にないため，反射鏡面からの反射波は，ほとんど1次放射器に戻らないので，放射器の指向性を良くすれば，開口効率はほとんど低下しない．

4　鏡面が軸対称な構造でないため，直線偏波では原理的に交差偏波が発生しにくい．

5　アンテナ特性の向上のため，複反射鏡形式が用いられることがある．

▶▶▶▶▶ p.71

解説　誤っている選択肢は，正しくは次のようになる．

　　4　鏡面が軸対称な構造でないため，直線偏波では原理的に**交差偏波**が**発生**しやすい．

　　水平偏波と垂直偏波の互いに直交する二つの偏波を用いるときに，ほかの偏波成分が発生することを交差偏波という．

問18　　　　　　　　　　　　　　　　　1陸技　2陸技類題

　次の記述は，カセグレンアンテナについて述べたものである．　　内に入れるべき字句の正しい組合せを下の番号から選べ．なお，同じ記号の　　内には，同じ字句が入るものとする．

（1）　副反射鏡の二つの焦点のうち，一方の焦点は，主反射鏡の焦点と一致し，他方の焦点は，　A　の励振点と一致している．

（2）　主反射鏡の頂点(中心)付近に　A　を置くことができるので，給電路を短くでき，その伝送損を少なくできる．

（3）　主反射鏡および副反射鏡の鏡面を　B　すると，高能率で低雑音なアンテナを得ることができる．

（4）　放射特性の乱れは，オフセットカセグレンアンテナより　C　．

	A	B	C
1	主反射鏡	小さく	小さい
2	主反射鏡	修整	大きい
3	1次放射器	小さく	小さい
4	1次放射器	修整	小さい
5	1次放射器	修整	大きい

▶▶▶▶▶ p.72

解答

問17-4　**問18**-5

問19 `1陸技` `2陸技類題`

次の記述は，グレゴリアンアンテナについて述べたものである．□内に入れるべき字句の正しい組合せを下の番号から選べ．

(1) 主反射鏡に回転放物面，副反射鏡に □A□ の凹面側を用い，副反射鏡の一方の焦点を主反射鏡の焦点と一致させ，他方の焦点を1次放射器の □B□ 中心と一致させた構造である．

(2) また，□C□ によるブロッキングをなくして，サイドローブ特性を良好にするために，オフセット型が用いられる．

	A	B	C
1	回転双曲面	位相	1次放射器
2	回転双曲面	開口端	1次放射器
3	回転双曲面	位相	副反射鏡
4	回転だ円面	位相	副反射鏡
5	回転だ円面	開口端	1次放射器

▶▶▶▶▶ p.72

問20 `1陸技`

次の記述は，ASR（空港監視レーダ）のアンテナについて述べたものである．□内に入れるべき字句の正しい組合せを下の番号から選べ．

(1) 垂直面内の指向性は，□A□ 特性である．

(2) 航空機が等高度で飛行していれば，航空機からの反射波の強度は，航空機までの距離に □B□．

(3) 水平面内のビーム幅は，非常に □C□．

	A	B	C
1	コセカント2乗	無関係にほぼ一定となる	狭い
2	コセカント2乗	反比例する	広い
3	コセカント2乗	反比例する	狭い
4	コサイン	反比例する	狭い
5	コサイン	無関係にほぼ一定となる	広い

▶▶▶▶▶ p.73

● **解答** ●

問19 -4　**問20** -1

問21 1陸技

開口面の縦および横の長さがそれぞれ 14〔cm〕および 24〔cm〕の角錐ホーンアンテナを，周波数 6〔GHz〕で使用したときの絶対利得の値として，最も近いものを下の番号から選べ．ただし，電界(E)面および磁界(H)面の開口効率を，それぞれ 0.75 および 0.80 とする．

1　10〔dB〕　　　2　20〔dB〕　　　3　30〔dB〕　　　4　40〔dB〕　　　5　50〔dB〕

▶▶▶▶▶ p.74

解説　周波数 $f = 6$〔GHz〕$= 6 \times 10^9$〔Hz〕の電波の波長 λ〔m〕は，次式で表される．

$$\lambda \fallingdotseq \frac{3 \times 10^8}{f} = \frac{3 \times 10^8}{6 \times 10^9} = 5 \times 10^{-2} \text{〔m〕}$$

電界面および磁界面の開口効率を $\eta_E = 0.75$，$\eta_H = 0.8$ とすると開口効率 η は，

$$\eta = \eta_E \eta_H = 0.75 \times 0.8 = 0.6$$

となるので，開口面の縦および横の長さを a, b〔m〕，とすると絶対利得 G_I は，次式で表される．

$$G_I = \frac{4\pi ab}{\lambda^2}\eta = \frac{4 \times 3.14 \times 14 \times 10^{-2} \times 24 \times 10^{-2}}{(5 \times 10^{-2})^2} \times 0.6$$
$$= \frac{4 \times 3.14 \times 14 \times 24 \times 0.6}{5^2} \times 10^{-4+4} \fallingdotseq 100$$

デシベルで求めると，次式で表される．

$$G_{I\,\text{dB}} = 10 \log_{10} 100 = 10 \log_{10} 10^2 = 20 \text{〔dB〕}$$

問22 1陸技

次の記述は，パラボラアンテナのサイドローブの影響の軽減について述べたものである．このうち誤っているものを下の番号から選べ．

1　反射鏡面の鏡面精度を向上させる．
2　1次放射器の特性を改善して，ビーム効率を高くする．
3　反射鏡面への電波の照度分布を変えて，開口周辺部の照射レベルを高くする．
4　電波吸収体を1次放射器外周部やその支持柱に取り付ける．
5　オフセットパラボラアンテナにして1次放射器のブロッキングをなくす．

▶▶▶▶▶ p.75

解答

問21-2

解説 誤っている選択肢は，正しくは次のようになる．

3 反射鏡面への電波の照度分布を変えて，開口周辺部の照射レベルを**低くする**．

問 23 ▰▰▰▰▰▰▰▰▰▰▰▱▱▱▱▱▱▱▱▱▱▱▱▱ 1陸技

次の記述は，図に示すマイクロ波中継回線などに利用される無給電アンテナについて述べたものである．□内に入れるべき字句の正しい組合せを下の番号から選べ．

(1) 無給電アンテナに用いられる平面反射板は，入射波の波源となる励振アンテナからの距離によって遠隔形平面反射板と近接形平面反射板に分けられる．このうち □ A 形平面反射板は，励振アンテナのフラウンホーファ領域にあるものをいう．

(2) 平面反射板の有効投影面積 S_e は，平面反射板の実際の面積を S〔m²〕，入射角を θ〔rad〕，平面反射板の面精度などによって決まる開口効率を α とすれば，次式で表される．

$$S_e = \boxed{\text{B}} \ \text{〔m}^2\text{〕}$$

(3) 2θ が □ C になる場合には，2枚の平面反射板の組合せが有効であり，その配置形式には，交差形と平行形といわれるものがある．

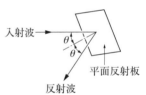

	A	B	C
1	遠隔	$\alpha S \sin\theta$	鋭角
2	遠隔	$\alpha S \cos\theta$	鈍角
3	遠隔	$\alpha S \tan\theta$	鈍角
4	近接	$\alpha S \cos\theta$	鈍角
5	近接	$\alpha S \sin\theta$	鋭角

▶▶▶▶▶ p.76

問 24 ▰▰▰▰▰▰▰▰▱▱▱▱▱▱▱▱▱▱▱▱▱▱▱▱ 1陸技

次の記述は，図に示すスロットアレーアンテナから放射される電波の偏波について述べたものである．□内に入れるべき字句を下の番号から選べ．ただし，スロットアレーアンテナは xy 面に平行な面を大地に平行に置かれ，管内には TE₁₀ モードの電磁波が伝搬しているものとする．なお，同じ記号の□内には，同じ字句が入るものとする．

(1) yz 面に平行な管壁には z 軸に □ ア な電流が流れており，スロットはこの電流の流れを妨げるので，電波を放射する．

(2) 管内における y 軸方向の電界分布は，管内波長の □ イ の間隔で反転しているの

● 解答 ●

問 22 -3　　**問 23** -2

右側余白縦書き：第 2 章 アンテナの実例

で，管壁に流れる電流の方向も同じ間隔で反転している．一定の間隔 l〔m〕で，交互に傾斜角の方向が変わるように開けられた各スロットから放射される電波の ウ の方向は，各スロットに垂直な方向となる．

(3) 隣り合う二つのスロットから放射された電波の電界をそれぞれ y 成分と z 成分に分解すると， エ は互いに逆向きであるが，もう一方の成分は同じ向きになる．このため， エ が打ち消され，もう一方の成分は加え合わされるので，偏波は オ ．

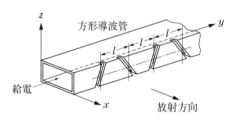

| 1 | 平行 | 2 | 1/2 | 3 | 磁界 | 4 | y 成分 | 5 | 垂直偏波となる |
| 6 | 垂直 | 7 | 1/4 | 8 | 電界 | 9 | z 成分 | 10 | 水平偏波となる |

▶▶▶▶▶ p.79

問25 　　　　　　　　　　　　　　　　　　　　　　1陸技

次の記述は，図に示す位相走査のフェーズドアレーアンテナについて述べたものである． 内に入れるべき字句の正しい組合せを下の番号から選べ．

(1) 平面上に複数の放射素子を並べて固定し，それぞれにデジタル移相器を設けて給電電流の位相を変化させて電波を放射し，放射された電波を合成した主ビームが空間のある範囲内の任意の方向に向くように制御されたアンテナである．デジタル移相器は，0 から 2π までの位相角を 2^n $(n = 1, 2, \cdots)$ 分の1に等分割しているので，最小設定可能な位相角は $2\pi/2^n$〔rad〕となり，励振位相は，最大 A 〔rad〕の量子化位相誤差を生ずることになる．

(2) この量子化位相誤差がアンテナの開口分布に周期的に生ずると，比較的高いレベルの B が生じ，これを低減するには，デジタル移相器のビット数をできるだけ C する．

解答

問24 ア-1　イ-2　ウ-8　エ-9　オ-10

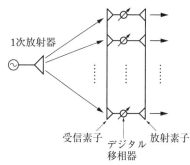

	A	B	C
1	$\pi/2^{n+1}$	サイドローブ	多く
2	$\pi/2^{n+1}$	バックローブ	少なく
3	$\pi/2^{n+1}$	バックローブ	多く
4	$\pi/2^{n}$	サイドローブ	多く
5	$\pi/2^{n}$	バックローブ	少なく

1次放射器

受信素子　デジタル　放射素子
　　　　　移相器

▶▶▶▶▶ p.80

問26　　　　　　　　　　　　　　　　　　　　　　1陸技　2陸技

　次の記述は，各種アンテナの特徴について述べたものである．このうち誤っているものを下の番号から選べ．

1　頂角が90度のコーナレフレクタアンテナの指向特性は，励振素子と2枚の反射板による2個の影像アンテナから放射される3波の合成波として求められる．

2　ブラウンアンテナの1/4波長の導線からなる地線は，同軸ケーブルの外部導体に漏れ電流が流れ出すのを防ぐ働きをする．

3　ディスコーンアンテナは，スリーブアンテナに比べて広帯域なアンテナである．

4　円形パラボラアンテナの半値幅は，波長に比例し，開口径に反比例する．

5　カセグレンアンテナの副反射鏡は，回転双曲面である．

▶▶▶▶▶ p.57〜72

解説　誤っている選択肢は，正しくは次のようになる．

　　1　頂角が90度のコーナレフレクタアンテナの指向特性は，励振素子と2枚の反射板による**3個**の影像アンテナから放射される**4波**の合成波として求められる．

問27　　　　　　　　　　　　　　　　　　　　　　1陸技　2陸技類題

　次の記述は，各種アンテナの特徴などについて述べたものである．このうち誤っているものを下の番号から選べ．

1　素子の太さが同じ2線式折返し半波長ダイポールアンテナの受信開放電圧は，同じ太さの半波長ダイポールアンテナの受信開放電圧の約2倍である．

2　半波長ダイポールアンテナを垂直方向の一直線上に等間隔に多段接続した構造のコーリ

● 解答 ●

問25-4　　　**問26**-1

ニアアレーアンテナは，隣り合う各放射素子を互いに同振幅，同位相で励振する.

3　スリーブアンテナのスリーブの長さは，約 1/2 波長である.

4　対数周期ダイポールアレーアンテナは，隣り合うアンテナ素子の長さの比および各アンテナ素子の先端を結ぶ 2 本の直線の交点（頂点）から隣り合うアンテナ素子までの距離の比を一定とし，隣り合うアンテナ素子ごとに逆位相で給電する広帯域アンテナである.

5　ブラウンアンテナの放射素子と地線の長さは共に約 1/4 波長であり，地線は同軸給電線の外部導体と接続されている.

▶▶▶▶▶ p.56〜62

解説　誤っている選択肢は，正しくは次のようになる.

　　3　誤「約 1/2 波長である.」→ 正「約 **1/4 波長**である.」

解答

問27-3

3 給電線と整合回路

3.1 分布定数回路

1 給電線

送信機から送信アンテナまで，または受信アンテナから受信機までの間に接続された高周波伝送線路を**給電線**という．給電線には，高周波電流を流す導体で構成された**平行2線式給電線**，平行4線式給電線，**同軸給電線**（同軸ケーブル）や導体壁で構成された空間内に電波を伝送させる**導波管**などの種類がある．また，動作上の分類からは，**同調給電線**と**非同調給電線**の二つに分けられる．

2 分布定数回路

高周波を線路で伝送する場合は，線路上に抵抗，インダクタンス，コンダクタンスおよび静電容量が分布している回路として考えなければならない．このような回路を**分布定数回**

第3章　給電線と整合回路

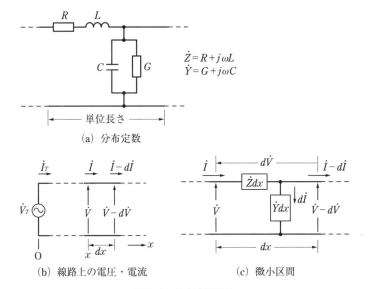

$$\dot{Z} = R + j\omega L$$
$$\dot{Y} = G + j\omega C$$

（a）分布定数

（b）線路上の電圧・電流　　　（c）微小区間

図3・1 分布定数回路

路という．線路上の分布定数，電圧，電流，位置，区間などを**図3・1**のように設定すれば，微小区間 dx の電圧 $d\dot{V}$ および電流 $d\dot{I}$ は次式で表される．

$$\left.\begin{array}{l} d\dot{V} = \dot{I}\dot{Z}dx \\ d\dot{I} = \dot{V}\dot{Y}dx \end{array}\right\} \tag{3.1}$$

微分の式で表せば，次式となる．

$$\left.\begin{array}{l} \dfrac{d\dot{V}}{dx} = \dot{I}\dot{Z} \\[2mm] \dfrac{d\dot{I}}{dx} = \dot{V}\dot{Y} \end{array}\right\} \tag{3.2}$$

式 (3.2) を x で微分し，互いに代入して整理すると，

$$\left.\begin{array}{l} \dfrac{d^2\dot{V}}{dx^2} = \dfrac{d\dot{I}}{dx}\dot{Z} = \dot{V}\dot{Y}\dot{Z} \\[2mm] \dfrac{d^2\dot{I}}{dx^2} = \dfrac{d\dot{V}}{dx}\dot{Y} = \dot{I}\dot{Z}\dot{Y} \end{array}\right\} \tag{3.3}$$

式 (3.3) の微分方程式に送端の条件（$x = 0$ のとき，$\dot{V} = \dot{V}_T$，$\dot{I} = \dot{I}_T$）を適用して解くと，線路上の電圧 $\dot{V}$ および電流 $\dot{I}$ は次式で表される．

$$\left.\begin{array}{l} \dot{V} = \dot{A}e^{-\gamma x} + \dot{B}e^{\gamma x} \\[2mm] \dot{I} = \dfrac{\dot{A}}{\dot{Z}_0}e^{-\gamma x} - \dfrac{\dot{B}}{\dot{Z}_0}e^{\gamma x} \end{array}\right\} \tag{3.4}$$

ただし，$\dot{A}$, $\dot{B}$ は電圧の次元を持つ積分定数である．

$$\dot{A} = \frac{\dot{V}_T + \dot{Z}_0\dot{I}_T}{2} \qquad \dot{B} = \frac{\dot{V}_T - \dot{Z}_0\dot{I}_T}{2}$$

ここで，線路の**特性インピーダンス** $\dot{Z}_0$ および**伝搬定数** γ は，線路の単位長さ（1〔m〕）当たりの定数を $\dot{Z}$〔Ω/m〕，$\dot{Y}$〔S/m〕，R〔Ω/m〕，L〔H/m〕，G〔S/m〕，C〔F/m〕とすると，次式で表される．

$$\dot{Z}_0 = \sqrt{\frac{\dot{Z}}{\dot{Y}}} = \sqrt{\frac{R + j\omega L}{G + j\omega C}} \ \text{〔Ω〕} \tag{3.5}$$

$$\gamma = \sqrt{\dot{Z}\dot{Y}} = \sqrt{(R + j\omega L)(G + j\omega C)} = \alpha + j\beta \tag{3.6}$$

ただし，周波数を f〔Hz〕とすると，$\omega = 2\pi f$〔rad/s〕である．

ここで，α を**減衰定数**，β を**位相定数**といい，$R \ll \omega L$，$G \ll \omega C$ の条件では次式で表される．

$$\alpha = \frac{R}{2}\sqrt{\frac{C}{L}} + \frac{G}{2}\sqrt{\frac{L}{C}} \ \text{〔Np/m〕} \tag{3.7}$$

$$\beta = \omega\sqrt{LC} \ \text{〔rad/m〕} \tag{3.8}$$

ただし，減衰定数の単位〔Np〕はネイパと呼び，自然対数の底を $e \fallingdotseq 2.7183$ とすると，

$$1\,\text{〔Np〕} = 20\log_{10} e \fallingdotseq 8.686 \ \text{〔dB〕}$$

となる．また，$R \ll \omega L$，$G = 0$ の条件では，式 (3.7) の α は次式によって表すことができる．

$$\alpha = \frac{R}{2}\sqrt{\frac{C}{L}} = \frac{R}{2Z_0} \ \text{〔Np/m〕} \tag{3.9}$$

線路上で電磁波が伝搬する速度を v〔m/s〕とすると，式 (3.8) を用いて次式で表すことができる．

$$v = f\lambda = 2\pi f \times \frac{\lambda}{2\pi} = \omega \times \frac{1}{\beta} = \frac{1}{\sqrt{LC}} \ \text{〔m/s〕} \tag{3.10}$$

Point

無損失線路の伝搬定数・特性インピーダンス

　伝搬定数のうち，α は線路の減衰を表す定数であり，線路の損失がない無損失線路では，$R = 0$，$G = 0$ の条件より，次式で表される．

$$\alpha = 0$$

$$\gamma = j\beta = j\omega\sqrt{LC}$$

特性インピーダンス $\dot{Z}_0$〔Ω〕は，実数部のみとなって，次式となる．

$$\dot{Z}_0 = Z_0 = \sqrt{\frac{L}{C}} \ \text{〔Ω〕} \tag{3.11}$$

3.2　線路上の電圧・電流

　送端の条件を元にして，送端から距離 x〔m〕の点の線路上の電圧および電流は，式 (3.4) で表される．ここで，線路上の電圧および電流については，逆に受端（終端ともいう）の条件（$l = 0$ のとき，$\dot{V} = \dot{V}_R$，$\dot{I} = \dot{I}_R$）より，受端から距離 l〔m〕の点の電圧および電流を求めると，次式で表される．

$$\left. \begin{aligned} \dot{V} &= \dot{C}e^{\gamma l} + \dot{D}e^{-\gamma l} \\ \dot{I} &= \frac{\dot{C}}{\dot{Z}_0}e^{\gamma l} - \frac{\dot{D}}{\dot{Z}_0}e^{-\gamma l} \end{aligned} \right\} \tag{3.12}$$

ただし，$\dot{C}$, $\dot{D}$ は電圧の次元を持つ積分定数で，

$$\dot{C} = \frac{\dot{V}_R + \dot{Z}_0 \dot{I}_R}{2} \qquad \dot{D} = \frac{\dot{V}_R - \dot{Z}_0 \dot{I}_R}{2}$$

式 (3.12) において，第 1 項の $\dot{C}e^{\gamma l} = \dot{C}e^{\alpha l}e^{\beta l}$ は，受端からの距離 l〔m〕につれて送端に向かっていくと，大きさが指数関数的に増加し，位相が距離 l〔m〕に比例して進んでいく波動，すなわち，送端から負荷に向かって進行する**進行波**を表す．また，第 2 項は距離に対する変化が第 1 項と全く逆の関係となっている．これは第 2 項が第 1 項と逆方向に進行する波動を表し，第 1 項の波動が受端で反射して戻ってくる**反射波**を表す．これは電流 $\dot{I}$ についても同様で，進行波および反射波によって表される．

また，**図 3·2** の負荷 $\dot{Z}_R$ が特性インピーダンスに等しい線路では，$\dot{Z}_R = \dot{Z}_0$ の条件を代入すると $\dot{V}_R = \dot{Z}_0 \dot{I}_R$ となるので，式 (3.12) は，

$$\dot{V} = \dot{V}_R e^{\gamma l} \qquad \dot{I} = \dot{I}_R e^{\gamma l} \tag{3.13}$$

となり，反射波は存在しない．

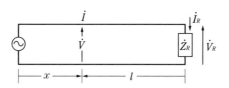

図 3·2　線路上の電圧・電流

Point

無損失線路上の電圧・電流

式 (3.12) は，線路の損失がない無損失線路では，次式で表される．

$$\dot{V} = \frac{\dot{V}_R + Z_0 \dot{I}_R}{2}e^{j\beta l} + \frac{\dot{V}_R - Z_0 \dot{I}_R}{2}e^{-j\beta l} \text{〔V〕} \tag{3.14}$$

$$\dot{I} = \frac{\dot{V}_R + Z_0 \dot{I}_R}{2Z_0}e^{j\beta l} - \frac{\dot{V}_R - Z_0 \dot{I}_R}{2Z_0}e^{-j\beta l} \text{〔A〕} \tag{3.15}$$

式 (3.14) より，次式が得られる．

$$\dot{V} = \frac{\dot{V}_R}{2}e^{j\beta l} + \frac{Z_0 \dot{I}_R}{2}e^{j\beta l} + \frac{\dot{V}_R}{2}e^{-j\beta l} - \frac{Z_0 \dot{I}_R}{2}e^{-j\beta l}$$

$$= \frac{\dot{V}_R}{2}(e^{j\beta l} + e^{-j\beta l}) + \frac{Z_0 \dot{I}_R}{2}(e^{j\beta l} - e^{-j\beta l}) \text{〔V〕} \tag{3.16}$$

ここで，オイラーの公式は，次式で表される．

$$e^{j\beta l} = \cos \beta l + j \sin \beta l \tag{3.17}$$

$$e^{-j\beta l} = \cos \beta l - j \sin \beta l \tag{3.18}$$

式 (3.17) と式 (3.18) の和と差より，次式が得られる．

$$\frac{e^{j\beta l} + e^{-j\beta l}}{2} = \cos \beta l \tag{3.19}$$

$$\frac{e^{j\beta l} - e^{-j\beta l}}{2} = j \sin \beta l \tag{3.20}$$

式 (3.19)，(3.20) を式 (3.16) に代入すると次式となる．

$$\dot{V} = \dot{V}_R \cos \beta l + j Z_0 \dot{I}_R \sin \beta l \ \text{〔V〕} \tag{3.21}$$

同様にして式 (3.15) は，次式となる．

$$\dot{I} = \dot{I}_R \cos \beta l + j \frac{1}{Z_0} \dot{V}_R \sin \beta l \ \text{〔A〕} \tag{3.22}$$

ただし，$\dot{V}_R$，$\dot{I}_R$ は受端 $(l = 0)$ の電圧，電流である．

3.3 線路のインピーダンス

図 3·3 のように，受端からの距離 l〔m〕の点から負荷側を見た**線路のインピーダンス** $\dot{Z}$〔Ω〕は，式 (3.21)，(3.22) より，次式で表される．

$$\begin{aligned}
\dot{Z} = \frac{\dot{V}}{\dot{I}} &= Z_0 \frac{\dot{V}_R \cos \beta l + j Z_0 \dot{I}_R \sin \beta l}{\dot{I}_R Z_0 \cos \beta l + j \dot{V}_R \sin \beta l} \\
&= Z_0 \frac{\dot{Z}_R \cos \beta l + j Z_0 \sin \beta l}{Z_0 \cos \beta l + j \dot{Z}_R \sin \beta l} \ \text{〔Ω〕}
\end{aligned} \tag{3.23}$$

ただし，$\dot{Z}_R \ (= \dot{V}_R/\dot{I}_R)$ は受端の負荷インピーダンスである．

式 (3.23) は，次式で表すこともできる．

$$\dot{Z} = Z_0 \frac{\dot{Z}_R + j Z_0 \tan \beta l}{Z_0 + j \dot{Z}_R \tan \beta l} \ \text{〔Ω〕} \tag{3.24}$$

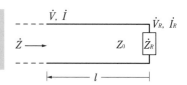

図 3·3　線路のインピーダンス

1/4 波長線路

$l = \lambda/4 \ (\beta l = \pi/2)$ の長さの線路の入力インピーダンス $\dot{Z}$ は，式 (3.23) より，

第3章　給電線と整合回路

$$\dot{Z} = Z_0 \frac{Z_0}{\dot{Z}_R}$$

よって，$\dot{Z}\dot{Z}_R = Z_0{}^2$ の関係がある． $\hspace{4cm}$ (3.25)

3.4 反射係数・透過係数

◼ 反射係数

反射波を生じる線路で，図 3・4 のように入射波電圧および電流を $\dot{V}_f$，$\dot{I}_f$ とし，反射波電圧および電流を $\dot{V}_r$，$\dot{I}_r$ とすると，式 (3.14)，(3.15) において距離 $l = 0$ としたときの第 1 項および第 2 項で表されるので，次式が成り立つ．

$$\dot{V}_f = \frac{\dot{V}_R + Z_0 \dot{I}_R}{2}$$

$$\dot{V}_r = \frac{\dot{V}_R - Z_0 \dot{I}_R}{2}$$

$$\dot{I}_f = \frac{\dot{V}_R + Z_0 \dot{I}_R}{2Z_0}$$

$$\dot{I}_r = -\frac{\dot{V}_R - Z_0 \dot{I}_R}{2Z_0}$$

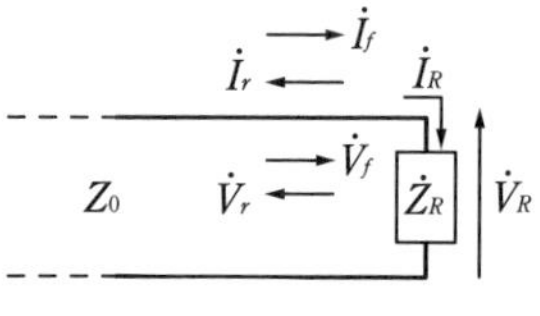

図 3・4　反射係数

また，受端の電圧および電流を $\dot{V}_R$，$\dot{I}_R$ とすると，

$$\dot{V}_R = \dot{V}_f + \dot{V}_r$$

$$\dot{I}_R = \dot{I}_f + \dot{I}_r$$

$$\dot{V}_R = \dot{Z}_R \dot{I}_R$$

これらの式より，電圧および電流の反射の程度を表す**反射係数**は，次式で表される．

$$\Gamma = \frac{\dot{V}_r}{\dot{V}_f} = \frac{\dot{Z}_R - Z_0}{\dot{Z}_R + Z_0} \hspace{3cm} (3.26)$$

$$\Gamma_I = \frac{\dot{I}_r}{\dot{I}_f} = \frac{Z_0 - \dot{Z}_R}{\dot{Z}_R + Z_0} \hspace{3cm} (3.27)$$

ここで，Γ を**電圧反射係数**，Γ_I を**電流反射係数**という．

反射係数 Γ は，ベクトル（フェーザ）量であり大きさと位相を持つ．また，

$$-1 \leqq \Gamma \leqq +1$$

の値をとり，$\Gamma = 0$ のときは，線路には反射がない．

❷ 透過係数

給電線の受端に特性インピーダンスと異なる負荷や線路を接続すると，入射波成分 $\dot{V}_f$ のうち一部が反射波 $\dot{V}_r$ となり，接続点を通る透過波 $\dot{V}_t$ は，$\dot{V}_f$ と $\dot{V}_r$ の和となる．このとき**電圧透過係数** $\dot{T}$ は，次式で表される．

$$\dot{T} = \frac{\dot{V}_t}{\dot{V}_f} = \frac{\dot{V}_f + \dot{V}_r}{\dot{V}_f} = 1 + \frac{\dot{V}_r}{\dot{V}_f}$$

$$= 1 + \Gamma = \frac{2\dot{Z}_R}{\dot{Z}_R + \dot{Z}_0} \tag{3.28}$$

$-1 \leqq \Gamma \leqq +1$ だから，$\dot{T}$ の大きさ $|\dot{T}|$ は次式の範囲となる．

$$0 \leqq |\dot{T}| \leqq 2 \tag{3.29}$$

3.5 定在波

❶ 定在波の発生

無損失線路の電圧および電流は，負荷が特性インピーダンスに等しい場合を除けば，入射波と反射波とが合成されたものとなる．**図 3·5** は，上から $t_1 \sim t_4$ の時刻における線路上の両波による電圧の変化を表している．図より線路の電圧は，時間とともに変化することと，各線路上の位置によってその点の最大値が異なることがわかる．各位置の値として合成波（実効値）をとると，その値は互いに強めあって最大となる点（**波腹**）と，打ち消しあって最小となる点（**波節**）とが，それぞれ $\lambda/2$ の間隔で交互に生じ，それらの点はその位置が固定した定点となるので，弦の振動のように時間的に振動しているが波形が進行しない波動となる．この合成波を**定在波**という．これは線路上の電圧や電流は送端の高周波の周期で変化するが，線路上の位置によって，その最大値が異なる状態が発生していることを意味する．

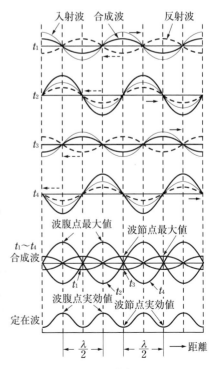

図 3·5　定在波

② 定在波比

線路上の定在波の波腹値と波節値の比を**定在波比**（**SWR**：Standing Wave Ratio）といい，

$$S = \frac{|\dot{V}_{\max}|}{|\dot{V}_{\min}|} \qquad S_I = \left|\frac{\dot{I}_{\max}}{\dot{I}_{\min}}\right| \tag{3.30}$$

で表され，これらを**電圧定在波比**（**VSWR**）および**電流定在波比**という．

また，線路上において定在波電圧が最大の点では定在波電流が最小となり，定在波電圧が最小の点では定在波電流が最大となる．

一般に，電圧定在波比が用いられる．また，

$$1 \leqq S \leqq \infty$$

の値をとり，$S = 1$ のときは線路には反射がなく，定在波は生じない．

Point

電圧波腹点と波節点から負荷を見たインピーダンス

電圧が最大の波腹点と最小の波節点では，反射係数の虚数部がなくなり純抵抗となる．この点から負荷側を見たインピーダンス Z〔Ω〕は，次式で表される．

電圧波腹点では，$Z = SZ_0$ $\tag{3.31}$

電圧波節点では，$Z = \dfrac{Z_0}{S}$ $\tag{3.32}$

負荷インピーダンスの値と VSWR には次の関係がある．

受端の負荷インピーダンスを $\dot{Z}_R$，給電線の特性インピーダンスを Z_0 とすると，

① $\dot{Z}_R = Z_0$　反射を生じないため，定在波も生じない．$S = 1$

② $\dot{Z}_R = \infty$　入射波の全部が反射する．その際，電圧の位相に変化はないが，電流は逆位相となる．したがって受端では，電圧は単独波の 2 倍の大きさの波腹となり，電流は打ち消しあって零の波節となる．$S = \infty$

③ $\dot{Z}_R = 0$　②と同様に完全反射となるが，電圧は逆相，電流が同相となり位相関係が入れ替わる．したがって受端では，電流は単独波の 2 倍の波腹，電圧が零の波節となる．$S = \infty$

④ $Z_R > Z_0$　抵抗負荷の場合，②と同じ位置に定在波が生じるが，反射が完全ではなくなるため，電圧の波腹は単独波の 2 倍より小さくなり，電流の波節も零とはならない．

⑤ $Z_R < Z_0$　抵抗負荷の場合，③と同じ位置に定在波が生じるが，反射が完全ではなくなるため，電流の波腹は単独波の 2 倍より小さくなり，電圧の波節も零とはならない．

⑥ $\dot{Z}_R = \pm jX$　リアクタンス負荷の場合，抵抗分とリアクタンス分との比率によって電圧波腹点（電流波節点）および電圧波節点（電流波腹点）が受端よりある距離ずれて生じる．

反射係数と定在波比

電圧反射係数 Γ と電圧定在波比 S の間には，次式の関係がある．

$$S = \frac{|\dot{V}_{\max}|}{|\dot{V}_{\min}|} = \frac{|\dot{V}_f| + |\dot{V}_r|}{|\dot{V}_f| - |\dot{V}_r|} = \frac{1 + |\Gamma|}{1 - |\Gamma|}$$

$$= \frac{1 + \left|\dfrac{\dot{Z}_R - Z_0}{\dot{Z}_R + Z_0}\right|}{1 - \left|\dfrac{\dot{Z}_R - Z_0}{\dot{Z}_R + Z_0}\right|} = \frac{|\dot{Z}_R + Z_0| + |\dot{Z}_R - Z_0|}{|\dot{Z}_R + Z_0| - |\dot{Z}_R - Z_0|} \tag{3.33}$$

$$|\Gamma| = \frac{S - 1}{S + 1} \tag{3.34}$$

負荷が抵抗負荷のとき，$Z_0 > R$ の条件では，

$$S = \frac{|R + Z_0| + |R - Z_0|}{|R + Z_0| - |R - Z_0|} = \frac{R + Z_0 + Z_0 - R}{R + Z_0 - Z_0 + R} = \frac{Z_0}{R} \tag{3.35}$$

同様に，$Z_0 < R$ の条件では，

$$S = \frac{R}{Z_0} \tag{3.36}$$

電圧透過係数 $\dot{T}$

$$\dot{T} = \frac{\dot{V}_f + \dot{V}_r}{\dot{V}_f} = 1 + \Gamma \tag{3.37}$$

 受端短絡・開放線路

■ 受端短絡線路

図 3·6 (a)のように受端を短絡（$\dot{Z}_R = 0$，$\dot{V}_R = 0$）した線路から，距離 l〔m〕の点の電圧 $\dot{V}$〔V〕，電流 $\dot{I}$〔A〕および負荷側を見た線路のインピーダンス $\dot{Z}$〔Ω〕は，式 (3.21)，(3.22)，(3.23) に $\dot{V}_R = 0$ を代入すると，次式で表される．

$$\dot{V} = jZ_0\dot{I}_R \sin\beta l \,\text{〔V〕} \tag{3.38}$$

$$\dot{I} = \dot{I}_R \cos\beta l \,\text{〔A〕} \tag{3.39}$$

$$\dot{Z} = \frac{\dot{V}}{\dot{I}} = \frac{iZ_0\dot{I}_R \sin\beta l}{\dot{I}_R \cos\beta l} = jZ_0 \tan\beta l \,\text{〔Ω〕} \tag{3.40}$$

l が $\lambda/4$ より短い受端短絡線路は，$\dot{Z} = jX$〔Ω〕で表される誘導性リアクタンスの値を持

つので，コイルと等価的な回路として動作する．

線路上の定在波は正弦波状に分布し，電圧は電流より $\pi/2$〔rad〕位相が進み，

$$l = \frac{2n+1}{4}\lambda \quad (n = 0, 1, 2, 3\cdots)$$

のとき，電圧は最大（$|\dot{V}_{\max}|$），電流は最小（$|\dot{I}| = 0$），インピーダンスは最大（$|\dot{Z}| = \infty$）となる．

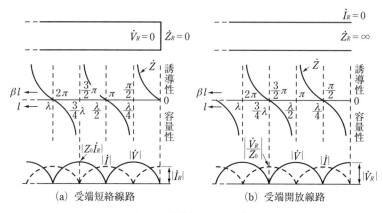

図 3·6　受端短絡・開放線路

② 受端開放線路

図 3·6 (b) のように，受端を開放（$\dot{Z}_R = \infty$, $\dot{I}_R = 0$）した線路から距離 l〔m〕の点の電圧 $\dot{V}$〔V〕，電流 $\dot{I}$〔A〕および負荷側を見た線路のインピーダンス $\dot{Z}$〔Ω〕は，同様にして次式で表される．

$$\dot{V} = \dot{V}_R \cos\beta l \text{ 〔V〕} \tag{3.41}$$

$$\dot{I} = j\frac{\dot{V}_R}{Z_0} \sin\beta l \text{ 〔A〕} \tag{3.42}$$

$$\dot{Z} = \frac{\dot{V}}{\dot{I}} = \frac{\dot{V}_R \cos\beta l}{j\dfrac{\dot{V}_R}{Z_0} \sin\beta l} = \frac{Z_0}{j\tan\beta l}$$

$$= -jZ_0 \cot\beta l \text{ 〔Ω〕} \tag{3.43}$$

l が $\lambda/4$ より短い受端開放線路は，$\dot{Z} = -jX$〔Ω〕で表される容量性リアクタンスの値を持つので，コンデンサと等価的な回路として動作する．

線路上の定在波は正弦波状に分布し，電流は電圧より $\pi/2$〔rad〕位相が進み，

$$l = \frac{n}{2}\lambda \quad (n = 1, 2, 3\cdots)$$

のとき，電圧は最大（$|\dot{V}_{\max}|$），電流は最小（$|\dot{I}| = 0$），インピーダンスは最大（$|\dot{Z}| = \infty$）となる．

3.7 供給電力

線路の特性インピーダンスと負荷のインピーダンスの整合がとれていないと反射波が発生し，電源より負荷に向かう入射電力の一部が反射されて電源に戻り，負荷に有効に電力が供給されない．このときの入射電力を P_f〔W〕，反射電力を P_r〔W〕，入射波電圧の大きさを V_f〔V〕，反射波電圧の大きさを V_r〔V〕とすると，次式が成り立つ．

$$P_f = \frac{V_f^{\,2}}{Z_0} \text{〔W〕} \qquad P_r = \frac{V_r^{\,2}}{Z_0} \text{〔W〕} \tag{3.44}$$

負荷に供給される電力 P〔W〕は，次式で表される．

$$P = P_f - P_r = \frac{V_f^{\,2}}{Z_0} - \frac{V_r^{\,2}}{Z_0} = \frac{(V_f + V_r)(V_f - V_r)}{Z_0}$$
$$= \frac{1}{Z_0}V_{\max}V_{\min} = \frac{V_{\max}^{\,2}}{SZ_0} \text{〔W〕} \tag{3.45}$$

また，電圧反射係数 Γ を用いて表すと，次式で表される．

$$P = \frac{V_f^{\,2}(1 - |\Gamma|^2)}{Z_0} \text{〔W〕} \tag{3.46}$$

ここで，負荷に供給される電力と最大供給電力との比を**反射損**または**不整合損失**といい，反射損 M は次式で表される．

$$M = \frac{1}{1 - |\Gamma|^2} \tag{3.47}$$

電圧定在波比 S を用いて表すと，次式のようになる．

$$M = \frac{1}{1 - \dfrac{(S-1)^2}{(S+1)^2}} = \frac{(S+1)^2}{(S+1)^2 - (S-1)^2} = \frac{(1+S)^2}{4S} \tag{3.48}$$

$M \geqq 1$ の値をとり，反射がないときには $M = 1$ となる．

動作利得

　アンテナと給電線が不整合のとき，反射損が生じるので，見かけ上のアンテナ利得は低下する．このような損失を考慮したアンテナ利得を**動作利得**という．整合がとれているときのアンテナの有能利得を G_0，給電線上の電圧定在波比を S とすると，動作利得 G_W は次式で表される．

$$G_W = \frac{4S}{(1+S)^2} G_0 \tag{3.49}$$

3.8 伝送効率

　送端から電力 P_T〔W〕を供給すると，線路上で損失を受けて受端に供給される電力が P_R〔W〕となったとき，P_R/P_T を**伝送効率**または**伝送能率**という．伝送効率は，線路の導体損や誘電体損および不整合による反射損によって低下する．

　整合している線路では反射損が発生しないので，線路の減衰定数を α，線路の長さを l〔m〕，送端から線路に供給した電力を P_T〔W〕，線路と負荷のインピーダンスを Z_0〔Ω〕とすると，受端の負荷に供給される電力 P_R〔W〕は次式で表される．

$$P_R = \frac{V_R{}^2}{Z_0} = \frac{(V_T e^{-\alpha l})^2}{Z_0} = \frac{V_T{}^2 e^{-2\alpha l}}{Z_0} \tag{3.50}$$

ただし，e は自然対数の底，V_T〔V〕は送端の電圧，V_R〔V〕は受端の電圧である．$P_T = V_T{}^2/Z_0$ で表されるので，式 (3.50) より，整合している線路の伝送効率 η_0 は次式で表される．

$$\eta_0 = \frac{P_R}{P_T} = e^{-2\alpha l} \tag{3.51}$$

　負荷が整合されていない線路では，送端の入射電力を P_{TA}〔W〕，送端に戻ってくる受端からの反射波電力を P_{TB}〔W〕，受端の入射電力を P_{RA}〔W〕，受端の反射電力を P_{RB}〔W〕とすると線路の伝送効率 η は，次式で表される．

$$\eta = \frac{P_{RA} - P_{RB}}{P_{TA} - P_{TB}} \tag{3.52}$$

反射波も給電線の損失の影響を受けるので，次式が成り立つ．

$$P_{RA} = P_{TA}\eta_0 \tag{3.53}$$

$$P_{TB} = P_{RB}\eta_0 \tag{3.54}$$

これらは，線路の反射損の影響を考えない関係式となる．次に，受端の電圧反射係数を Γ

とすると，次式が得られる．

$$P_{RB} = P_{RA} |\Gamma|^2 \tag{3.55}$$

線路の反射損の影響を考慮した伝送効率 η は，式 (3.52) に式 (3.53), (3.54), (3.55) を代入すると次式で表される．

$$\eta = \frac{P_{RA} - P_{RA}|\Gamma|^2}{\dfrac{P_{RA}}{\eta_0} - \eta_0 P_{RA}|\Gamma|^2} = \eta_0 \frac{1 - |\Gamma|^2}{1 - |\Gamma|^2 \eta_0{}^2} \tag{3.56}$$

3.9 平行 2 線式給電線

■ 平行 2 線式給電線

図 3・7 に平行 2 線式給電線の構造を示す．導線を一定の間隔ごとに碍子などの絶縁体でできているセパレータで保持するか，全体をポリエチレンなどの誘電体で被って 2 線を平行に保つ．構造が簡単で費用が安く，HF 帯の送受信用アンテナの給電部などに用いられている．

直径が d 〔m〕，線の中心からの間隔が D 〔m〕の平行に張られた2 本の導線の単位長さ当たりのインダクタンスを L 〔H/m〕，静電容量を C 〔F/m〕とすると，

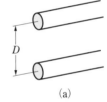
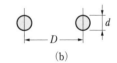

$$L = \frac{\mu_0}{\pi} \log_e \frac{2D}{d} \ \text{〔H/m〕} \tag{3.57}$$

$$C = \frac{\pi \varepsilon_0}{\log_e \dfrac{2D}{d}} \ \text{〔F/m〕} \tag{3.58}$$

図 3・7 平行 2 線式給電線

平行 2 線式給電線の特性インピーダンス Z_0 〔Ω〕は，式 (3.57), (3.58) を用いて，次式で表される．

$$Z_0 = \sqrt{\frac{L}{C}} = \sqrt{\frac{\mu_0}{\pi^2 \varepsilon_0}} \log_e \frac{2D}{d} = \sqrt{\frac{144 \times 10^2 \times \pi^2}{\pi^2}} \log_e \frac{2D}{d}$$
$$= 120 \log_e \frac{2D}{d} \ \text{〔Ω〕} \tag{3.59}$$

ただし，真空の透磁率 $\mu_0 = 4\pi \times 10^{-7}$，真空の誘電率 $\varepsilon_0 \fallingdotseq (1/36\pi) \times 10^{-9}$ である．また，常用対数で表すと，$\log_e X = \log_{10} X / \log_{10} e \fallingdotseq 2.3 \log_{10} X$ となるので，次式で表される．

$$Z_0 \fallingdotseq 276 \log_{10} \frac{2D}{d} \; (\Omega) \tag{3.60}$$

実際の平行2線式給電線の特性インピーダンスは，200〜600〔Ω〕程度のものが用いられている．

> 2本の導線が大地に対して平衡な平衡形給電線である．同軸給電線に比較して，放射損失が大きい，受信に用いたときに誘導を受けやすいなどの特徴がある．

② 単線式給電線

図3・8(a)のように，2本の導線の片側の導線のみを用いて大地との間に給電したものを**単線式給電線**という．特性インピーダンス Z_0〔Ω〕は，次式で表される．

$$Z_0 = 138 \log_{10} \frac{4h}{d} \; (\Omega) \tag{3.61}$$

図3・8(b)のように，自由空間に張られた線路では，次式で表される．

$$Z_0 = 138 \log_{10} \frac{2l}{d} \; (\Omega) \tag{3.62}$$

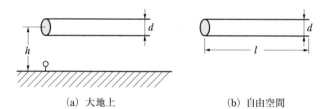

(a) 大地上   (b) 自由空間

図3・8 単線式線路

3.10 同軸給電線

図3・9に同軸給電線（同軸ケーブル）の構造を示す．一般に，網組み銅線を用いた外部導体，単銅線またはより銅線の内部導体，およびそれを支持する誘電体（一般にポリエチレン充てん）で構成される．

図の同軸給電線において，誘電体の比誘電率を ε_r とすると，単位長さ当たりのインダクタンス L〔H/m〕および静電容量 C〔F/m〕は，次式で表される．

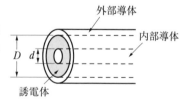

図3・9 同軸給電線

$$L = \frac{\mu_0}{2\pi} \log_e \frac{D}{d} \; (\text{H/m}) \qquad C = \frac{2\pi\varepsilon_0\varepsilon_r}{\log_e \dfrac{D}{d}} \; (\text{F/m}) \tag{3.63}$$

特性インピーダンス Z_0 〔Ω〕は，次式で表される．

$$Z_0 = \frac{138}{\sqrt{\varepsilon_r}} \log_{10} \frac{D}{d} \text{〔Ω〕} \tag{3.64}$$

　実際の給電線の特性インピーダンスは，損失が最小となる理論値に近い 50〜75 〔Ω〕程度の値が用いられる．外部導体は一般に接地して使用され，平行2線式に比べて誘導妨害や放射損が極めて少ないので広く用いられているが，不平衡形のため平衡形の負荷（ダイポールアンテナなど）への接続には工夫を要する．

　通常用いられる UHF 帯以下の周波数帯では，同軸ケーブル内を伝搬する電磁波は，**図3·10** (a)のように進行方向に電磁界成分を持たない **TEM波**（横電磁界波）によって伝送される．使用周波数が高くなると，導波管の伝送モードのような電磁界分布を持ち**図3·10** (b)の TE_{11} モードが伝送するようになる．このとき，TE_{11} モードに変化する波長を**遮断波長**と呼び，内部導体の外径 d 〔m〕，外部導体の内径を D 〔m〕とすると，遮断波長 λ_c 〔m〕は次式で表される．

$$\lambda_c \fallingdotseq \pi(d + D) \text{〔m〕} \tag{3.65}$$

電気力線　磁力線

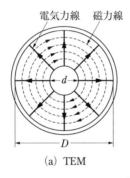
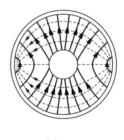

(a) TEM　　　　　　　　(b) TE_{11}

図3·10

特徴：外部導体を接地して使用する．外部からの誘導妨害の影響を受けにくい．外部導体の内径が同じとき内部導体の外径が大きい方が伝送できる電力容量が大きい．周波数 f が高くなると伝送損が大きくなる．抵抗損は $\sqrt{f}$ に比例し，誘電損は f に比例する．

Point

波長短絡率
　給電線内の電磁波の伝搬速度 v 〔m/s〕および波長 λ 〔m〕は，次式で表される．

$$v = \frac{c}{\sqrt{\varepsilon_r}} \text{〔m/s〕} \qquad \lambda = \frac{\lambda_0}{\sqrt{\varepsilon_r}} \text{〔m〕} \tag{3.66}$$

第3章　給電線と整合回路

3.10　同軸給電線

式 (3.66) より，速度 v は真空中の速度 c より遅くなり，波長 λ は真空中の波長 λ_0 より短くなる．ポリエチレン充てんの場合では $\varepsilon_r \fallingdotseq 2.2$ なので，λ は λ_0 の約 67% に短縮した値を持つ．この短縮する割合を波長短縮率という．

3.11 ストリップ線路

図 3·11 (a)にストリップ線路の構造を示す．使用する電波の波長に比べて十分に広い接地導体面と，幅が w で厚さが t の導体線路およびこれらの導体に挟まれた比誘電率 ε_r の誘電体基板によって構成されている．また，ストリップ導体の幅 w と誘電体基板の厚さ d は，波長より小さい値に選ばれる．ストリップ線路は，伝送線路やトランジスタ増幅回路などの平面回路として用いられるが，マイクロ波帯で用いられるものをマイクロストリップ線路という．

特性インピーダンスは，数十～数百 〔Ω〕 の値を持ち，図 3·11 (a)の構造において導体の幅 w，誘電体基板の厚さ d，誘電体の比誘電率 ε_r の値によって変化するが，w/d が大きいほど，ε_r が大きいほど特性インピーダンスは小さくなる．

図 3·11 (b)に線路の電磁界分布を示す．この伝送線路を伝搬する電磁波は，近似的に TEM 波 (Transverse ElectroMagnetic wave) で伝送される．ストリップ導体の上は開放なので，電磁界は原理的にはストリップ導体の上部の遠方まで存在するが，大部分のエネルギーはストリップ導体の直下に集中している．また，10〔GHz〕以下の周波数におけるマイクロストリップ線路では，主な伝送損失は導体損失であり，表皮効果によって伝送損失は $\sqrt{f}$ (f：周波数) に比例して増加する．

特徴：導波管と比較して伝送損失が大きい．一種の開放線路なので，放射損失や外部から雑音の混入などが大きい．誘電体の比誘電率が大きいほど放射損失が小さい．構造が平面的であり小型，軽量な伝送線路を作ることができるので経済的である．特性インピーダンスは，w/d および ε_r が大きいほど小さくなる．

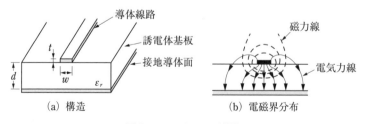

(a) 構造   (b) 電磁界分布

図3·11 ストリップ線路

3.12 同調給電線による給電

アンテナに流れる電流が最大になるように線路の長さや電源の接続方法を設定して，給電線とアンテナ全体を受端開放線路の場合のような共振状態として使用するときの給電線を**同調給電線**という．同調給電線は給電線上に定在波を発生させるため，電流腹（最大点）での抵抗損，電圧腹での誘導体損などの伝送損失が大きく，受端のインピーダンスが線路長によって変化するので，長い線路ではあまり使用されない．**図 3・12**に同調給電線による給電方法を示す．アンテナの給電点は，電圧腹または電流腹として給電線の長さを $\lambda/4$ の整数倍に選び，送信機と給電線の結合部の状態によって**図 3・12**(a)の直列共振または**図 3・12**(b)の並列共振回路を用いて，アンテナおよび給電線を共振状態にして給電する．

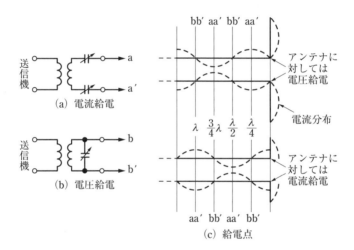

図 3・12　同調給電線による給電

一般に給電点において，電流腹の場合を**電流給電**，電圧腹の場合を**電圧給電**と呼んで区別する．したがって，半波長ダイポールアンテナへの給電は電流給電であり，1 波長ダイポールアンテナへの給電は電圧給電となる．

Point

非同調給電線

　給電線から見た負荷が給電線の特性インピーダンスに等しくなるような接続を行い，給電線に定在波が存在しない状態で給電するときは非同調給電線という．この場合において，給電線の特性インピーダンスとアンテナの入力インピーダンスは，一般には必ずしも等しくないから，整合回路を挿入して整合をとらなければならない．

非同調給電線の特徴

- 給電線の長さと使用波長とは無関係である．

第3章　給電線と整合回路

- 周波数ごとに整合をとれば給電線上に定在波は生じない.
- 同調給電線に比べて伝送損失が少ない.

平行2線式給電線などの平衡給電線は同調給電線および非同調給電線として用いられ，同軸給電線などの不平衡給電線は非同調給電線として用いられる.

 整合回路

◼ 集中定数回路による整合

給電線の特性インピーダンスを Z_0〔Ω〕，アンテナの入力インピーダンスを R〔Ω〕とすると，非同調給電線を用いるときは，$Z_0 \neq R$ ならば両者の接続点に整合回路を挿入する必要がある. 線路と負荷との平衡，不平衡の条件が一致している場合，インダクタンス L〔H〕のコイル，静電容量 C〔F〕のコンデンサを用いた集中定数で構成する整合回路は**図3·13**の回路などを用いる.

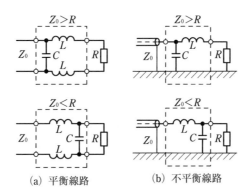

(a) 平衡線路 (b) 不平衡線路

図3·13 集中定数回路による整合

〔1〕 平衡線路

$Z_0 > R$ のとき，L〔H〕および C〔F〕は次式で表される.

$$L = \frac{1}{2\omega}\sqrt{R(Z_0 - R)}\,\text{〔H〕} \qquad C = \frac{1}{\omega Z_0}\sqrt{\frac{Z_0 - R}{R}}\,\text{〔F〕} \tag{3.67}$$

$Z_0 < R$ のとき，次式で表される.

$$L = \frac{1}{2\omega}\sqrt{Z_0(R - Z_0)}\,\text{〔H〕} \qquad C = \frac{1}{\omega R}\sqrt{\frac{R - Z_0}{Z_0}}\,\text{〔F〕} \tag{3.68}$$

〔2〕 不平衡線路

$Z_0 > R$ のとき，次式で表される．

$$L = \frac{1}{\omega}\sqrt{R(Z_0 - R)}\,[\text{H}] \qquad C = \frac{1}{\omega Z_0}\sqrt{\frac{Z_0 - R}{R}}\,[\text{F}] \tag{3.69}$$

$Z_0 < R$ のとき，次式で表される．

$$L = \frac{1}{\omega}\sqrt{Z_0(R - Z_0)}\,[\text{H}] \qquad C = \frac{1}{\omega R}\sqrt{\frac{R - Z_0}{Z_0}}\,[\text{F}] \tag{3.70}$$

② 分布定数回路による整合

集中定数 (L, C) を用いないで，線路の入力インピーダンスが線路長により変化することを利用したものが，分布定数回路による整合法である．

〔1〕 スタブによる整合

図 3·14 のように，受端から l_1 [m] の距離のとき，給電線から負荷方向を見たアドミタンス $\dot{Y}_1$ [S] が，

$$\dot{Y}_1 = \frac{1}{\dot{Z}_1} = \frac{1}{Z_0} \times \frac{Z_0 \cos\beta l_1 + j\dot{Z}_R \sin\beta l_1}{\dot{Z}_R \cos\beta l_1 + jZ_0 \sin\beta l_1} = G_1 + jB_1 \,[\text{S}] \tag{3.71}$$

となるように l_1 [m] の位置を調整する．次に，短絡線路の長さ l_2 [m] を調整して，短絡線路のアドミタンスが $\dot{Y}_2 = -jB_1$ [S] となるようにすれば，並列合成アドミタンス $\dot{Y}$ [S] は，次式で表される．

$$\dot{Y} = \dot{Y}_1 + \dot{Y}_2 = G_1 \,[\text{S}] \tag{3.72}$$

あらかじめ，

$$G_1 = \frac{1}{Z_0} = Y_0 \,[\text{S}] \tag{3.73}$$

の関係になるように l_1 の位置を定めてから l_2 の長さを調整することにより，サセプタンス分を打ち消すようにすれば，インピーダンスを整合することができる．このとき用いられる補助線路を**スタブ**または**トラップ**という．実際に，線路の長さを計算で求めるとかなり複雑であるが，**スミスチャート**を用いると図から容易に求めることができる．

短絡線路のインピーダンス $\dot{Z}_S$ [Ω] およびアドミタンス $\dot{Y}_S$ [S] は，

$$\dot{Z}_S = jZ_0 \tan\beta l \,[\Omega] \qquad \dot{Y}_S = -jY_0 \cot\beta l \,[\text{S}] \tag{3.74}$$

開放線路のインピーダンス $\dot{Z}_F$ [Ω] およびアドミタンス $\dot{Y}_F$ [S] は，

$$\dot{Z}_F = -jZ_0 \cot\beta l \,[\Omega] \qquad \dot{Y}_F = jY_0 \tan\beta l \,[\text{S}] \tag{3.75}$$

第 3 章　給電線と整合回路

で表されるようにリアクタンス（サセプタンス）の大きさが l によって変化する．また，主線路と補助線路を直列に接続する場合は，インピーダンスを用いて計算すれば整合を求めることができる．

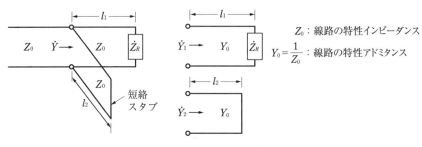

図 3·14　スタブによる整合

〔2〕 1/4 波長整合線路

図 3·15 のように，特性インピーダンス Z_0 〔Ω〕の線路の受端に純抵抗負荷 Z_R 〔Ω〕を接続するとき，長さが $\lambda/4$ で特性インピーダンスが Z_Q 〔Ω〕の整合用線路を挿入し，次の条件が成り立てば整合をとることができる．

$$Z_Q = \sqrt{Z_R Z_0} \text{ 〔Ω〕} \tag{3.76}$$

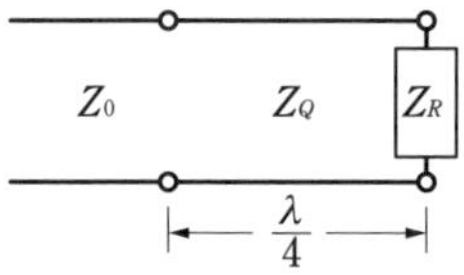

このように，$\lambda/4$ の特性インピーダンスの異なる給電線を接続して，整合をとる線路を **1/4 波長変成器** あるいは **Q 変成器** (Quarter-wavelength transformer) ともいう．

図 3·15　1/4 波長整合線路

Point

1/4 波長線路のインピーダンス

受端に Z_R 〔Ω〕の抵抗負荷が接続された線路において，長さ $l = \lambda/4$ の点のインピーダンス $\dot{Z}$ 〔Ω〕は，給電線の特性インピーダンスを Z_Q 〔Ω〕，$\beta l = \pi/2$ とすると，次式で表される．

$$\dot{Z} = Z_Q \frac{Z_R \cos \beta l + j Z_Q \sin \beta l}{Z_Q \cos \beta l + j Z_R \sin \beta l}$$
$$= Z_Q \frac{Z_R \cos(\pi/2) + j Z_Q \sin(\pi/2)}{Z_Q \cos(\pi/2) + j Z_R \sin(\pi/2)} = \frac{Z_Q^{\,2}}{Z_R} \text{ 〔Ω〕} \tag{3.77}$$

この線路に特性インピーダンスが Z_0 〔Ω〕の線路を接続すると，次式の関係があるときに整合をとることができる．

$$Z_0 = \frac{Z_Q^{\,2}}{Z_R} \text{ 〔Ω〕} \qquad \text{よって，} \quad Z_Q = \sqrt{Z_R Z_0} \text{ 〔Ω〕} \tag{3.78}$$

③ トラップ

整合のために用いられる共振回路を**トラップ**という．トラップは，LC の集中定数回路や分布定数回路のスタブによって構成することができる．**図3·16**に，2台の送信機から一つのアンテナに給電するアンテナ共用回路で用いられる**トラップ**の構造を示す．送信機 A および B の送信電波の周波数をそれぞれ f_1〔Hz〕，f_2〔Hz〕$(f_1 < f_2)$ とすると，トラップ 1 の L_1，C_1 の直列回路は f_1 に共振し，並列回路は f_2 に共振している．トラップ 2 の L_2，C_2 の直列回路は f_2 に共振し，並列回路は f_1 に共振している．送信機 A からの供給電力はトラップ 1 の直列共振回路を通過してアンテナおよびトラップ 2 に向かうが，トラップ 2 の並列共振回路で阻止されて送信機 B には影響を与えない．同様に，送信機 B からの供給電力は送信機 A には影響を与えないでアンテナへ供給される．

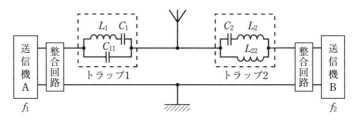

図3·16 アンテナ共用回路

3.14 バラン

同軸給電線は外部導体を接地して使用するので，内部の電界は**図3·17**のようになる．線路を伝搬する電磁波の電気力線は外部導体の内側で終わり，外部導体を流れる電流は外部導体の内側の面を流れる．一方，平行2線式線路において2線間の電気力線は空間に広がり，2線とも大地に対して電位を持っている．これらの線路を直接接続すると平行線路の電流は不平衡となり，同軸線路の外部導体の外側表面には不平衡電流が流れて放射損失が生じる．

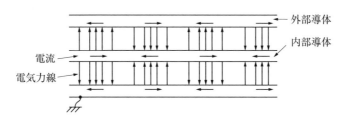

図3·17 同軸線路内の電界と電流

これを防ぐために次のような整合回路を用いるが，これを**バラン**という．

1 集中定数形バラン

図3・18に回路図を示す．1次側の二つのコイル$2L_1$は，中心点を境にして逆方向に巻いてある．このことによって，2次側に不平衡電流が生じないようにすることができる．この状態で1次，2次回路とも共振させれば整合をとることができる．また，**広帯域トランス（広帯域変成器）**を用いて共振させないで整合をとるものもある．図の定数において，共振させたときの整合条件は，$\omega^2 L_1 C_1 = \omega^2 L_2 C_2 = 1$，$\omega M = \sqrt{RZ_0}$となる．

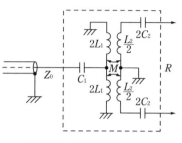

図3・18 集中定数形バラン

2 U形バラン

図3・19のように，同軸線路のU字形部の電気的長さを$\lambda/2$にすれば，平衡線路との接続点において，それぞれの同軸線路と大地間の電位は平衡し，このとき180°の位相差を持った二つの電圧V，$-V$〔V〕となり，接続点で$2V$〔V〕となる．また，電流I〔A〕は，うかい回路と平衡線路とで2分

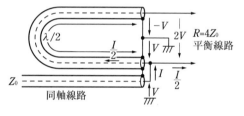

図3・19 U形バラン

されるので，平衡線路側のインピーダンスR〔Ω〕は次式で表される．

$$R = \frac{2V}{\dfrac{I}{2}} = 4\frac{V}{I} = 4Z_0 \ \text{〔Ω〕} \tag{3.79}$$

3 分割同軸バラン

図3・20のように，特性インピーダンスがZ_0〔Ω〕の同軸線路に，特性インピーダンスがZ_Q〔Ω〕，長さが$l = \lambda/4$〔m〕の分割同軸線路を接続した構造である．等価回路は**図3・21**のようになり，平衡線路に並列接続されたインピーダンスZ_P〔Ω〕は，同軸線路の接続点から分割同軸線路を見たインピーダンスであり，受端短絡線路となるので次式で表される．

$$\dot{Z}_S = jZ_Q \tan\beta l \ \text{〔Ω〕} \tag{3.80}$$

$l = \lambda/4$とすると$\beta l = \pi/2$だから，$\dot{Z}_S$は無限大となるので，巻数比が1：2の理想変成器によって同軸線路と平衡線路が接続された回路となる．よって，$Z_0 = Z_P/4$の値のとき

に整合を取ることができ，合わせて平衡と不平衡の変換を行うことができる．

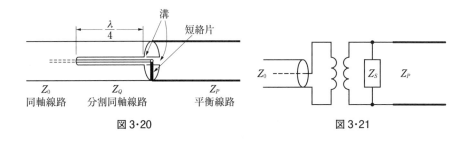

Z₀ 同軸線路　　Z_Q 分割同軸線路　　Z_P 平衡線路

図 3·20

図 3·21

④ シュペルトップ（阻止筒管）

図 3·22 のように，同軸線路に長さ λ/4 の筒管をかぶせて受端短絡 λ/4 共振線路とすれば，開放端のインピーダンスは無限大となり，平衡線路から外壁表面へ進もうとする電流を阻止することができる．

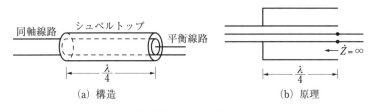

（a）構造　　　　　　　　　（b）原理

図 3·22　シュペルトップ

3.15　アンテナ共用回路

① 帯域フィルタを用いた共用回路

図 3·23 に，多数の周波数を使用する移動通信用基地局に用いられるアンテナ共用回路を示す．一つの送信機からの出力は，**サーキュレータ**とその送信機の周波数に一致した**帯域（通過）フィルタ**を通って**分岐結合回路**に向かう．他の送信機の方向に対しては，分岐点から帯域フィルタまでの長さを，送信周波数の電波の波長を λ とすると，λ/4 の奇数倍に設定してある．先端短絡 λ/4 線路のインピーダンスは無限大なので，結合を小さくすることができる．しかし，それだけでは必要な減衰量がとれないので，帯域フィルタおよびサーキュレータと**吸収抵抗**によって減衰させることができる．

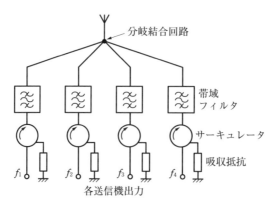

図3·23 帯域フィルタを用いた共用回路

移動通信用の基地局などは，多数の無線チャネルの送信機および受信機が相互に干渉しないように，所要の結合減衰量を取らなければならない．しかし，狭い場所では多数のアンテナを設置して結合減衰量を確保するのが難しいので，アンテナ共用方式が用いられる．また，サーキュレータと吸収抵抗の代わりにアイソレータが用いられる場合もある．

Point

線路長 l 〔m〕の先端が短絡された線路のインピーダンス $\dot{Z}_S$ 〔Ω〕は，位相定数を $\beta = 2\pi/\lambda$ とすると次式で表される．

$$\dot{Z}_S = jZ_0 \tan \beta l \ \text{〔Ω〕} \tag{3.81}$$

$\tan \beta l = \infty$ となるのは，$\beta l = \pi/2, 3\pi/2, 5\pi/2, \cdots, (1 + 2n)\pi/2$ のときだから，$l = \lambda/4, 3\lambda/4, 5\lambda/4, \cdots, (1 + 2n)\lambda/4$ となるので，1/4 波長の奇数倍のときにインピーダンスが無限大となる．

② サーキュレータ

3端子以上の端子を持ち，特定の回転する方向にある端子間の伝送においては減衰が少なく，逆方向に回転する方向にある端子間の伝送においては大きな減衰を与える伝送回路を**サーキュレータ**という．各端子を接続する線路は，ファラデー回転子により構成されている．ファラデー回転子による端子間の伝送は，外部磁界を与えられたフェライトに電磁波が入射すると発生するファラデー効果を用いている．

図3·24 サーキュレータ

図3·24 の3端子形サーキュレータでは，①からの入力は矢印の方向のみに進み，②に出力されるが③には出力されない．また，②からの入力は③のみに出力される．

アイソレータ

　入出力の二つの端子を持ち，特定の方向にある端子間の伝送においては減衰が少なく，逆方向の伝送においては大きな減衰を与える非可逆回路をアイソレータという.

ハイブリッドリング

　ハイブリッド回路は方向性を有する電力2分配回路であり，2系統の送信機と一つのアンテナを共用する場合や二つのアンテナに位相差給電する場合などに用いられる.

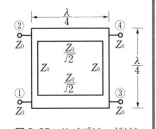

図3・25　ハイブリッドリング

　図3・25のハイブリッドリングでは，端子①から入力したときは，端子③，④に位相差90°の出力が現れるが，端子②には出力されない．端子②から入力したときは，端子③，④に位相差90°の出力が現れるが，端子①から入力したときとは位相の遅れが逆になる．また，端子①には出力されない．逆に，端子③，④から位相差90°の入力が加わると，それらの位相の遅れまたは進みによって，端子②または端子①に出力される.

3.16　導波管

■1 方形導波管・円形導波管

　給電線を伝送する高周波の使用周波数が高くなってマイクロ波帯になると，同軸給電線では中心導体の高周波抵抗による熱損失と中心導体保持用誘電体の誘電体損が多くなり，効率が低下してくる．そこで，**図3・26**のような構造の**導波管**が用いられる．導波管とは管内を空気だけにした中空金属管で，これに電磁波を直接送り込むと，管壁で反射を繰り返しながら電磁エネルギーが伝送される．導波管における損失は，管壁に流れるわずかな誘導電流による熱損失だけで，伝送効率は良好である．なお，誘導電流による抵抗損を少なくするた

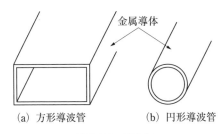

（a）方形導波管　　　（b）円形導波管

図3・26　導波管

め，内壁は導電率が大きい銀や金などでメッキされている．内部が中空なので同軸給電線の
ような誘電体による損失はないが，雨水などが導波管内部に入ると水滴により導体損や誘電
体損が生じるので，乾燥空気を注入するなどの方法がとられている．また，管の寸法によっ
て決まるある周波数以下の電磁波は伝送することができないという欠点を持つ．

導波管には，その断面の形によって方形導波管と円形導波管がある．一般には方形導波管が用
いられる．円形導波管は電磁界分布が不安定になりがちであるため，特殊な部分を除いてあまり
使われない．

Point

表皮厚さ

平面波が，導波管の管壁などの損失があって導電率が有限な媒質に入射すると，伝搬定数 γ
は複素数となり，減衰定数 α の値により，媒質中の電界強度は表面からの距離とともに指数
関数的に減衰する．このとき，振幅が $1/e \fallingdotseq 0.368$（e：自然対数の底）となる距離を表皮厚さ
（深さ），またはスキンデプスという．マイクロ波，ミリ波帯の周波数における導体では，導体
の透磁率を μ，導電率を σ，誘電率を ε，電波の角周波数を ω とすると，$\sigma \gg \omega\varepsilon$ の条件では，
減衰定数 α および表皮厚さ δ は次式で表される．

$$\alpha = \frac{1}{\delta}, \quad \delta = \sqrt{\frac{2}{\omega\mu\sigma}} \tag{3.82}$$

表皮厚さは，周波数 f（$\omega = 2\pi f$），透磁率 μ，導電率 σ が大きくなるほど薄くなる．

導波管の伝送損失

導波管は同軸ケーブルのような誘電体がないので，主な伝送損失は管壁を流れる電流によっ
て発生する抵抗損である．伝送する電磁波の周波数が高くなると表皮厚さが薄くなって，等価
的に抵抗損が大きくなるので，周波数が高いほど伝送損失が大きくなるが，周波数を低くして
遮断周波数 f_c に近づくと急激に伝送損失が大きくなるので，一般に $1.6f_c$ 程度の周波数が用い
られることが多い．また，高次モードに比較して基本モードの TE_{10} モードは伝送損失が小さ
い．

② 電磁界分布

導波管内を進む電磁波は軸方向にまっすぐ伝わらないで，
図 3·27 のように，管壁に特定の角度で反射して，それを繰り
返しながらジグザグに進む．この進み方には，中心から管壁
に向かう互いに反対の 2 通りの向きがあるので，それぞれの
反射波の合成波は図 3·28 のように，管内に電磁界の分布を持
つことになる．導波管を完全導体とすれば，境界条件から管

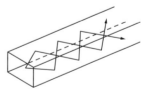

図 3·27 電磁波の進行

内の**電気力線**は管壁に垂直となる．図では，上下の面に垂直で，左右の面上では存在しな
い．また，**磁力線**は上下の面に平行になる．

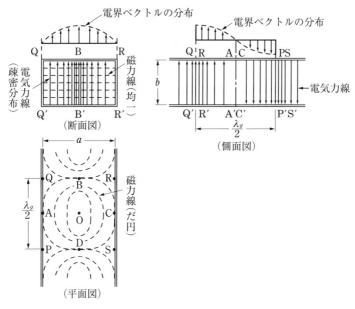

図 3・28 電磁界分布

電磁界分布の特徴は，次のようになる.

① 磁力線は磁界ベクトルを接線方向に持つ閉曲線であり，図 3・28 のようなだ円となる.

② 電界は進行方向の成分を持たないが，磁界は進行方向の成分を持つ.

③ 合成波は進行方向に垂直な同一平面内で電磁界が均一にならないので，平面波ではなくなる.

③ モード

　自由空間を伝搬する電磁波は，一般に電磁界成分が進行方向にはなく，進行方向と垂直（横）方向に存在する **TEM 波**（Transverse ElectroMagnetic wave, **横電磁界波**）である．導波管内の電磁波は二つの平面波が合成され，導波管特有の形態として管軸方向に電界または磁界の成分を持つようになり，TEM 波は伝搬しない．このとき生じる管内の電磁界分布を**モード**（**姿態**）という．電界 E だけが管軸方向の成分を持つ場合は，磁界は管軸と垂直方向成分となるので，これを E 波または **TM 波**（**横磁界波**）という．また，磁界 H だけが管軸方向の成分を持ち，電界は管軸と垂直方向の成分を持つ場合を H 波，または **TE 波**（**横電界波**）という．

　図 3・28 の場合は TE 波であるが，断面に**図 3・29** のように x 軸，y 軸，z 軸を定めれば，この TE 波の電界は x 軸方向に 1/2 波長分の変化で分布し，変化の山を一つ持つが，y 軸方

向には変化がなく山を持たない．すなわち，両方向の変化の数を m, n とすれば，$m = 1$, $n = 0$ である．これをモード記号 TE_{mn}（または H_{mn}）で表すと，TE_{10}（または H_{10}）と表される．

x 軸方向に二つの変化の山を持つ場合は，$m = 2$，$n = 0$ であるので TE_{20} で表される．このような場合を高次モードといい，これに対して TE_{10} を基本モードまたは主モードという．また，一般には基本モードが用いられている．

導波管の寸法のうち，a 対 b の比は高次モードの発生を防ぎ，効率よく伝送させるために，2：1 のものが多く用いられている．

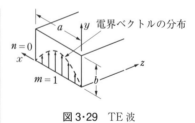

図 3・29　TE 波

3.17 導波管の特性

■1 遮断波長

図 3・30 は，図 3・29 に示す導波管に TE_{10} モードの電磁波が入射して，z 軸方向に伝搬する状態を示したものである．

図 3・30 (a)のような電磁波が伝搬している導波管において，電磁波の波長を長くしていくと図 3・30 (b)，(c)のような状態となり，ある波長 λ_c より長い波長の電磁波は伝搬できない．これは，管壁の境界条件が満足するような電磁界分布の電磁波しか伝搬しないので，管の横幅と電磁波の波長によって定まる特定の反射角度の電磁波しか伝搬しないためである．このような導波管による伝搬可能な最大波長（または最低周波数）を**遮断波長**（または**遮断周波数**）という．ここで，管内の媒質の比誘電率が ε_r，比透磁率が μ_r，管の長辺の長さが a〔m〕，短辺の長さが b〔m〕の導波管に TE_{mn} 波を伝送しようとするときの遮断波長 λ_c〔m〕は，次式で表される．

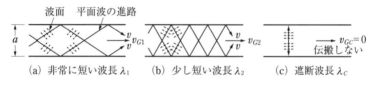

図 3・30　波長による二つの平面波の進路の相違

$$\lambda_c = \frac{2\sqrt{\varepsilon_r \mu_r}}{\sqrt{\left(\dfrac{m}{a}\right)^2 + \left(\dfrac{n}{b}\right)^2}} \ \text{(m)} \tag{3.83}$$

Point

媒質が空気の場合の遮断波長

TE_{mn} 波の遮断波長 λ_c 〔m〕は式 (3.83) において，$\varepsilon_r = 1$，$\mu_r = 1$ とすると，次式で表される.

$$\lambda_c = \frac{2}{\sqrt{\left(\dfrac{m}{a}\right)^2 + \left(\dfrac{n}{b}\right)^2}} \ \text{(m)} \tag{3.84}$$

TE_{10} 波の遮断波長 λ_c 〔m〕は式 (3.83) において，$\varepsilon_r = 1$，$\mu_r = 1$，$m = 1$，$n = 0$ とすると，次式で表される.

$$\lambda_c = 2a \ \text{(m)} \tag{3.85}$$

式 (3.85) は基本モードの遮断波長を表す．この遮断波長は高次モードの遮断波長よりも長いので，基本モードは高次モードよりも低い周波数の電磁波を伝送することができる.

② 管内波長・位相速度・群速度

図 3·31 の導波管内の磁界分布において，EA は入射する平面波の 1/2 波長の長さ（λ/2）で，$\overline{\text{DB}}$ は管内の磁界分布が管軸方向に半波長に相当する変化を持つ長さ（$\lambda_g/2$）である．電界も同じ長さで変化するので，管内の電磁界分布の波長を**管内波長** λ_g という．λ_g は自由空間の波長 λ より長くなり，電波が導波管の軸方向と成す角度を θ とすると，三角形 FOD より次式が成り立つ.

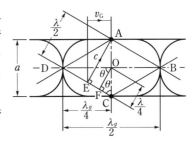

図 3·31 管内波長および群速度

$$\frac{\lambda_g}{4}\cos\theta = \frac{\lambda}{4}$$

よって，

$$\lambda_g = \frac{\lambda}{\cos\theta} \ \text{(m)} \tag{3.86}$$

管内波長 λ_g〔m〕と周波数 f〔Hz〕から，位相速度 v_P〔m/s〕は次式で表される.

$$v_P = f\lambda_g \ \text{(m/s)} \tag{3.87}$$

位相速度は速度を表しているが，これは波のパターンの位相が進行する速度であり，**自由空間の速度**を c〔m/s〕とすると，エネルギーが管内の軸方向に伝搬する速度である**群速度**

v_G [m/s] は，次式で表される．

$$v_G = c \cos\theta \text{ [m/s]} \tag{3.88}$$

- 位相速度 v_P は自由空間の速度 $c (\fallingdotseq 3 \times 10^3 \text{ [m/s]})$ よりも大きい．
- 群速度 v_G は自由空間の速度 c よりも小さい．
- 位相速度と群速度には次の関係がある．

$$c^2 = v_G v_P \tag{3.89}$$

Point

図 3·31 の三角形 FOC より，

$$\sin\theta = \frac{\dfrac{\lambda}{4}}{\dfrac{a}{2}} = \frac{\lambda}{2a} \tag{3.90}$$

の関係があるので，式 (3.86) は三角関数の公式 $\cos\theta = \sqrt{1 - \sin^2\theta}$ および式 (3.85), (3.90) を用いて変形すると，管内波長 λ_g [m] は，次式で表される．

$$\lambda_g = \frac{\lambda}{\sqrt{1 - \left(\dfrac{\lambda}{2a}\right)^2}} = \frac{\lambda}{\sqrt{1 - \left(\dfrac{\lambda}{\lambda_c}\right)^2}} \text{ [m]} \tag{3.91}$$

また，位相速度 v_P [m/s] および群速度 v_G [m/s] は，次式で表される．

$$v_P = f\lambda_g = \frac{f\lambda}{\cos\theta} = \frac{c}{\sqrt{1 - \left(\dfrac{\lambda}{2a}\right)^2}} = \frac{c}{\sqrt{1 - \left(\dfrac{\lambda}{\lambda_c}\right)^2}} \text{ [m/s]} \tag{3.92}$$

$$v_G = c\cos\theta = c\sqrt{1 - \left(\dfrac{\lambda}{\lambda_c}\right)^2} \text{ [m/s]} \tag{3.93}$$

式 (3.91) より，伝送する電磁波の波長 λ が $2a = \lambda_c$ に近づくと，管内波長 λ_g はだんだん長くなり，$\lambda = \lambda_c$ のとき無限大となる．このとき $\theta = 90°$ となるから，軸方向の伝搬は止まる．すなわち，$\lambda_c = 2a$ が遮断波長となる．

③ 特性インピーダンス

電磁波が自由空間を伝搬するとき，または分布定数線路を伝搬するときは，電界と磁界の比から特性インピーダンスが定義される．ここで，自由空間の固有（特性）インピーダンス Z_0 [Ω] は次式で表される．

$$Z_0 = \sqrt{\frac{\mu_0}{\varepsilon_0}} \fallingdotseq 120\pi \text{ [Ω]} \tag{3.94}$$

導波管内の電磁界も同様に取り扱うことができ，TE_{10} モードの場合の**導波管の特性イン**

ピーダンス Z_0 〔Ω〕は，次式で表される．

$$Z_0 = \frac{120\pi}{\sqrt{1 - \left(\frac{\lambda}{\lambda_c}\right)^2}} \ \text{〔Ω〕} \tag{3.95}$$

Point

インピーダンス整合

　他の線路と同じように，導波管もインピーダンス整合をとることができる．整合には，インピーダンスの異なる $\lambda_g/4$ の導波管を用いる 1/4 波長変成器やスタブによる整合などが用いられる．スタブの長さを変化させるのは可変短絡板によって行われ，誘導性の素子としては図 3·32 (a)のように薄い導体板を挿入した誘導性窓，容量性の素子としては図 3·32 (b)のような容量性窓が用いられる．これらを組み合わせた素子が図 3·32 (c)の共振窓である．図 3·32 (d)の可変長スタブはネジなどの金属棒の長さ l 〔m〕を変化させることによって，$l < \lambda_g/4$ のときは容量性の素子として，$l > \lambda_g/4$ のときは誘導性の素子として用いることができる．また，各素子は伝送線路に並列に挿入したものと等価になる．

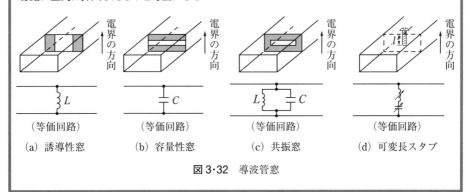

(a) 誘導性窓　　(b) 容量性窓　　(c) 共振窓　　(d) 可変長スタブ

図 3·32 導波管窓

第3章　給電線と整合回路

◢ 給電方法

　導波管に同軸ケーブルを用いて給電するには，図 3·33 のような結合方法が用いられる．片方が短絡された方形導波管に，長辺の壁の中央に同軸ケーブルの内部導体をプローブとして挿入し結合する．これを電界結合と呼び TE_{10} モードの電磁波が導波管を伝搬する．

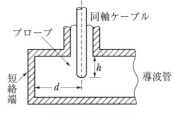

図 3·33 給電方法

　同軸ケーブルと導波管との整合をとるには，短絡端とプローブの距離 d 〔m〕を管内波長 λ_g 〔m〕のほぼ 1/4 とし，プローブの挿入の長さ h 〔m〕を調整する．また，広帯域にわたって整合をとるにはプローブの太さを太くするなどの方法がある．

3.18 導波管の分岐

　導波管の分岐には，図3·34のように**E面T分岐**と**H面T分岐**の2種類がある．図3·34 (a)の E面T分岐では，①からの入力波は②，③に分岐し，②，③は逆位相になる．③からの入力波は①，②に逆位相で分岐する．図3·34 (b)の H面T分岐では，①からの入力波は②，③に分岐し，③からの入力波は①，②にいずれも同位相で分岐する．

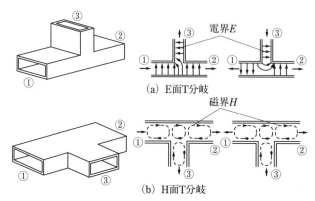

（a）E面T分岐

（b）H面T分岐

図3·34　導波管の分岐

Point

マジックT

　図3·35のような構造の分岐導波管をマジックTという．④からの入力波は①，②には均等に分岐するが③へはその遮断波長が④より短いため，遮断されて伝わらない．また，③からの入力波は①，②には均等に分岐するが④へは伝わらない．このとき，①と②の電界の位相は逆位相となる．マジックTは受信機の周波数変換回路やインピーダンス測定回路などに用いられる．

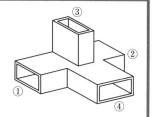

図3·35　マジックT

ラットレース回路

　導波管のE面を環状にして，図3·36のような構造にした分岐回路をラットレース回路という．①からの入力は，②と④では左右の通路による位相差が同じなので出力されるが，③には逆相となるので出力されない．①にレーダ送信機，③に受信機，②にアンテナを接続すると，アンテナを送受信で共用することができる．

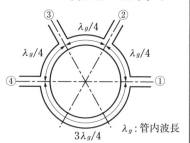

図3·36　ラットレース回路

3.19 方向性結合器

1 2結合孔方向性結合器

図3·37に2結合孔方向性結合器を示す．主導波管に隣接して副導波管を結合させ，その共通壁上に，管内波長 λ_g の1/4だけ離れた位置に大きさの等しい二つの結合孔を開けた構造である．主導波管の①から②の方向に進行波電力が，②から①の方向に反射波電力が伝送されているとき，副導波管へは二つの結合孔を通して電力の一部が結合される．このとき副導波管では，①方向から伝送される進行波電力のうち④方向に向かう電力は，経路差が同じだから二つの結合孔を通った電力は同位相となり，④には出力されるが，③方向に向かう電力は，④側の結合孔から結合された電力が③側の結合孔まで進む経路差が往復で $\lambda_g/2$ となるので，逆位相で合成されるため，③には出力されない．同様に，②方向から伝送される反射波電力は，③方向には出力されるが④方向には出力されない．

> 電力測定，反射係数の測定，電力の分割などに用いられる．周波数特性を広帯域にするためには多数の結合孔を設ける．

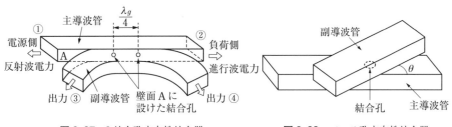

図3·37　2結合孔方向性結合器　　　図3·38　ベーテ孔方向性結合器

2 ベーテ孔方向性結合器

図3·38に一つの結合孔により結合させたベーテ孔方向性結合器を示す．主導波管と副導波管の面を交差角 θ を持たせて結合して，その共通壁に結合孔を開けた構造である．この結合孔を通して電界結合の電磁波と磁界結合の電磁波が副導波管内を進行する．このうち，電界結合の電磁波は副導波管内を結合孔から対称に両方向に進んでいくが，磁界結合の電磁波は副導波管内を結合孔から一方向の向きに進む性質がある．

電界結合した電磁波は交差角 θ に無関係であるが，磁界結合した電磁波は $\cos\theta$ にほぼ比

例して変化するので，θをある一定の値にすることにより，結合孔から副導波管の左右に進む電界結合と磁界結合の電磁波を一方向では打ち消し合うようにして，逆方向では相加わるようにすることができるので，副導波管に方向性を持たせて結合することができる．結合孔が一つなので，通路差を利用した2孔式の方向性結合器に比較して広帯域で使用することができる．

基本問題練習

問1　1陸技

特性インピーダンスが50〔Ω〕，電波の伝搬速度が自由空間内の伝搬速度の0.7倍である無損失の同軸ケーブルの単位長当りの静電容量Cの値として，最も近いものを下の番号から選べ．

1　95〔pF/m〕
2　116〔pF/m〕
3　133〔pF/m〕
4　166〔pF/m〕
5　190〔pF/m〕

▶▶▶▶▷ p.101

解説　単位長さあたりの自己インダクタンスをL〔H/m〕，静電容量をC〔F/m〕とすると，特性インピーダンスZ_0〔Ω〕は次式で表される．

$$Z_0 = \sqrt{\frac{L}{C}} \ \text{〔Ω〕} \qquad (1)$$

電波の伝搬速度をv〔m/s〕とすると，次式が成り立つ．

$$v = \frac{1}{\sqrt{LC}} \ \text{〔m/s〕} \qquad (2)$$

式(1)×式(2)より，次式が得られる．

$$Z_0 v = \sqrt{\frac{L}{C}} \times \frac{1}{\sqrt{LC}} = \frac{1}{C} \qquad (3)$$

自由空間内の伝搬速度を$c = 3 \times 10^8$〔m/s〕とすると，$v = 0.7c$を式(3)に代入して単位長さ当たりの静電容量C〔F/m〕を求めると，次式で表される．

$$C = \frac{1}{Z_0 v} = \frac{1}{Z_0 \times 0.7c} = \frac{1}{50 \times 0.7 \times 3 \times 10^8}$$
$$= \frac{10,000}{105} \times 10^{-12} \fallingdotseq 95.2 \times 10^{-12} \ \text{〔F/m〕} \fallingdotseq 95 \ \text{〔pF/m〕}$$

解答

問1−1

問2 ▰▰▰▰▰▰▰▰▰▰▰▰▰▰▰▰▰▰

特性インピーダンスが 75〔Ω〕の無損失給電線に，$25 + j50$〔Ω〕の負荷インピーダンスを接続したときの電圧透過係数の値として，最も近いものを下の番号から選べ.

1　$0.85 - j0.35$　　　2　$0.20 - j0.35$　　　3　$0.50 - j0.50$　　　4　$0.25 + j0.30$

5　$0.80 + j0.60$

▶▶▶▶▶ p.105

解説　給電線の特性インピーダンスを Z_0〔Ω〕，負荷インピーダンスを $\dot{Z}_R$〔Ω〕，電圧反射係数を Γ とすると，電圧透過係数 $\dot{T}$ は次式で表される.

$$\dot{T} = 1 + \Gamma = 1 + \frac{\dot{Z}_R - Z_0}{\dot{Z}_R + Z_0} = \frac{2\dot{Z}_R}{\dot{Z}_R + Z_0} = \frac{2 \times (25 + j50)}{25 + j50 + 75}$$

$$= \frac{50 + j100}{100 + j50} = \frac{1 + j2}{2 + j} = \frac{(1 + j2)(2 - j)}{(2 + j)(2 - j)}$$

$$= \frac{2 - j1 + j4 - 2j^2}{2^2 - j^2} = \frac{4 + j3}{5} = 0.8 + j0.6$$

数学の公式　　　$(a + b)(a - b) = a^2 - b^2$　　　$j^2 = -1$

問3 ▰▰▰▰▰▰▰▰▰▰▰▰▰▰

次の記述は，無損失給電線上の定在波について述べたものである．このうち誤っているものを下の番号から選べ.

1　負荷と整合していない給電線に高周波電圧を加えると，負荷の接続されている受端（終端）で反射波が発生し，入射波と合成され給電線上に定在波が生ずる.

2　受端開放の給電線では，定在波の電圧波腹は受端および受端から 1/4 波長の偶数倍の点に，電圧波節は受端から 1/4 波長の奇数倍の点に生ずる.

3　受端短絡の給電線では，定在波の電圧波節は受端および受端から 1/4 波長の偶数倍の点に，電圧波腹は受端から 1/4 波長の奇数倍の点に生ずる.

4　反射波がなく，定在波が生じていない給電線上の電圧定在波比（VSWR）は，零である.

5　定在波の電圧波腹と電流波腹は，給電線上の 1/4 波長ずれた位置に生ずる.

▶▶▶▶▶ p.105

解説　誤っている選択肢は，正しくは次のようになる.

4　反射波がなく，定在波が生じていない給電線上の電圧定在波比（VSWR）は，**1**である.

● **解答** ●

問2 -5　　**問3** -4

第3章　給電線と整合回路

問4

特性インピーダンスが 50〔Ω〕の無損失給電線の終端に，25 − j75〔Ω〕の負荷インピーダンスを接続したとき，終端における反射係数と給電線上に生ずる電圧定在波比の値の組合せとして，正しいものを下の番号から選べ．

	反射係数	電圧定在波比
1	$1 + j$	$\dfrac{1 - \sqrt{2}}{1 + \sqrt{2}}$
2	$\dfrac{1}{3}(1 - j2)$	$\dfrac{5 + \sqrt{3}}{5 - \sqrt{3}}$
3	$\dfrac{1}{3}(1 - j2)$	$\dfrac{3 + \sqrt{5}}{3 - \sqrt{5}}$
4	$\dfrac{1}{3}(1 + j2)$	$\dfrac{5 + \sqrt{3}}{5 - \sqrt{3}}$
5	$\dfrac{1}{3}(1 + j2)$	$\dfrac{3 + \sqrt{5}}{3 - \sqrt{5}}$

▶▶▶▶▶ p.104, 107

解説 給電線の特性インピーダンスを Z_0〔Ω〕，負荷インピーダンスを $\dot{Z}_R$〔Ω〕とすると，電圧反射係数 Γ は次式で表される．

$$\Gamma = \frac{\dot{Z}_R - Z_0}{\dot{Z}_R + Z_0} = \frac{25 - j75 - 50}{25 - j75 + 50} = \frac{-25 - j75}{75 - j75}$$

$$= \frac{-1 - j3}{3 - j3} = \frac{1}{3} \times \frac{(-1 - j3) \times (1 + j)}{(1 - j) \times (1 + j)}$$

$$= \frac{1}{3} \times \frac{-1 - j - j3 - j^2 3}{1 - j^2} = \frac{1}{3} \times \frac{2 - j4}{2}$$

$$= \frac{1}{3}(1 - j2)$$

Γ の絶対値を求めると，次式で表される．

$$|\Gamma| = \frac{1}{3} \times \sqrt{1^2 + 2^2} = \frac{\sqrt{5}}{3}$$

電圧定在波比 S は，次式で表される．

$$S = \frac{1 + |\Gamma|}{1 - |\Gamma|} = \frac{1 + \frac{\sqrt{5}}{3}}{1 - \frac{\sqrt{5}}{3}} = \frac{3 + \sqrt{5}}{3 - \sqrt{5}}$$

● 解答 ●

問4-3

問5
2陸技

給電線上において，電圧定在波比（VSWR）が3で，負荷への入射波の実効値が100〔V〕のとき，反射波の実効値として，正しいものを下の番号から選べ．

1　30〔V〕　　　2　40〔V〕　　　3　50〔V〕　　　4　60〔V〕　　　5　70〔V〕

▶▶▶▶▶ p.104, 107

解説　電圧定在波比を S とすると，反射係数の大きさ $|\Gamma|$ は次式で表される．

$$|\Gamma| = \frac{S-1}{S+1} = \frac{3-1}{3+1} = \frac{2}{4} = 0.5$$

入射波電圧の実効値を $|\dot{V}_f|$ とすると，反射波電圧の実効値 $|\dot{V}_r|$ は次式で表される．

$$|\dot{V}_r| = |\Gamma| \times |\dot{V}_f| = 0.5 \times 100 = 50 \,〔V〕$$

問6
2陸技

無損失で特性インピーダンスが300〔Ω〕，長さ0.5〔m〕の平行2線式給電線を終端で短絡したとき，入力インピーダンスの絶対値として，最も近いものを下の番号から選べ．ただし，周波数は100〔MHz〕とし，$\sqrt{3}=1.73$ とする．

1　219〔Ω〕　　　2　292〔Ω〕　　　3　356〔Ω〕　　　4　447〔Ω〕　　　5　519〔Ω〕

▶▶▶▶▶ p.107

解説　周波数 $f=100$〔MHz〕の電波の波長 λ〔m〕は，次式で表される．

$$\lambda = \frac{300}{f} = \frac{300}{100} = 3 \,〔m〕$$

特性インピーダンス $Z_0 = 300$〔Ω〕の給電線を終端で短絡したとき，終端から長さ $l=0.5$〔m〕の点から負荷側を見たインピーダンス $\dot{Z}$〔Ω〕は，次式で表される．

$$\dot{Z} = jZ_0 \tan \beta l = jZ_0 \tan \frac{2\pi l}{\lambda}$$
$$= j300 \tan \frac{2\pi \times 0.5}{3} = j300 \tan \frac{\pi}{3}$$
$$= j300\sqrt{3} = j300 \times 1.73 = j519 \,〔Ω〕$$

よって，絶対値は519〔Ω〕である．

解答

問5-3　　**問6**-5

右側縦書き：第3章　給電線と整合回路

問7 1陸技

直径 4〔mm〕，線間隔 20〔cm〕の終端を短絡した無損失の平行 2 線式給電線において，終端から長さ 1.25〔m〕のところから終端を見たインピーダンスと等価となるコイルのインダクタンスの値として，最も近いものを下の番号から選べ．ただし，周波数を 30〔MHz〕とする．

1 2.9〔μH〕 2 5.1〔μH〕 3 7.6〔μH〕 4 10.2〔μH〕
5 15.2〔μH〕

▶▶▶▶▶ p.107, 111

解説 平行 2 線式給電線の導線の直径を $d = 4〔mm〕= 4 \times 10^{-3}$〔m〕，線間隔を $D = 20〔cm〕= 2 \times 10^{-1}$〔m〕とすると，特性インピーダンス Z_0〔Ω〕は次式で表される．

$$Z_0 ≒ 276 \log_{10} \frac{2D}{d} = 276 \log_{10} \frac{2 \times 2 \times 10^{-1}}{4 \times 10^{-3}} = 276 \log_{10} 10^2$$
$$= 276 \times 2 = 552 〔Ω〕$$

周波数 $f = 30$〔MHz〕の電波の波長は $\lambda = 10$〔m〕となるので，長さ $l = 1.5$〔m〕の終端を短絡した線路を入力端から見たインピーダンス $\dot{Z}_S$〔Ω〕は，次式で表される．

$$\dot{Z}_S = jZ_0 \tan \beta l = jZ_0 \tan \frac{2\pi}{\lambda} l$$
$$= jZ_0 \tan \left(\frac{2\pi}{10} \times 1.25 \right) = j552 \tan \frac{\pi}{4} = j552 〔Ω〕$$

$\dot{Z}_S$ を等価となるインダクタンス L〔H〕に置き換えると，次式が成り立つ．

$$j\omega L = j2\pi f L = j552 〔Ω〕$$

よって，L は次式によって求めることができる．

$$L = \frac{552}{2\pi f} = \frac{552}{2 \times 3.14 \times 30 \times 10^6} = \frac{552}{188.4} \times 10^{-6}$$
$$≒ 2.93 \times 10^{-6}〔H〕 ≒ 2.9 〔μH〕$$

問8 1陸技

次の記述は，同軸給電線の特性について述べたものである．　　　内に入れるべき字句の正しい組合せを下の番号から選べ．

(1) 同軸給電線の伝送損は，抵抗損によるものと誘電損によるものがあり，抵抗損によるものは，周波数の平方根に　A　し，誘電損によるものは，周波数に比例する．

● 解答 ●

問7-1

(2) 同軸給電線内の位相定数と自由空間の位相定数との比で表される波長短縮率は，同軸給電線に充填されている誘電体の比誘電率を ε_s とすれば， B で与えられる．

(3) 同軸給電線は，通常用いるモードでの遮断周波数は存在しないが，周波数が高くなり，ある周波数を超えると， C モードが発生して伝送損の増加や位相ひずみなどを生ずる．

	A	B	C
1	比例	$1/\varepsilon_s$	TEM
2	比例	$1/\sqrt{\varepsilon_s}$	TE または TM
3	比例	$1/\varepsilon_s$	TE または TM
4	反比例	$1/\sqrt{\varepsilon_s}$	TE または TM
5	反比例	$1/\varepsilon_s$	TEM

▶▶▶▶ p.112

解説 同軸給電線は通常 TEM モードで用いられるが，使用する周波数が高くなると導波管のような TE または TM モードが発生する．

問9 　　　　1陸技

内部導体の外径が 2〔mm〕，外部導体の内径が 16〔mm〕の同軸線路の特性インピーダンスが 75〔Ω〕であった．この同軸線路の外部導体の内径を 1/2 倍にしたときの特性インピーダンスの値として，最も近いものを下の番号から選べ．ただし，内部導体と外部導体の間には，同一の誘電体が充填されているものとする．

1　25〔Ω〕　　　2　35〔Ω〕　　　3　50〔Ω〕　　　4　75〔Ω〕　　　5　100〔Ω〕

▶▶▶▶ p.112

解説 内部導体の外径を $d = 2$〔mm〕，外部導体の内径を $D = 16$〔mm〕，誘電体の比誘電率を ε_r，特性インピーダンスを $Z_0 = 75$〔Ω〕とすると，次式が成り立つ．

$$Z_0 = \frac{138}{\sqrt{\varepsilon_r}} \log_{10} \frac{D}{d}$$

$$= \frac{138}{\sqrt{\varepsilon_r}} \log_{10} \frac{16}{2} = \frac{138}{\sqrt{\varepsilon_r}} \log_{10} 2^3 = \frac{138}{\sqrt{\varepsilon_r}} \times 3 \times 0.3 = 75 〔Ω〕$$

よって，次式が成り立つ．

$$\frac{138}{\sqrt{\varepsilon_r}} = \frac{75}{0.9} \qquad (1)$$

● 解答 ●

問8 –2

外部導体の内径 D が 1/2 倍の $D/2$ になったとき，特性インピーダンス Z_x〔Ω〕は，

$$Z_x = \frac{138}{\sqrt{\varepsilon_r}} \log_{10} \frac{D}{2d}$$
$$= \frac{138}{\sqrt{\varepsilon_r}} \log_{10} \frac{D}{d} + \frac{138}{\sqrt{\varepsilon_r}} \log_{10} 2^{-1}$$
$$= \frac{138}{\sqrt{\varepsilon_r}} \log_{10} 8 - \frac{138}{\sqrt{\varepsilon_r}} \log_{10} 2 \ 〔Ω〕 \quad (2)$$

式（1）を式（2）に代入して Z_x を求めると，次式で表される．

$$Z_x = \frac{75}{0.9} \times 0.9 - \frac{75}{0.9} \times 0.3$$
$$= 75 - \frac{75}{3} = 75 - 25 = 50 \ 〔Ω〕$$

問10 ▨▨▨▨▨▨▨▨▨▨▨▨▨ 2陸技

同軸線路の長さが 100〔m〕のときの信号の伝搬時間の値として，最も近いものを下の番号から選べ．ただし，同軸線路は，無損失で，内部導体と外部導体との間に充填されている絶縁体の比誘電率の値を 2.25 とする．

1　0.25〔μs〕　　　2　0.50〔μs〕　　　3　0.75〔μs〕　　　4　1.00〔μs〕

5　1.25〔μs〕

▶▶▶▶▷▷ p.113

解説　誘電体の比誘電率を $\varepsilon_r = 2.25$，真空中の電波の伝搬速度を $c = 3 \times 10^8$〔m/s〕とすると，信号の伝搬速度 v〔m/s〕は次式で表される．

$$v = \frac{c}{\sqrt{\varepsilon_r}} = \frac{3 \times 10^8}{\sqrt{2.25}} = \frac{3 \times 10^8}{\sqrt{1.5^2}} = 2 \times 10^8 \ 〔\text{m/s}〕$$

長さ $l = 100$〔m〕の線路の伝搬時間 t〔s〕は，次式で表される．

$$t = \frac{l}{v} = \frac{100}{2 \times 10^8} = 50 \times 10^{-8} \ 〔\text{s}〕 = 0.5 \times 10^{-6} \ 〔\text{s}〕 = 0.5 \ 〔\mu\text{s}〕$$

問11 ▨▨▨▨▨▨▨▨▨▨ 1陸技 2陸技類題

次の記述は，図に示すマイクロストリップ線路について述べたものである．□□内に入れるべき字句を下の番号から選べ．

● 解答 ●

問9-3　　**問10**-2

(1) 接地導体基板の上に $\boxed{ア}$ やフッ素樹脂など の厚さの薄い誘電体基板を密着させ，その上に 幅が狭く厚さの薄いストリップ導体を密着させ て線路を構成したものである．

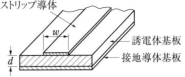

(2) 本線路は，開放線路の一種であり，外部雑音 の影響や放射損がある．放射損を少なくするために，比誘電率 $\boxed{イ}$ 誘電体基板を用いる．

(3) 伝送モードは，通常，ほぼ $\boxed{ウ}$ モードとして扱うことができる．

(4) 特性インピーダンスは，ストリップ導体の幅を w，誘電体基板の厚さを d，誘電体基板の比誘電率を ε_r とすると，$\boxed{エ}$ が大きいほど，また ε_r が $\boxed{オ}$，小さくなる．

1 アルミナ		2 の小さい		3 TE_{11}		4 w/d		5 小さいほど
6 フェライト		7 の大きい		8 TEM		9 d/w		10 大きいほど

▶▶▶▶▶ p.114

問12 ▬▬▬▬▬▬▬▬▬▬▬▬ 2陸技

次の記述は，給電線の諸定数について述べたものである．このうち正しいものを1，誤っているものを2として解答せよ．

ア 一般に用いられている平衡形給電線の特性インピーダンスは，不平衡形給電線の特性インピーダンスより小さい．

イ 平衡形給電線の特性インピーダンスは，導線の間隔を一定とすると，導線の太さが細くなるほど小さくなる．

ウ 無損失給電線の場合，特性インピーダンスは周波数に関係しない．

エ 不平衡形給電線上の波長は，一般に，同じ周波数の自由空間の電波の波長より長い．

オ 伝搬定数の実数部を減衰定数，虚数部を位相定数という．

▶▶▶▶▶ p.100〜113

解説 誤っている選択肢は，正しくは次のようになる．

ア 誤「より小さい．」→ 正「より**大きい**．」

一般に用いられている平衡形給電線の平行2線式給電線の特性インピーダンスは200〔Ω〕以上であり，不平衡形給電線の同軸給電線の特性インピーダンスは50〔Ω〕または75〔Ω〕である．

イ 誤「細くなるほど小さくなる．」→ 正「細くなるほど**大きくなる**．」

エ 誤「自由空間の電波の波長より長い．」→ 正「自由空間の電波の波長より**短い**．」

● 解答 ●

問11 ア-1 イ-7 ウ-8 エ-4 オ-10　**問12** ア-2 イ-2 ウ-1 エ-2 オ-1

第3章 給電線と整合回路

問13　

　図に示す整合回路を用いて，特性インピーダンス Z_0 が 730 〔Ω〕の無損失の平行2線式給電線と入力インピーダンス Z が 73 〔Ω〕の半波長ダイポールアンテナとを整合させるために必要な静電容量 C の値として，最も近いものを下の番号から選べ．ただし，周波数を $40/\pi$〔MHz〕とする．

1　37〔pF〕

2　51〔pF〕

3　68〔pF〕

4　94〔pF〕

5　102〔pF〕

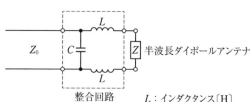

整合回路　　L：インダクタンス〔H〕

▶▶▶▶▶ p.116

解説　給電線と整合回路の左右を見たインピーダンスが等しければ整合をとることができる．そのとき，アドミタンスが等しくなるので，次式が成り立つ．

$$\frac{1}{Z_0} = j\omega C + \frac{1}{Z + j2\omega L}$$

$$Z + j2\omega L = j\omega CZZ_0 - 2\omega^2 LCZ_0 + Z_0 \qquad (1)$$

　式(1)の実数部と虚数部が，それぞれ等しくなければならないので，次式となる．

$$Z = Z_0 - 2\omega^2 LCZ_0 \qquad\qquad\qquad (2)$$

$$2L = CZZ_0 \qquad\qquad\qquad\qquad (3)$$

　C を求めるために，式(3)を式(2)の $2L$ に代入すると，次式となる．

$$Z = Z_0 - \omega^2 C^2 Z_0{}^2 Z \qquad\qquad\qquad (4)$$

　角周波数を $\omega = 2\pi f$〔rad/s〕，周波数を $f = (40/\pi) \times 10^6$〔Hz〕として，式(4)より C〔F〕を求めると，次式で表される．

$$C = \frac{1}{\omega Z_0}\sqrt{\frac{Z_0 - Z}{Z}} = \frac{1}{2 \times \pi \times \frac{40}{\pi} \times 10^6 \times 730} \times \sqrt{\frac{730 - 73}{73}}$$

$$= \frac{1}{5.84 \times 10^{10}} \times \sqrt{9} = \frac{300}{5.84} \times 10^{-12} \fallingdotseq 51 \times 10^{-12}\text{〔F〕} = 51\text{〔pF〕}$$

　また，L を求めるときは，式(3)より，

$$C = \frac{2L}{ZZ_0} \qquad\qquad\qquad\qquad (5)$$

となるので，これを式(2)に代入すると，次式で表される．

$$Z = Z_0 - 2\omega^2 L Z_0 \times \frac{2L}{ZZ_0} = Z_0 - \frac{4\omega^2 L^2}{Z} \quad (6)$$

$$\frac{4\omega^2 L^2}{Z} = Z_0 - Z \quad (7)$$

よって，L は次式で表される．

$$L = \frac{1}{2\omega} \sqrt{Z(Z_0 - Z)} \, [\mathrm{H}]$$

問14 2陸技

次の記述は，図のように特性インピーダンスが Z_0〔Ω〕の平行 2 線式給電線と入力抵抗 R_L〔Ω〕のアンテナを接続した回路の短絡トラップ（スタブ）による整合について述べたものである．このうち誤っているものを下の番号から選べ．ただし，アンテナ接続点から距離 l_1〔m〕の点 P，P′ に，特性インピーダンスが Z_0〔Ω〕，長さ l_2〔m〕の短絡トラップが接続され整合しているものとする．なお，短絡トラップを接続していないとき，点 P，P′ からアンテナ側を見たアドミタンスは，$(1/Z_0) + jB$〔S〕とする．

1 短絡トラップを接続してないとき，定在波電圧が最大または最小となる点からアンテナ側を見たインピーダンスは純抵抗である．

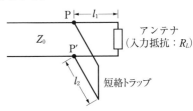

2 短絡トラップの長さを変えたとき，点 P，P′ から短絡トラップ側を見たインピーダンスは，誘導性から容量性まで変化する．

3 短絡トラップのアドミタンスは，$+jB$〔S〕である．

4 短絡トラップを接続したとき，点 P，P′ からアンテナ側を見たアドミタンスは，$1/Z_0$〔S〕である．

5 スミスチャートを用いて，l_1 と l_2 の大きさを求めることができる．

▶▶▶▶▶ p.117

解説 誤っている選択肢は，正しくは次のようになる．

3 短絡トラップのアドミタンスは，$-jB$〔S〕である．

● 解答 ●

問13 -2 **問14** -3

第3章 給電線と整合回路

問15

図に示す無損失の平行2線式給電線と289〔Ω〕の純負荷抵抗を1/4波長整合回路で整合させるとき，この整合回路の特性インピーダンスの値として，最も近いものを下の番号から選べ．ただし，平行2線式給電線の導線の直径 d を2〔mm〕，2本の導線間の間隔 D を10〔cm〕とする．

1　400〔Ω〕

2　450〔Ω〕

3　500〔Ω〕

4　550〔Ω〕

5　600〔Ω〕

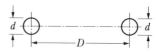

▶▶▶▶▶ p.111, 118

解説　導線の直径を $d = 2$〔mm〕$= 2 \times 10^{-3}$〔m〕，導線間の間隔を $D = 10$〔cm〕$= 1 \times 10^{-1}$〔m〕とすると，特性インピーダンス Z_0〔Ω〕は次式で表される．

$$Z_0 \fallingdotseq 276 \log_{10} \frac{2D}{d} = 276 \log_{10} \frac{2 \times 1 \times 10^{-1}}{2 \times 10^{-3}} = 276 \log_{10} 10^2$$
$$= 276 \times 2 = 552 \text{〔Ω〕}$$

$R = 289$〔Ω〕の負荷インピーダンスを特性インピーダンス Z_Q〔Ω〕の1/4波長整合線路を用いて，Z_0 の給電線と整合させたときは次式が成り立つ．

$$Z_Q = \sqrt{RZ_0} = \sqrt{289 \times 552} \fallingdotseq \sqrt{16 \times 10^4} = 4 \times 10^2 = 400 \text{〔Ω〕}$$

問16

次の記述は，給電回路で用いられる機器について述べたものである．□内に入れるべき字句の正しい組合せを下の番号から選べ．

(1)　アイソレータは，順方向にはほとんど減衰なく電力を通すが，逆方向には大きく減衰させる2端子の　A　回路である．

(2)　　B　は，ある端子からの入力は特定の方向の隣の端子のみに出力する機能を有する3端子以上からなる回路である．

(3)　1次線路上の入射波および反射波に比例した電力を，それに結合した2次線路側のそれぞれの端子に分離して取り出す場合に　C　が使用される．

● **解答** ●

問15 -1

	A	B	C
1	非可逆	サーキュレータ	バラン
2	非可逆	スタブ	バラン
3	非可逆	サーキュレータ	方向性結合器
4	可逆	サーキュレータ	方向性結合器
5	可逆	スタブ	バラン

▶▶▶▶▶ p.122, 131

問 17 ━━━━━━━━━━━━━━━━━ 1陸技

次の記述は，平面波が有限な導電率の導体中へ浸透する深さを表す表皮厚さ（深さ）について述べたものである．____内に入れるべき字句の正しい組合せを下の番号から選べ．ただし，平面波はマイクロ波とし，e を自然対数の底とする．

(1) 表皮厚さは，導体表面の電磁界強度が ____A____ に減衰するときの導体表面からの距離をいう．

(2) 表皮厚さは，導体の導電率が ____B____ なるほど薄くなる．

(3) 表皮厚さが ____C____ なるほど，減衰定数は小さくなる．

	A	B	C
1	$1/(2e)$	小さく	薄く
2	$1/(2e)$	小さく	厚く
3	$1/(2e)$	大きく	薄く
4	$1/e$	大きく	厚く
5	$1/e$	小さく	薄く

▶▶▶▶▶ p.124

問 18 ━━━━━━━━━━━━━━━━━ 2陸技

次の記述は，方形導波管の伝送損について述べたものである．このうち正しいものを 1，誤っているものを 2 として解答せよ．

ア 誘電損は，内部が中空の導波管では極めて小さいが，雨水などが管内に浸入した場合は極めて大きくなる．

イ 同じ導波管どうしを接続する場合，接続部での伝送損を防ぐため，チョーク接続などの方法を用いる．

ウ 管壁において電波が反射するとき，管壁に侵入する表皮厚さ（深さ）は，周波数が高

● 解答 ●

問 16 -3　　**問 17** -4

第 3 章　給電線と整合回路

くなるほど厚く（深く）なる.

　エ　遮断周波数より十分高い周波数では，周波数が高くなるほど伝送損が小さくなる.

　オ　遮断周波数に十分近い周波数範囲では，遮断周波数に近くなるほど伝送損が小さくなる.

▶▶▶▶▶ p.123

解説　誤っている選択肢は，正しくは次のようになる.

　ウ　誤「高くなるほど厚く（深く）なる.」→ 正「高くなるほど**薄く（浅く）**なる.」

　エ　誤「高くなるほど伝送損が小さくなる.」→ 正「高くなるほど伝送損が**大きくなる.**」

　オ　誤「近くなるほど伝送損が小さくなる.」→ 正「近くなるほど伝送損が**大きくなる.**」

　正しい選択肢イのチョーク接続は，接続箇所の空隙を1/4波長短絡または開放線路として構成し，空隙の影響をなくす方法である.

問19　　　　　　　　　　　　　　　　　　　　　　　　　　1陸技

　次の記述は，同軸線路と導波管の伝送モードについて述べたものである. ⬚ 内に入れるべき字句の正しい組合せを下の番号から選べ.

(1)　同軸線路は，通常， A モードで用いられ，広帯域で良好な伝送特性を示す.

(2)　方形導波管は，通常，TE_{10} モードのみを伝送するため，$a = 2b$ に選び，$a < \lambda <$ B を満足する波長範囲で用いる. ただし，導波管の断面内壁の長辺を a〔m〕，短辺を b〔m〕，波長を λ〔m〕とする.

(3)　円形導波管の TE_{01} モードは，周波数が C なるほど減衰定数の値が低下する性質があるが，導波管の曲った所で他のモードが発生し，伝送損の増加や伝送波形にひずみを生ずることがある.

	A	B	C
1	TEM	$2a$	高く
2	TEM	$2a$	低く
3	TEM	$3a$	高く
4	TE	$2a$	低く
5	TE	$3a$	高く

▶▶▶▶▶ p.125

解答

問18 ア-1　イ-1　ウ-2　エ-2　オ-2　　**問19**-1

問20

方形導波管で周波数が 12〔GHz〕，管内波長が 3〔cm〕であるとき，位相速度 v_P と群速度 v_G の値の組合せとして，正しいものを下の番号から選べ．ただし，TE_{10} モードとする．

v_P　　　　　　　　v_G

1　3.6×10^8〔m/s〕　　1.5×10^8〔m/s〕

2　3.6×10^8〔m/s〕　　2.5×10^8〔m/s〕

3　3.6×10^8〔m/s〕　　3.6×10^8〔m/s〕

4　2.5×10^8〔m/s〕　　1.5×10^8〔m/s〕

5　2.5×10^8〔m/s〕　　3.6×10^8〔m/s〕

▶▶▶▶ p.127

解説　周波数を $f = 12$〔GHz〕$= 12 \times 10^9$〔Hz〕，管内波長を $\lambda_g = 3$〔cm〕$= 3 \times 10^{-2}$〔m〕とすると，位相速度 v_P〔m/s〕は次式で表される．

$$v_P = f\lambda_g = 12 \times 10^9 \times 3 \times 10^{-2} = 3.6 \times 10^8 \text{〔m/s〕}$$

自由空間の電波の速度を $c = 3 \times 10^8$〔m/s〕，群速度を v_G〔m/s〕とすると，次式の関係がある．

$$v_P v_G = c^2$$

群速度 v_G を求めると，次式で表される．

$$v_G = \frac{c^2}{v_P} = \frac{(3 \times 10^8)^2}{3.6 \times 10^8} = \frac{9}{3.6} \times 10^8 = 2.5 \times 10^8 \text{〔m/s〕}$$

問21

次の記述は，図1，図2および図3に示す TE_{10} 波が伝搬している方形導波管の管内に挿入されたリアクタンス素子について述べたものである．　　内に入れるべき字句の正しい組合せを下の番号から選べ．ただし，導波管の内壁の短辺と長辺の比は1対2とし，管内波長を λ_g〔m〕とする．

(1)　導波管の管内に挿入された薄い金属片または金属棒は，平行2線式給電線にリアクタンス素子を　A　に接続したときのリアクタンス素子と等価な働きをするので，整合をとるときに用いられる．

(2)　図1に示すように，導波管内壁の長辺の上下両側または片側に管軸と直角に挿入された薄い金属片は，　B　の働きをする．

● 解答 ●

問20-2

(3)　図2に示すように，導波管内壁の短辺の左右両側または片側に管軸と直角に挿入された薄い金属片は，| C |の働きをする.

(4)　図3に示すように，導波管に細い金属棒（ねじ）が電界と平行に挿入されたとき，金属棒の挿入長 l〔m〕が| D |〔m〕より長いとインダクタンスとして働き，短いとキャパシタンスとして働く.

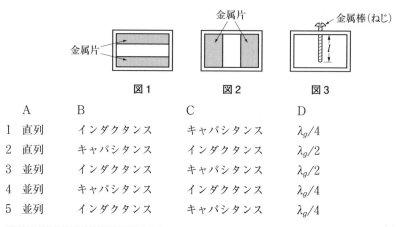

金属片　　金属片　　金属棒（ねじ）

図1　　　図2　　　図3

	A	B	C	D
1	直列	インダクタンス	キャパシタンス	$\lambda_g/4$
2	直列	キャパシタンス	インダクタンス	$\lambda_g/2$
3	並列	インダクタンス	キャパシタンス	$\lambda_g/2$
4	並列	キャパシタンス	インダクタンス	$\lambda_g/4$
5	並列	インダクタンス	キャパシタンス	$\lambda_g/4$

▶▶▶▷▷ p.129

問22

1陸技

　次の記述は，図に示すマジックTの基本的な動作について述べたものである. このうち誤っているものを下の番号から選べ. ただし，マジックTの各開口は，整合がとれているものとし，また，導波管内の伝送モードは，TE_{10} とする.

1　マジックTは，E分岐とH分岐を組み合わせた構造になっている.

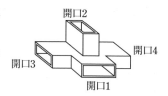

開口2　開口4　開口3　開口1

2　開口1からの入力は，開口3と4へ出力され，このときの開口3と4の出力は同相である.

3　開口1からの入力は，開口2には出力されない.

4　開口2からの入力は，開口3と4へ出力され，このときの開口3と4の出力は同相である.

5　開口2からの入力は，開口1には出力されない.

▶▶▶▷▷ p.130

● 解答 ●

問21 -4

解説 誤っている選択肢は，正しくは次のようになる.

　4　誤「開口3と4の出力は同相である.」→ 正「開口3と4の出力は**逆相である.**」

問23 ▰▰▰▰▰▰▰▰▰▰▱▱▱▱▱▱▱▱▱▱　　　　　　　　　　　　　　　　　　　1陸技

　次の記述は，図に示す主導波管と副導波管を交差角 θ を持たせて重ね合わせて結合孔を設けたベーテ孔方向性結合器について述べたものである. このうち誤っているものを下の番号から選べ. ただし，導波管内の伝送モードは，TE_{10} とし，θ は90度より小さいものとする.

1　主導波管と副導波管は，H面を重ね合わせる.

2　磁界結合した電磁波が副導波管内を対称に両方向に進み，また，電界結合した電磁波が副導波管を一方向に進む性質を利用する.

副導波管　結合孔　主導波管　θ

3　θ をある一定値にすることで，電界結合して左右に進む一方の電磁波を磁界結合した電磁波で打ち消すと同時に他方向の電磁波に相加わるようにする.

4　磁界結合した電磁波の大きさは，$\cos\theta$ にほぼ比例して変わる.

5　電界結合した電磁波の大きさは，θ に無関係である.

▶▶▶▶▶ p.131

解説 誤っている選択肢は，正しくは次のようになる.

　2　磁界結合した電磁波が副導波管内を**一方向に進み**，また，電界結合した電磁波が副導波管を**対称に両方向に進む**性質を利用する.

解答

問22-4　　**問23**-2

第3章　給電線と整合回路

電波伝搬

 電波伝搬の分類

電波の伝搬は，次のように分類することができる．

```
地上波 ┬─ 地表波
       │
       └─ 空間波 ┬─ 直接波
                 ├─ 大地反射波
                 ├─ 回折波
                 └─ 対流圏波

上空波 ┬─ 電離層反射波
       └─ 電離層散乱波
```

それぞれの電波伝搬は**図 4·1** で表され，次のように定義されるが，実際の伝搬では複合的で，より複雑なものとなる．

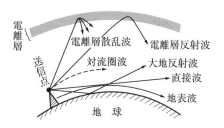

図 4·1 電波の伝搬

① **地表波** 地表面に沿って伝わり，地面の影響を受けるもの．
② **空間波** 地表波以外で地表付近の空間を伝わるもの．
　（ア）**直接波** 大地および電離層の影響を受けることなく直接空間を伝わるもの．
　（イ）**大地反射波** 大地によって反射されるもの．直接波とともに伝搬する．
　（ウ）**回折波** 大地のわん曲によって回折する**球面（大地）回折波**，山岳などのナイフエッジによって回折する**山岳回折波**がある．
　（エ）**対流圏波** 直接波のうち，対流圏内の大気の状態による影響を受け，屈折，反射，散乱などを生じるもの．
③ **電離層反射波** 電離層で反射されて再び地上に向かうもので，さらに E 層反射波，F

層反射波などに分けられる.

④ **電離層散乱波** 電離層で散乱されるもの.

地表波は MF 帯以下の周波数,空間波は VHF 帯以上の周波数,電離層反射波は HF 帯の周波数の電波が主に伝搬する.

地上波の伝搬

4.2 地表波の伝搬

完全導体平面上において,アンテナ電流 I〔A〕,実効高 h_e〔m〕の垂直接地アンテナから距離 d〔m〕離れた点の電界強度 E〔V/m〕は,

$$E = 120\pi \frac{Ih_e}{\lambda d} \text{〔V/m〕} \tag{4.1}$$

で与えられる.しかし,実際の大地は不完全導体であり,電波によって流れる誘導電流が熱損失を生じてエネルギーを消耗させるから,完全導体とみなした場合より同一距離の電界強度は小さくなる.また,実際の地表面はわん曲しており,電波はそれに沿って回折しながら進むので,遠距離では平面の場合に比べて同一距離の電界強度は小さくなる.

Point

地表波伝搬の特徴
① 低い周波数の電波ほど減衰が少ない.
② 垂直偏波の方が,水平偏波に比べて減衰が少なく,主に垂直偏波の電波が伝搬する.
③ 導電率の大きい海上伝搬の方が,陸上伝搬に比べて減衰が少ない.
④ 大地の導電率が大きいほど減衰が少ない.また,より高い周波数の電波が伝搬する.
⑤ 低い周波数の電波ほど受信点が高いところでも伝搬する.

4.3 直接波と大地反射波

空間波は一般に**直接波**,**大地反射波**が干渉して伝搬する.VHF 帯以上の周波数が高い電波は地表波の減衰が大きく,また,電離層は一般に突き抜けてしまうので,この空間波によって主に伝搬する.初めに,大気は均一で,電気的特性は自由空間と同じものとして取り扱う.

1 直接波の電界強度

自由空間において，絶対利得 G_I（真数），放射効率 η のアンテナに放射電力 P〔W〕を供給したとき，最大放射方向に距離 d〔m〕離れた点の電界強度 E_I〔V/m〕は，次式で表される．

$$E_I = \frac{\sqrt{30G_I\eta P}}{d} \ \text{〔V/m〕} \tag{4.2}$$

相対利得 G_D（真数）のアンテナによる電界強度 E_D〔V/m〕は，次式で表される．

$$E_D \fallingdotseq \frac{7\sqrt{G_D\eta P}}{d} \ \text{〔V/m〕} \tag{4.3}$$

1/4 波長垂直接地アンテナによる電界強度 E_V〔V/m〕は，次式で表される．

$$E_V \fallingdotseq \frac{\sqrt{98\eta P}}{d} \ \text{〔V/m〕} \tag{4.4}$$

微小垂直接地アンテナによる電界強度 E_H〔V/m〕は，次式で表される．

$$E_H = \frac{\sqrt{90\eta P}}{d} \ \text{〔V/m〕} \tag{4.5}$$

- 絶対利得は，等方性アンテナを基準アンテナとした利得
- 相対利得は，半波長ダイポールアンテナを基準アンテナとした利得

第4章 電波伝搬

Point

自由空間伝搬路

マイクロ波固定通信や地球局と人工衛星局間の宇宙通信の伝搬路は，送受信電力と自由空間基本伝送損を用いて解析される．

いま，地球局から送信電力 P_T〔dBW〕で送信した電波の人工衛星局における受信機入力電力 P_R〔dBW〕は，次式で表される．

$$P_R = P_T + G_T - L_T + G_R - L_R - \Gamma_0 \ \text{〔dBW〕} \tag{4.6}$$

ただし，地球局および人工衛星局のアンテナの絶対利得をそれぞれ G_T〔dB〕，G_R〔dB〕，それらの給電系の損失をそれぞれ L_T〔dB〕，L_R〔dB〕，自由空間基本伝送損を Γ_0〔dB〕とする．

自由空間基本伝送損

使用電波の波長を λ〔m〕，送受信点間の距離を d〔m〕とすると，自由空間基本伝送損 Γ_0〔dB〕は次式で表される．

$$\Gamma_0 = 10\log_{10}\left(\frac{4\pi d}{\lambda}\right)^2 \ \text{〔dB〕} \tag{4.7}$$

2 直接波と大地反射波の干渉

図 4·2 において，受信アンテナに到達する電波の電界 $\dot{E}$ は，直接波の電界 $\dot{E}_0$ と大地反射波の電界 $\dot{E}_r$ のベクトル和として，次式で表される．

$$\dot{E} = \dot{E}_0 + \dot{E}_r \tag{4.8}$$

ここで，大地は反射係数が -1 の完全反射体で，$|\dot{E}_0| = |\dot{E}_r|$ とすると，合成電界の大きさ $|\dot{E}|$ は $2|\dot{E}_0|$ から零の間で変化する値を持ち，次式で表される．

$$|\dot{E}| = E = 2E_0 \left| \sin \frac{\beta l}{2} \right| \tag{4.9}$$

ただし，β は位相定数（$= 2\pi/\lambda$），l は直接波と大地反射波の伝搬通路差である．

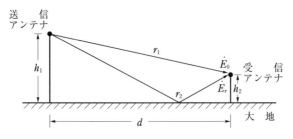

図4·2　直接波と大地反射波

図より，直接波の伝搬通路 r_1 と大地反射波の伝搬通路 r_2 は，次式で表される．

$$r_1 = \sqrt{d^2 + (h_1 - h_2)^2} = d \left\{ 1 + \left(\frac{h_1 - h_2}{d} \right)^2 \right\}^{1/2}$$

$$r_2 = \sqrt{d^2 + (h_1 + h_2)^2} = d \left\{ 1 + \left(\frac{h_1 + h_2}{d} \right)^2 \right\}^{1/2}$$

d に比較して h_1，h_2 が極めて小さいとすれば，2項定理より，

$$r_1 \fallingdotseq d \left\{ 1 + \frac{1}{2} \left(\frac{h_1 - h_2}{d} \right)^2 \right\} = d \left\{ 1 + \frac{1}{2} \left(\frac{h_1{}^2 - 2h_1 h_2 + h_2{}^2}{d^2} \right) \right\}$$

$$r_2 \fallingdotseq d \left\{ 1 + \frac{1}{2} \left(\frac{h_1 + h_2}{d} \right)^2 \right\} = d \left\{ 1 + \frac{1}{2} \left(\frac{h_1{}^2 + 2h_1 h_2 + h_2{}^2}{d^2} \right) \right\}$$

よって，伝搬通路差 l は，次式で表される．

$$l = r_2 - r_1 = \frac{2h_1 h_2}{d}$$

したがって，伝搬通路差による電波の位相差 ϕ〔rad〕は，次式で表される．

$$\phi = \beta l = \frac{4\pi h_1 h_2}{\lambda d} \text{〔rad〕} \tag{4.10}$$

また，大地の反射係数を -1 とすると，電界ベクトルは **図4·3** のようになるので，反射による位相を考慮した大地反射波 $-\dot{E}_r$ と直接波 $\dot{E}_0$ の合成電界 $\dot{E}$ の大きさ E〔V/m〕は，

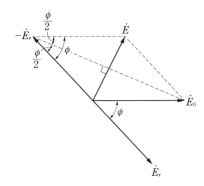

図 4·3 合成電界のベクトル図

式 (4.9) と式 (4.10) より，次式で表される．

$$E = 2E_0 \left| \sin \frac{\phi}{2} \right| = 2E_0 \left| \sin \frac{2\pi h_1 h_2}{\lambda d} \right| \ \text{[V/m]} \tag{4.11}$$

> 直接波と大地反射波の合成電界強度は，アンテナの高さまたは距離などに応じて正弦的に変化し，E は E_0 に対して 0～2 倍の間の範囲で周期的変化を生じる．そのとき，変化するピッチは周波数が高く（波長 λ が短く）なるほど狭くなる．

Point

送受信点間の距離が十分遠方にある場合
$d \gg h_1,\ d \gg h_2$ で，

$$\frac{2\pi h_1 h_2}{\lambda d} < 0.5 \ \text{[rad]}$$

の条件が成り立つときは，

$$\left| \sin \frac{2\pi h_1 h_2}{\lambda d} \right| \fallingdotseq \frac{2\pi h_1 h_2}{\lambda d}$$

このとき，直接波と大地反射波の合成電界強度 E [V/m] は，次式となる．

$$E \fallingdotseq E_0 \frac{4\pi h_1 h_2}{\lambda d} \ \text{[V/m]} \tag{4.12}$$

相対利得 G_D （真数）の送信アンテナに放射電力 P [W] を供給したときは，次式となる．

$$E = \frac{7\sqrt{G_D P}}{d} \times \frac{4\pi h_1 h_2}{\lambda d} \fallingdotseq \frac{88 h_1 h_2 \sqrt{G_D P}}{\lambda d^2} \ \text{[V/m]} \tag{4.13}$$

2項定理

$$(1+x)^n = 1 + nx + \frac{n(n-1)}{1 \times 2} x^2 + \frac{n(n-1)(n-2)}{1 \times 2 \times 3} x^3 + \cdots \tag{4.14}$$

$x \ll 1$ のときは，次式となる．

$$(1+x)^n \fallingdotseq 1 + nx \tag{4.15}$$

4.4 ブルースター角

大地が完全反射体の場合の**大地の反射係数**は $\dot{R} = -1$ で表されるが，一般の大地の場合では，反射係数は大地の状態，電波の偏波面および入射角によって異なる値を持つ．

一般に，

$$\dot{R} = Re^{-j\phi} \tag{4.16}$$

の式で表される複素量となる．水平偏波の場合は，入射角が $90°$ のときに $\dot{R} = -1$，すなわち $R = 1$，$\phi = \pi$ （$180°$）となり，入射角が小さくなるに従って R はわずかずつ減少するが，ϕ はあまり変わらない．

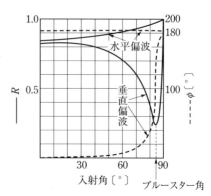

図 4·4 大地の反射係数

垂直偏波では，入射角が $90°$ のときは $\dot{R} = -1$ となるが，入射角が小さくなると R，ϕ とも急激に減少し，ある特定の角度で R は最小値となる．その角度を**ブルースター角**という．ブルースター角よりさらに小さくなると，R はまた 1 に向かって回復していくが，ϕ はそのままなだらかに零となっていく．

それらの状態を**図4·4**に示す．実際の伝搬路では入射角は $90°$ に近いので，偏波面によらず $\dot{R} = -1$ として取り扱える場合が多い．

また，ブルースター角以下の入射角で円偏波が入射すると，反射波の位相が垂直偏波と水平偏波では逆位相となるので，反射波は逆回りの円偏波となる．

4.5 山岳回折・フレネルゾーン

1 山岳回折

直接波が山岳などの**ナイフエッジ状障害物**に当たると，電波の**回折**により障害物で遮られた場所にも電波が伝搬する．また，**図4·5**のように，見通し線より高い受信点では**直接波**と**回折波**との干渉が起こる．この領域を**フレネルゾーン**という．直接波の電界強度が E_0 のとき，受信電界強度 E の大きさは見通し線上では $0.5E_0$ となり，それ以下の高さ，すなわち山岳の陰の部分は，回折損のため急激に低下する．

図4·6(a)のように山岳がなく，大地のわん曲によって回折して伝搬する**球面回折波**に比

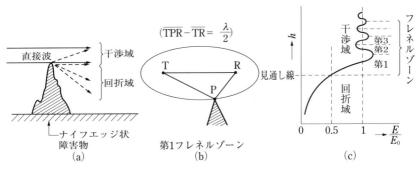

図 4·5　山岳回折

べて，**図 4·6**(b)のような山岳によるナイフエッジ回折波の方が伝搬損失が小さく，受信電界が大きくなることがある．このような場合の損失の比を**山岳利得**という．

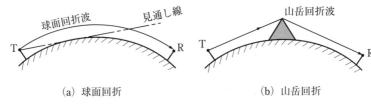

図 4·6　山岳利得

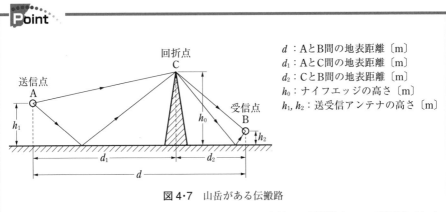

d　：AとB間の地表距離〔m〕
d_1：AとC間の地表距離〔m〕
d_2：CとB間の地表距離〔m〕
h_0：ナイフエッジの高さ〔m〕
h_1, h_2：送受信アンテナの高さ〔m〕

図 4·7　山岳がある伝搬路

　図 4·7 のような伝搬路上に山岳がある場合において，大地の反射係数を -1，距離が d〔m〕の自由空間の電界強度を E_0〔V/m〕とすると，受信点 B の電界強度 E〔V/m〕は次式で表される．

$$E = E_0 \times \left| 2\sin\frac{2\pi h_1 h_0}{\lambda d_1} \right| \times |\dot{S}| \times \left| 2\sin\frac{2\pi h_2 h_0}{\lambda d_2} \right|$$

$$= E_0 \times |A_1| \times |\dot{S}| \times |A_2| \tag{4.16}$$

式 (4.16) において, A_1, A_2 を通路利得係数, $\dot{S}$ を回折係数という.

❷ フレネルゾーン

図4·8のように, 送信点 T と受信点 R とを焦点とする回転だ円面において, $\overline{\mathrm{TPR}}$ と $\overline{\mathrm{TR}}$ の通路差が $\lambda/2$ となる内側の領域を**第1フレネルゾーン**といい, 通路差が $\lambda/2$ の 2 倍, 3 倍, … となるまでの領域を第2, 第3, …… フレネルゾーンという.

図4·8 の $\overline{\mathrm{TR}}$ 上の点 O の位置において, $\overline{\mathrm{TP}} + \overline{\mathrm{PR}}$ の通路の長さと距離 d 〔m〕との通路差が $\lambda/2$ となる第1フレネルゾーンの条件より, 次式が成り立つ.

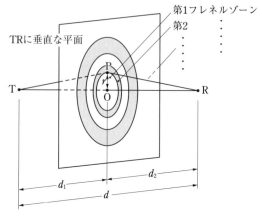

図4·8 フレネルゾーン

$$\overline{\mathrm{TP}} + \overline{\mathrm{PR}} - d = \sqrt{{d_1}^2 + r^2} + \sqrt{{d_2}^2 + r^2} - (d_1 + d_2) = \frac{\lambda}{2} \tag{4.17}$$

ここで, $d_1 \gg r$, $d_2 \gg r$ とすれば, 式 (4.17) の各項は 2 項定理より次式となる.

$$\sqrt{{d_1}^2 + r^2} = d_1\left(1 + \frac{r^2}{{d_1}^2}\right)^{1/2} \fallingdotseq d_1\left(1 + \frac{1}{2} \times \frac{r^2}{{d_1}^2}\right) = d_1 + \frac{1}{2} \times \frac{r^2}{d_1} \tag{4.18}$$

$$\sqrt{{d_2}^2 + r^2} = d_2\left(1 + \frac{r^2}{{d_2}^2}\right)^{1/2} \fallingdotseq d_2\left(1 + \frac{1}{2} \times \frac{r^2}{{d_2}^2}\right) = d_2 + \frac{1}{2} \times \frac{r^2}{d_2} \tag{4.19}$$

よって, 式 (4.17) は次式で表される.

$$d_1 + \frac{1}{2} \times \frac{r^2}{d_1} + d_2 + \frac{1}{2} \times \frac{r^2}{d_2} - (d_1 + d_2) = \frac{r^2}{2} \times \left(\frac{1}{d_1} + \frac{1}{d_2}\right) = \frac{\lambda}{2}$$

$$r^2 \times \left(\frac{d_1 + d_2}{d_1 d_2}\right) = \lambda$$

第1フレネルゾーンの深さ r 〔m〕を求めると, 次式となる.

$$r^2 = \lambda \frac{d_1 d_2}{d_1 + d_2}$$

よって, 次式で表される.

$$r = \sqrt{\lambda \frac{d_1 d_2}{d_1 + d_2}} \ \mathrm{(m)} \tag{4.20}$$

また，第 n フレネルゾーンの深さ $r_n \ \mathrm{(m)}$ は，次式で表される．

$$r_n = \sqrt{n\lambda \frac{d_1 d_2}{d_1 + d_2}} = \sqrt{n\lambda d_1 \left(1 - \frac{d_1}{d}\right)} \ \mathrm{(m)} \tag{4.21}$$

式 (4.18) と式 (4.19) は，2 項定理によって近似することができる．$x \ll 1$ のときは次式で表される．また，$\sqrt{\ }$ は 1/2 乗である．

$$(1 + x)^n \fallingdotseq 1 + nx$$

Point

クリアランス

　ナイフエッジ状障害物の先端が各フレネルゾーンの領域内にある場合の干渉は，図 4·5 (c) のようになり，電界強度 E は，直接波のみの電界強度 E_0 に対して強弱の振動的変化を生じる．この直接波と回折波による干渉波はフェージングの原因になるので，マイクロ波回線を設計するときは，障害物の侵入が少なくとも第 1 フレネルゾーンは避けられるように，空間的な余裕（クリアランス）をとらなければならない．

　フレネルゾーンの発生は，山岳の上部だけでなく建造物の左右の位置にも発生する．マイクロ波の固定無線回線の伝搬通路の付近では，ビルディングなどの建造物の建設に注意を払わなければならない．

第 4 章　電波伝搬

4.6　不均一な大気中の伝搬

　大気は，実際には均一に広がっているわけではない．地表から 12 〔km〕くらいまでの**対流圏**では，上空にいくにつれて気圧や温度，湿度が次第に低くなっていく．この状態は，電波伝搬にも影響を与える．

1 対流圏における電波の屈折

　大気が上空にいくにつれて変化する状態を電気的に表すには，大気の比誘電率 ε_r の変化を用いる．ε_r は，一般に大気の上層ほど減少し，電波は図 4·9 のように，上方に凸にわん曲する．**電波の屈折率** n には $n = \sqrt{\varepsilon_r}$ の関係があり，

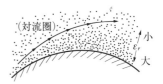

図 4·9　対流圏における電波の屈折

また，わん曲通路の曲率半径を R_n とすれば，

$$\frac{dn}{dh} = -\frac{1}{R_n} \tag{4.22}$$

で表される．ここで，dn/dh は n の高さに対する変化率である．

　標準大気の代表的な値として，地表付近では，

$$n = 1.000315$$

$$\frac{dn}{dh} = -0.039 \times 10^{-6} \tag{4.23}$$

である．

> **Point**
>
> 修正屈折率，修正屈折示数
> 　大気の屈折率をそのままの大きさで扱うと，数値が取り扱いにくい．さらに，この値は高さ h〔m〕により変化するので，地球の半径 R（$\fallingdotseq 6,370 \times 10^3$〔m〕）と関係させて取り扱いやすく修正したものを修正屈折率といい，その値 m は次式で表される．
>
> $$m = n + \frac{h}{R} \tag{4.24}$$
>
> 　m の値も1に近くて取り扱いにくいので，この値から1を引いて取り扱いやすい数値に直すと，
>
> $$M = (m-1) \times 10^6 = \left(n - 1 + \frac{h}{R}\right) \times 10^6 \tag{4.25}$$
>
> となる．この M を修正屈折示数またはM係数といい，この値をもとにして伝搬特性を考える方法をとる．標準大気のときの値は，$h = 0$，$n = 1.000315$ のとき $M = 315$ である．

② 地球の等価半径

　ここで，伝搬特性をより取り扱いやすくするため，電波通路を直線とすることにし，これに合わせて地球の半径が k 倍になったとする．つまり，実際の曲率が**図 4・10** (a)のようになり，地球の**曲率**が $1/R$，電波通路が $1/R_n$ であるときに，電波通路を直線とした**図 4・10** (b)のように地球の曲率を $1/kR$，電波通路を $1/R_n{}'$ に変更しても，その相対関係は変わらない．この k を**地球の等価半径係数**，kR を**地球の等価半径**といい，標準大気では地球の半径を等価的に大きくして，$k = 4/3$ とすることで電波通路を直線として取り扱うことができる．

　地球の等価半径係数を求めてみる．地球が $1/R$，電波通路が $1/R_n$ であるとき，電波通路を直線として地球を $1/kR$，電波通路を $1/R_n{}'$ に変更しても，その相対関係は変わらないとする条件は，

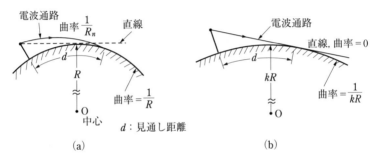

図 4·10 地球の等価半径

$$\frac{1}{R} - \frac{1}{R_n} = \frac{1}{kR} - \frac{1}{R_n{}'} = 一定$$

であればよい．ここで，電波通路を直線と考えるために $1/R_n{}' = 0$（$R_n{}' = \infty$）とすると，

$$\frac{1}{k} = R\left(\frac{1}{R} - \frac{1}{R_n}\right) \tag{4.26}$$

式（4.25）を h で微分して式（4.22）を代入すると，

$$\frac{dM}{dh} = \left(\frac{dn}{dh} + \frac{1}{R}\right) \times 10^6 = \left(\frac{1}{R} - \frac{1}{R_n}\right) \times 10^6 \tag{4.27}$$

したがって，式（4.26）に式（4.27）および R（$\fallingdotseq 6.37 \times 10^6$〔m〕）の値を代入して整理すると，

$$k = \frac{1}{R\left(\dfrac{1}{R} - \dfrac{1}{R_n}\right)} = \frac{10^6}{R\left(\dfrac{dM}{dh}\right)} = \frac{0.157}{\dfrac{dM}{dh}} \tag{4.28}$$

また，標準大気では $dn/dh = -0.039 \times 10^{-6}$ だから，式（4.28）に式（4.27）および R の値を代入すると，

$$k = \frac{10^6}{R\left(\dfrac{dn}{dh} + \dfrac{1}{R}\right) \times 10^6} = \frac{1}{1 + \dfrac{dn}{dh}R} \fallingdotseq \frac{1}{1 - 0.25}$$

よって，

$$k = \frac{4}{3} \tag{4.29}$$

となる．

第4章 電波伝搬

③ M曲線

修正屈折示数 M は大気の気圧，気温，湿度などの状態，場所，時間によって変化する．また，高さによっても変化するので，地上からの高さ h と修正屈折示数 M の関係をグラフで表したものを **M曲線** という．大気の屈折率が標準大気の場合は**図4・11** のように直線となり，その傾斜が $dM/dh = 0.118$ $(k = 4/3)$ である．また，$dM/dh = 0.157$ $(k = 1)$ の傾斜のとき電波は直進し，$dM/dh = 0$ $(k = \infty)$ で電波と大地の曲率は等しくなり，電波は地表面に平行に進むことを意味する．

実際の大気は温度の逆転層が生じたり複雑な状態になっている場合が多いので，図のようにいろいろな状態が存在する．また，$dM/dh < 0$ $(k < 0)$ の場合には，電波の曲率が大地の曲率を上回ることになる．このような状態が生じたとき，図に示すような範囲を**ラジオダクト** という．

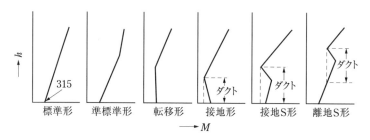

図4・11 M曲線

ダクトの発生は，気象の急変による大気の状態の異常分布によるものである．入射角が適当であれば，電波はダクト内に閉じこめられた形（トラッピング）で大きな屈折を繰り返しながら，見通し距離以遠にまで伝搬することもある．

Point

ラジオダクトの発生原因
① **移流によるラジオダクト** 海岸付近では，一般に，夜間は海上の温度が陸上に比べて高いので，陸から海に向かってもぐり込むような陸風が生じる．そのため海上にダクトが発生する．逆に，昼間は海上から陸に向かって海風が生じるので，海上にはダクトが発生せず，陸上に発生する．また，大洋上でも同様に，貿易風や海洋風によってダクトが発生する．
② **沈降によるラジオダクト** 高気圧圏内で生じる下降気流によって，乾燥した冷たい空気が蒸発の盛んな海面に近づき，そこに湿度の不連続を生じてダクトが発生する．
③ **前線によるラジオダクト** 前線では，寒冷な気団が温暖な気団の下にくさび状にもぐり込んでいるので，逆転層が生じてダクトが発生する．しかし，低気圧の前線では気団境界面に渦などが起こり，境界面が乱れるので，電波伝搬にはあまり影響しない．
④ **夜間冷却によるラジオダクト** 昼間，太陽熱により温められた陸上の表面は，夜間にその熱を放射によって失い，温度が下がる．したがって，地表に接した大気の温度が下がることで温度の逆転層が生じ，ダクトが発生する．

4.7 見通し距離外の伝搬

◼ 見通し距離

地球はわん曲しているので，送受信点間の距離が大きくなるとわん曲の影響を受ける．大気の影響を無視すると，電波通路は直線となり，**図4·12** (a)に示すように，地上高 h_1 〔m〕のアンテナからの見通し距離 d_1 〔m〕は，次式で表される．

$$d_1 \fallingdotseq \overline{\mathrm{AB}} = \sqrt{(h_1 + R)^2 - R^2} = \sqrt{h_1{}^2 + 2Rh_1} \tag{4.30}$$

$h_1 \ll R$, $d_1 \ll R$ であるから

$$d_1 \fallingdotseq \sqrt{2Rh_1}$$

R は地球の半径なので，$R \fallingdotseq 6{,}370$ 〔km〕 $= 6.37 \times 10^6$ 〔m〕を代入すると，次式となる．

$$d_1 \fallingdotseq \sqrt{2 \times 6.37 \times 10^6 \times h_1} \fallingdotseq 3.57 \times 10^3 \sqrt{h_1} \text{〔m〕} = 3.57\sqrt{h_1} \text{〔km〕} \tag{4.31}$$

また，高さ h_1 〔m〕の送信点 A と h_2 〔m〕の受信点 C 間の見通し距離 d_0 〔km〕は，

$$d_0 \fallingdotseq 3.57(\sqrt{h_1} + \sqrt{h_2}) \text{〔km〕} \tag{4.32}$$

で表される．これらの距離を**幾何学的見通し距離**という．

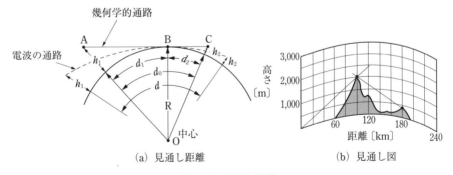

図 4·12 　見通し距離

わん曲する電波の伝搬通路を直線で描けるように大地のわん曲の曲率を修正し，同時に距離に対して高さの尺度を大きく拡大した**図4·12** (b)のようなグラフを見通し図といい，伝搬通路の解析に用いられる．

右余白： 第4章　電波伝搬

電波の見通し距離

　大気による電波の屈折の影響を考慮した，高さ h_1〔m〕と h_2〔m〕の送受信点間の見通し距離は，標準大気の場合では地球の半径 R が k（$= 4/3$）倍になったとすれば，

$$d \fallingdotseq 3.57\sqrt{k}(\sqrt{h_1} + \sqrt{h_2})\ \text{〔km〕}$$

$$\fallingdotseq 4.12(\sqrt{h_1} + \sqrt{h_2})\ \text{〔km〕} \tag{4.33}$$

で表される．この距離を電波の見通し距離という．

2 見通し距離外の伝搬

　見通し距離外では，地球の曲率の影響によって電波は回折して伝搬する．この領域を**球面回折域**という．球面回折域でアンテナの高さを変化させたときに，電界強度が高さとともに変化する様子を表したものが**図 4・13** である．

　図において，アンテナの高さが**最小有効アンテナ高さ** h_0 までは，地表波の影響が大きく電界強度はほぼ一定の値となる．h_0 から**臨界アンテナ高さ** h_c までの**低アンテナ域**においては，主に空間波によって電界強度が直線的に増加する．**高アンテナ域**に入ると，電界強度は指数関数的に上昇して見通し線に達し，さらに干渉域に入ると直接波と大地反射波との干渉によって，電界強度が極大，極小値を繰り返す．このとき，電界強度の最大値は自由空間電界強度 E_0 の 2 倍となる．このように，電界強度が高さによって変化する状態を表した図を**ハイトパターン**という．

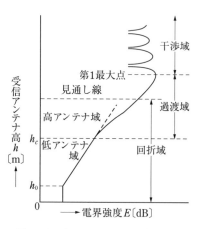

図 4・13　高さによる電界強度の変化

　また，送受信点間の距離を変化させたときの受信電界強度の変化を**図 4・14** に示す．見通し距離よりも遠方では球面回折波が伝搬するので，電界強度は急激に減少する．受信電界強度が振動的に変化する干渉域では，電波の周波数が高いと干渉じまが細かくなる．

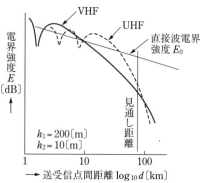

図 4・14　距離による電界強度の変化

見通し距離外の伝搬波としては，球面回折波以外に電波が山頂などで回折する山岳回折波，対流圏波が上層大気で散乱する対流圏散乱波がある．

対流圏散乱波を積極的に利用し，高電力放射と高利得の送・受信アンテナを用いることによって，数百 km 以上の通信が可能となる．これを対流圏散乱波通信という．

対流圏散乱通信において受信される電波は，多くの散乱波が到達し振幅および位相が異なる合成波となり干渉性フェージングが発生する．散乱波の多重波干渉によるフェージングは，レイリー分布による確率密度関数で表すことができるので，レイリーフェージングという．

4.8 対流圏波の減衰

対流圏波は，雨滴，雲，霧および大気中の水蒸気や酸素の分子などにそのエネルギーを吸収され，伝搬中に減衰する．雨滴では，**吸収**による熱損失と**散乱損失**が生じる．減衰量はほぼ降雨量に比例し，電波の波長が短いほど増加する．雲，霧では，その粒子が非常に小さいので散乱損失は極めて小さく，熱損失が主となる．減衰率は，単位体積中に含まれる全水滴の質量に比例し，波長の 2 乗に反比例する．水蒸気および酸素分子は，それぞれ電気的，磁気的に電波と相互作用して，吸収減衰を生じさせる．特にそれらの固有振動数と一致した周波数の電波では共振が生じ，減衰が大きくなる．水蒸気分子では電波の周波数が 22.5〔GHz〕と 183.3〔GHz〕に，酸素分子では，60〔GHz〕と 118.75〔GHz〕に選択的な**共鳴吸収**が発生する．

雨滴による減衰はほぼ降雨量に比例し，電波の周波数が 10〔GHz〕以上になると影響が大きくなる．周波数が高いほど減衰は増加するが，200〔GHz〕以上の周波数ではほぼ一定になる．

第4章 電波伝搬

Point

交差偏波識別度

交差偏波識別度（XPD：Cross Polarization Discrimination）は，偏波共用アンテナにおいて送受信アンテナが直交偏波をどれだけ分離して送受信することができるかについて，使用する偏波成分と共用する交差偏波成分との比で表したものである．

電波の伝搬路上に雨滴が存在するとき，雨滴によって電波が散乱あるいは吸収されることにより，電波の伝搬に影響する．落下中の雨滴は，落下方向につぶれた回転だ円体に近い形状となり，電波の減衰および位相回転は，長軸方向の偏波が短軸方向よりも大きくなる．また，風の影響によって傾いた雨滴に電波が入射すると，主軸が入射偏波からずれただ円偏波に変換される．このため，送信した偏波に直交した交差偏波成分が発生して，交差偏波識別度が劣化する．交差偏波識別度は，主偏波成分と交差偏波成分の電力の比で表され，降雨による主偏波成分の減衰が大きいほど交差偏波識別度の劣化は大きい．

雨滴の傾きが一定のときは劣化が大きい．直線偏波では，雨滴の傾き角が大きいほど劣化が大きい．伝搬区間が長いほど同一減衰量に対する劣化は小さい．周波数が高くなると同一減衰量に対する劣化は小さい．

4.9 地上波伝搬にともなう諸現象

電波の伝搬は伝搬通路における諸要素が影響するため，これらの影響が時間とともに変化すると受信電界強度が時間的に強弱の変化を生じることがある．これを**フェージング**といい，その原因となる伝搬通路の状態または現象の形態によって次のように分類することができる．

① **シンチレーションフェージング** 大気層の変動や，小気団の通過などで対流圏波の屈折率に不規則な変動が起き，それと直接波との干渉でフェージングを生じる．短い周期の小さい変動なので，受信電力が特に小さい場合以外には大して問題とならない．

② **k 形フェージング** 大気の屈折率分布の変化により直接波のわん曲の度合いが変動し，大地反射波との間にフェージングを生じる．地球の等価半径係数 k が変化するという意味で，k 形フェージングと呼んでいる．

（ア）**干渉性 k 形フェージング** k の変化により直接波と大地反射波の通路差が変化すると，合成電界が変化してフェージングが生じる．海面反射が伝搬路にあると変化が大きい．周期が短く，減衰量は極めて大きくなる．

（イ）**回折性 k 形フェージング** k の変化により，見通し距離や見かけ上の山岳の高さが変化すると，回折損が変化することによってフェージングが生じる．周期が長く，変動幅は比較的大きい．

③ **ダクト形フェージング** ラジオダクト内で複数個の伝搬通路が生じ，互いに干渉してフェージングを起こすもので，周期は比較的長く，変動幅も比較的大きい．

④ **散乱形フェージング** 見通し外伝搬に用いられている散乱波伝搬で発生する．小気団群，乱流などによって発生する散乱波は，一般に多数の波源となり，多数の通路を持つ散乱波が互いに干渉して発生する．周期が短く，変動幅は大きい．

⑤ **同期性フェージング・選択性フェージング** 電波の周波数による伝搬特性の相違から考えた分類で，受信しようとする周波数帯域全体にわたって生じる場合を同期性フェージングと呼び，帯域の部分によってフェージングの状態が異なる場合を選択性フェージングと呼ぶ．ダクト形フェージング，散乱形フェージングは，選択性フェージングの場合が多い．

地上固定マイクロ波回線のフェージングの特徴

① 伝搬路が長いほど発生しやすい.

② 伝搬路の平均地上高が低いほど発生しやすい.

③ 山岳地帯を通る伝搬路に比べて，平地の上を通る伝搬路の方が発生しやすい.

④ 陸上伝搬路に比べて，海上伝搬路の方が発生しやすい.

⑤ 一般に晴天の日の深夜または早朝に顕著なフェージングが多く発生する.

⑥ 周波数選択性フェージングが発生すると，受信信号に波形ひずみが生じやすい.

対流圏波のフェージングの防止対策

① 空間合成法（スペースダイバーシティ）　受信点によりフェージングの程度が異なるから，適当な距離を隔てて二つ以上の受信アンテナを設け，それぞれによる受信出力を合成するか切り替える.

② 周波数合成法（周波数ダイバーシティ）　一つの信号をいくつかの周波数の異なる搬送波を用いて送・受信し，受信出力を合成するか切り替える.

③ 偏波合成法（偏波ダイバーシティ）　偏波面が互いに異なる二つの受信アンテナを設け，出力を合成するか切り替える．偏波性フェージングに有効である.

④ ビーム合成法（角度ダイバーシティ）　鋭い主ビームが別々の方向を向くように設置された複数のアンテナの受信出力を合成するか切り替える.

⑤ 反射係数の小さい伝搬路を選択する．k 形フェージングに有効である.

⑥ 送信アンテナの指向性を高めて直接波のみを受信する.

⑦ 受信機の自動利得制御（AGC または AVC）回路は同期性フェージングに有効である.

第4章　電波伝搬

上空波の伝搬

　電離層

地球上層の大気は窒素や酸素などの希薄な分子で構成されるが，太陽からの紫外線，帯電微粒子などによって**自由電子**と**陽イオン**とに電離する．これらの自由電子が電波の伝搬に影響を与える領域が，地上から約 50〜数千〔km〕の高さに存在する．この領域を**電離圏**という．また，電離圏中には，地上から約 50〜400〔km〕の高さに特に電波の伝搬に影響を与える D，E，F の各層が形成される．これらの層を**電離層**という.

電離層の中へ電波が到来すれば，自由電子はそのエネルギーを吸収して振動を起こし，振動中に生じる損失を差し引いた残りのエネルギーを電波として再放射する．この動作の中で，到来電波は減衰をしながら屈折したり，ついには反射したりするようになる．この振動は，電子の慣性との関係から周波数が低いときは大きく，したがって LF，MF 帯では，一

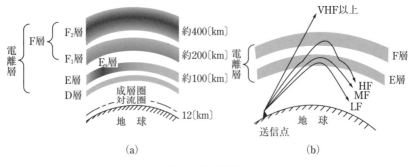

図 4・15　電離層

般に比較的**電子密度**の小さい下層の電離層でも大きな屈折による反射が生じる．逆に，周波数が高くなると十分な振動が行われず，したがって HF 帯では，一般に電子密度の大きい上層の電離層でなければ反射が生じない．また，VHF 帯以上の周波数になると，電離層を突き抜けてしまうようになる．

　電離層の電子密度は，その成因が太陽照射によるものであり，時刻および季節によって絶えず変化しているため，高さおよび境界をはっきり区分することはできない．しかし，**図4・15** のように地上約 50〜400〔km〕の間で，特に電子密度の大きくなる高さが 4 か所認められる．この 4 か所を **D層**，**E層**，**F₁層**，**F₂層**という．

> E 層とほぼ同じ高さに生じ，E 層では反射しない高い周波数の電波が数分間から数時間にわたって反射されることがある．これは，電子密度の比較的大きい部分が突発的に発生するためで，これをスポラジック E 層（Eₛ 層）という．夏季にひん度が高く，また，比較的低緯度地方に多く発生する．

4・11　臨界周波数

∎ 電離層の見かけの高さ

　電離層の高さを測定するには，地上から幅の狭いパルスで変調した電波を垂直に上空に向けて発射し，受信機で送信電波の一部と電離層反射波とを観測して比較する方法がとられる．図 4・16 のように，反射波が Δt〔s〕の時間遅れを持って現れたとすれば，それが高さ h の電離層中の反射点までの往復に要した時間であるから，電波の速度が光速度 c に等しいとすれば，

$$\Delta t = \frac{2h}{c} \text{ 〔s〕}$$

よって,

$$h = \frac{c}{2}\Delta t \text{ 〔m〕} \tag{4.34}$$

の関係になる.ただし,h は反射点の真の高さ h_0 より少し高くなる.その理由は,電離層内では電子密度の増加に従って速度が遅くなるためである.電波の往復時間から求めることができる高さ h を**電離層の見かけの高さ**という.

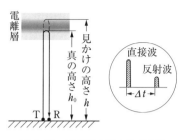

図4・16 電離層の見かけの高さ

② 臨界周波数

電波が電離層内のどの高さまで進入できるかは,使用周波数と電子密度との関係によって決まるが,周波数を高くするに従って,また,電子密度が減少するに従って,見かけの高さ h は増加する.測定時に発射周波数を徐々に上げていくと,各層において電波が突き抜ける限界の周波数および波長があるが,これを**臨界周波数**および**臨界波長**という.

> 電離層内で電波の周波数(波長)と伝搬時間から計算される位相速度は,自由空間内の電波の速度より大きい.エネルギーの伝搬速度である群速度は,自由空間内の電波の速度より小さい.

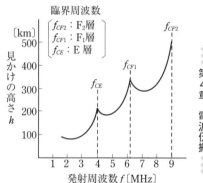

図4・17 臨界周波数

③ 電離層中の電波の屈折

電離層および大気の透磁率,誘電率をそれぞれ μ,ε および μ_0,ε_0 とすれば,透磁率は $\mu = \mu_0$ としてよいが,誘電率は $\varepsilon = \varepsilon_r \varepsilon_0$ (ε_r は電離層の比誘電率)と相違する.この違いから屈折が生じる.

電子の電荷を e ($= 1.602 \times 10^{-19}$ 〔C〕),質量を m ($= 9.109 \times 10^{-31}$ 〔kg〕),電離層の電子密度を N〔個/m³〕,電波の周波数を f〔Hz〕,角周波数を ω ($= 2\pi f$〔rad/s〕)としたときの屈折率 n は,次式で表される.

$$n = \sqrt{\varepsilon_r} = \sqrt{1 - \frac{e^2 N}{\varepsilon_0 m \omega^2}} \fallingdotseq \sqrt{1 - \frac{80.6 N}{f^2}} \quad \left(= \frac{\sin\theta_1}{\sin\theta_2} \right) \tag{4.35}$$

第4章 電波伝搬

ただし，ε_0 は真空の誘電率 8.854×10^{-12} 〔F/m〕である．

f が一定ならば電子密度 N が大きいほど ε_r は 1 より小さくなり，したがって n も 1 より小さくなる．

図 4・18 において下層の入射角を θ_1，屈折率を n_1 （大気のとき $n_1 = 1$），上層の屈折角を θ_2，屈折率を n_2 とすると，**スネルの法則**より次式が成り立つ．

$$\frac{n_1}{n_2} = \frac{\sin\theta_2}{\sin\theta_1} \quad \text{よって，} \quad \sin\theta_2 = \frac{n_1}{n_2}\sin\theta_1 \tag{4.36}$$

となるから，上層の ε_r が小さくなって，n_2 が小さくなると屈折角 θ_2 は大きくなる．

また，各層の**電子密度**は電離層の高さとともに増加するから，入射波は次第に屈折しながらわん曲することになる．

$$80.6N = f_N{}^2$$

$$\text{よって，} \quad N = \frac{1}{80.6}f_N{}^2 = 1.24 \times 10^{-2}f_N{}^2 \quad \text{または，} \quad f_N \fallingdotseq 9\sqrt{N} \tag{4.37}$$

式 (4.37) で求められる周波数 f_N を**プラズマ周波数**と呼び，f_N のとき式 (4.35) は $n = 0$ となるが，これはその電子密度の点がわん曲の頂点であり，電波の折り返し点，すなわち反射点であることを意味する．したがって，式 (4.37) の N をある層の最大密度としたときの同式の f_N は，その層の臨界周波数を示すことになる．

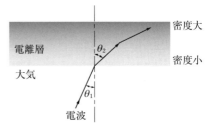

図 4・18 電波の屈折

Point

電離層内の電波の群速度と位相速度
　電波のエネルギーが伝搬する速度を群速度 v_G 〔m/s〕と呼び，電離層内の電界のパターンが進む速度を位相速度 v_P 〔m/s〕という．自由空間の速度を c 〔m/s〕とすると，v_G および v_P は次式で表される．

$$v_G = c\sqrt{1 - \frac{f_N{}^2}{f^2}} \quad \text{〔m/s〕} \tag{4.38}$$

$$v_P = \frac{c}{\sqrt{1 - \dfrac{f_N{}^2}{f^2}}} \quad \text{〔m/s〕} \tag{4.39}$$

$$c = \sqrt{v_P v_G} \quad \text{〔m/s〕} \tag{4.40}$$

また，自由空間の速度 $c \fallingdotseq 3 \times 10^8$ 〔m〕と比較して，$v_G < c < v_P$ の関係がある．

4.12 電離層における電波の減衰

① 第1種減衰, 第2種減衰

　電波の高周波電界により, 電離層内の自由電子はそのエネルギーを吸収して電波の周波数による強制振動を起こし, 他の分子との衝突などによって熱損失を生じるため, 電離層波は減衰を受ける. 電離層を通過するときの減衰を**第1種減衰**といい, 反射するときの減衰を**第2種減衰**と呼んで区別する. F層反射の電波はE層で第1種減衰を受けるが, 電子密度が大きいほど, 周波数が低いほど, また, 昼は夜より, 夏は冬より, 減衰量は大きくなる. F層における第2種減衰は, 逆に周波数が高いほど進入度が大きいからその量が大きくなるが, 気体分子が少ないため第1種減衰に比べてあまり問題とはならない. E層反射波はD層で第1種減衰を受け, E層で第2種減衰を受けるが, この場合は第1種減衰よりも第2種減衰の方が問題となる. なお, 太陽黒点数の多いときほど減衰は大きくなる.

> 　HF帯における第1種減衰は, 周波数の2乗にほぼ反比例し, 電離層の電子密度および平均衝突回数にほぼ比例する. また, 電離層を斜めに通過するほど大きく, 電離層を通過する通路長あるいは入射角の余弦 (cos) に反比例する.

② ジャイロ周波数

　電離層内で電波を受けて運動している電子に地球磁界の作用が加わると, 運動しようとする向きと地球磁界の向きの両者に直角な向きに電磁力が発生し, 電子の運動は直線的な振動ではなくなり, 一般に旋回運動となる. 電子のこのような運動によって再放射される電波 (反射波) の偏波面は, 進入時の偏波面がどのようであっても, 垂直および水平両偏波の二つの分力を持ったものとなる. このような現象を電波の偏りといい, 方位測定における誤差の原因となる. なお, 地球磁界内で電子を自由に運動させたときに生じる旋回運動の周波数を**ジャイロ周波数**といい, 緯度によって異なるが1 [MHz] 程度となる. 電波が作用するときの旋回運動は, 電波の周波数がジャイロ周波数より低ければら旋状の軌道となるが, 等しくなると渦巻き状になり, 旋回の力が助長されて半径がだんだんに増大するような運動となる. ジャイロ周波数を超えるとだ円軌道となる.

Point

ジャイロ周波数
　地球磁界の磁束密度を B [T], 電子の電荷を e [C], 電子の質量を m [kg] とすると, ジャイロ周波数 f_H [Hz] は次式で表される.

$$f_H = \frac{eB}{2\pi m} \fallingdotseq \frac{1.6 \times 10^{-19} \times B}{2 \times 3.14 \times 9.1 \times 10^{-31}} \fallingdotseq 2.8 \times 10^{10} \times B \text{ (Hz)} \qquad (4.41)$$

4.13 電離層の変化

　電離層の電子密度は太陽の影響を受けて変化し，日変化および季節変化が認められる．その状態は複雑に変化し，常に一定していないが，代表的な状態を図に示せば，**図4・19**は各層の**季節変化**を，**図4・20**(a)は**電子密度の日変化**を，**図4・20**(b)は**臨界周波数の日変化**を表す．各図から，E層の変化は規則的であるが，F層の変化はかなり不規則であることがわかる．

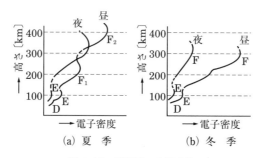

図4・19　電離層の季節変化

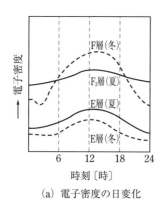

（a）電子密度の日変化　　　（b）臨界周波数の日変化

図4・20　電離層の日変化

4.14 電離層の各層の特徴

電離層の各層の特徴は，次のとおりである．

1 D 層

高さ	約 50～90〔km〕
電子密度	最小
電離の原因	太陽の紫外線
日変化	昼間発生し，夜間に消滅する．
季節変化	夏によく発生し，冬は少ない．

電波伝搬の影響　LF（長波）帯に対する反射層として作用するが，一般には減衰層として働くので，昼間は MF（中波）帯は，ほとんど層内で減衰する．

2 E 層

高さ	約 90～160〔km〕
電子密度	D 層より大きい．
電離の原因	太陽の紫外線

日変化　太陽天頂角 χ に支配され，最大電子密度 N_m は，$\sqrt{\cos\chi}$ に比例し，正午に最大で対称的に減少して，夜間もわずかに電離成分が残る．

季節変化　夏は冬より電子密度が大きい．

電波伝搬　昼間は中短波帯までを反射するが，MF（中波）帯は D 層および E 層内で減衰する．LF 帯はよく反射され，HF 帯以上は突き抜けるときに減衰する．夜間は LF，MF 帯をよく反射する．

中短波帯：1.5～6〔MHz〕

3 E_S 層（スポラジック E 層）

高さ	約 100～110〔km〕
電子密度	F 層よりしばしば大になることがある．

電離の原因　不明だが，極地方ではオーロラと関連し，中緯度では流星とも多少関連があるといわれる．また，出現範囲は狭い地域に限られ，低緯度ほど電子密度は大きい．

日変化	中緯度で日中によく発生し，日により変動が著しい．
季節変化	6～8 月によく発生する．

第4章　電波伝搬

電波伝搬　　　　HF 帯の通信には妨害となる．また，約 100〔MHz〕までの VHF 帯の
　　　　　　　　電波を反射して，異常伝搬が発生する．

❹ F₁ 層

高さ　　　　　　約 180～200〔km〕．昼夜季節により，わずかに変化する．
電子密度　　　　F₂ 層よりも小さい．
日変化　　　　　日中の電子密度は大きいが，夜間は消滅して F₂ 層と一体になる．
季節変化　　　　夏は冬より電子密度が大きい．冬はほとんど認められず，夏に明瞭に現
　　　　　　　　れる．
電波伝搬　　　　MF，HF 帯を反射するが，昼夜により使用可能周波数が変化する．

❺ F₂ 層

高さ　　　　　　約 200～400〔km〕．昼夜季節により広い範囲に変化し，夏に高く冬は
　　　　　　　　低い．夜間は F₁ 層とともに F 層を形成し，高さは約 300〔km〕でほぼ一
　　　　　　　　定である．
電子密度　　　　最大
日変化　　　　　太陽天頂角とは直接関係しないが，正午に最大となる．正午を境として
　　　　　　　　対称的でなく，日の出，日没時に電子密度が低下する．夜間は F₁ 層と一
　　　　　　　　体となって F 層を形成し，日の出，日没時より電子密度は大きくなる．
季節変化　　　　日中は夏より冬の方が，夜は冬より夏の方が電子密度が大となる．夏は
　　　　　　　　昼夜の差が少なく，冬は昼夜の差が大きい．
電波伝搬　　　　HF 帯の通信に有効利用されるが，季節，時間などによって周波数を切
　　　　　　　　り替えて使用しなければならない．

　年変化は，E_S 層を除いて約 11 年周期で変化する太陽黒点数に関係がある．また，D，E 層は地
理的分布に影響が表れ，低緯度ほど電子密度が大きい特徴がある．

4.15 正割法則

　電離層に入射した電波が反射する高さは周波数によって変化するが，見かけの高さ h
〔km〕で反射する垂直入射の周波数を f_0〔MHz〕とすれば，図 4·21 のように，同じ高さで
反射する斜め入射の周波数 f〔MHz〕は $f > f_0$ となり，送受信点間の距離を d〔km〕，入
射角を θ とすれば，f は次式で表される．

$$f = f_0 \sec\theta = \frac{f_0}{\cos\theta} \text{〔MHz〕} \tag{4.42}$$

または,

$$f = f_0 \sec\left(\tan^{-1}\frac{d}{2h}\right) \ \text{[MHz]} \tag{4.43}$$

の関係がある．これを **正割法則（セカント法則）** という．

図 4·21 より，次式が成り立つ．

$$\sec\theta = \frac{1}{\cos\theta} = \frac{l}{h} \tag{4.44}$$

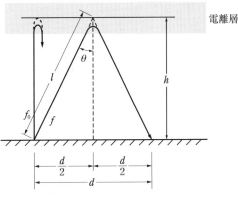

図 4·21　正割法則

図 4·21 から，次式を用いて反射周波数を求めることもできる．

$$f = f_0 \sec\theta = f_0\frac{l}{h} = f_0\frac{\sqrt{h^2+\left(\frac{d}{2}\right)^2}}{h} = f_0\sqrt{1+\left(\frac{d}{2h}\right)^2} \ \text{[MHz]} \tag{4.45}$$

電離層の各層において，垂直入射した電波が反射する最高周波数の臨界周波数 f_C のときは，電離層の最大電子密度の高さで反射する．

4.16　各周波数帯の電離層伝搬

1 LF・MF 帯の伝搬

LF（長波）・MF（中波）帯の伝搬通路は，地表波および上空波により伝搬する．上空波は E 層反射波による伝搬であるが，周波数が高くなるにしたがって電子密度の大きい所で反射されるため，電離層への進入度が大きくなり，減衰も大きくなる．この減衰のため，上空波は昼間はほとんど利用できないが，夜間には E 層の電子密度が昼間に比べて減少し，D層も消滅するので，地表波の届かない比較的遠距離まで有効に通信することが可能になる．特に MF 帯の放送波では，夜間において送信所から $100 \sim 150$ [km] 程度の距離では地表波と同じくらいの強度で受信されるため，地表波との間に干渉を起こす．この干渉は比較的近距離で生じるから，これを **近距離フェージング** という．このフェージングを減少させるため，**フェージング防止アンテナ** が用いられる．

LF 帯では，南北方向の伝搬路で日の出および日没のときに受信電界強度が急に弱くなる **日出日没現象** がある．この現象は D 層の発生や消滅に起因して生じる．

② HF 帯の伝搬

HF（短波）帯では，地表波が数十〔km〕まででほとんど減衰してしまうので，主に上空波により伝搬する．上空波は，E 層を突き抜けて F 層で反射して地表に戻り，地表で再び反射される．これらの反射を繰り返すことによりかなりの遠距離まで到達するが，反射の回数が増加すればそれだけ減衰の度合いも大きくなる．

HF 帯の電離層内における減衰は，第 2 種減衰よりも第 1 種減衰の方が問題となる．第 1 種減衰は周波数の 2 乗に反比例する傾向があるから，周波数が高いほど伝搬は良好となる．しかし，夜間は E 層の電子密度が減少するので第 1 種減衰が少なくなり，同時に F 層でも電子密度が減少するので，昼間は反射していた波長の短い電波も F 層を突き抜けてしまうおそれが生じる．このことは，季節によっても同じ傾向がある．したがって，周波数は高い方がよいといっても，夜間も確実に反射してくる程度の周波数を使用するか，または昼夜（および季節）によって使用する電波の周波数を切り替える必要がある．

③ MUF・LUF・FOT

ある送受信点間において，F 層で反射可能な最高周波数を**最高使用可能周波数**（MUF: Maximum Usable Frequency）という．MUF を f_M〔MHz〕とし，送信点における F 層の臨界周波数を f_C〔MHz〕とすれば，式（4.42）より，

$$f_M = f_C \sec\theta = \frac{f_C}{\cos\theta}$$
$$= f_C \sec\left(\tan^{-1}\frac{d}{2h}\right) = f_C\sqrt{1+\left(\frac{d}{2h}\right)^2}\ \text{〔MHz〕} \tag{4.46}$$

の関係がある．ただし，θ は電離層への入射角，h は見かけの高さ，d は送受信点間の距離である．

> 電波が電離層に垂直に入射したときの MUF は臨界周波数に等しい．入射角が大きくなり，電離層に斜めに入射するほど MUF は高くなる．

MUF は突き抜けの限界値であるから，実際の運用にあたっては減衰の度合いと安全度とのバランスを考えて，使用周波数は MUF の 85％ 程度とする．これを**最適使用周波数**（FOT: Frequency of Optimum Traffic）とい

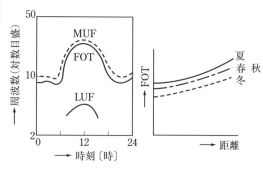

図 4・22 FOT の変化

う．FOT の標準値は，近距離では約 3〜6〔MHz〕，遠距離では約 10〜20〔MHz〕である．

図 4・22 に，時間または距離に対する FOT の変化の傾向を示す．

> MUF の周波数を f_M 〔MHz〕とすると，FOT の周波数 f_F 〔MHz〕は，次式で表される．
>
> $$f_F = 0.85 f_M \text{〔MHz〕} \tag{4.47}$$

使用周波数を次第に低くすると電離層で反射するときの減衰が大きくなり，HF 帯で通信することが可能な限界を生じる．このときに使用可能な最低の周波数を **最低使用可能周波数**（**LUF**：Lowest Usable Frequency）という．

跳躍距離

 FOT による通信においては，地表波が減衰する距離以遠では，ある距離を隔てて初めて電離層反射波を受信することができる．これらの間の地域では電離層の入射角が大きくなり，電離層反射波が伝搬しないので，散乱波による受信以外はほとんど通信が不可能な範囲を生じる．この範囲を不感地帯という．また，送信点から初めて電離層反射波を認める地点までの距離を跳躍距離という．よって，MF 帯の場合のような近距離フェージングは生じないが，遠距離で電離層反射波どうしの干渉，すなわち遠距離フェージングを生じるようになる．

４ VHF 帯以上の伝搬

 MF 帯よりさらに波長が短い VHF（超短波）帯やマイクロ波帯になると，地表波は減衰が大きくてほとんど伝搬しない，上空波は電離層を一般に突き抜けてしまうので，伝搬は空間波だけに限られる．ただし，100 〔MHz〕程度の周波数までの電波は，スポラジック E 層によって反射された上空波による異常遠距離伝搬が認められることがある．

4.17 上空波伝搬にともなう諸現象

１ フェージング

 電離層伝搬に伴って発生するフェージングは，その原因となる伝搬路の状態または現象の形態によって次のように分類することができる．

① **干渉性フェージング** 同一送信源から放射された電波で通路を異にするものが受信点で互いに干渉するもので，MF 帯においては電離層反射波と地表波の干渉によって発生する近距離フェージング，HF 帯においては 2 以上の通路を通った電離層反射波が干渉する遠距離フェージングがある．電離層反射波の場合にフェージングを起こす原因は，電離層の電子密度の時間的変動によって反射後の電界強度，反射地点の臨界周波数など

第４章 電波伝搬

が変化するためで，フェージングの周期は比較的長く，規則正しい．低い周波数で起こりやすく，日の出，日没時に最も激しい．

② **偏波性フェージング** 電離層反射の際，電離層の変動の影響で反射波の偏波面が時間的に変化するために生じるフェージングで，不規則で周期は短い．

③ **吸収性フェージング** 電離層における電波のエネルギーの吸収が電子密度の変化により時間的に変化するために生じるもので，周期は長い．

④ **跳躍性（スキップ）フェージング** 跳躍距離付近で電離層の電子密度の変化から上空波が突き抜けてしまったり，反射したりするために生じるフェージングをいう．

⑤ **同期性フェージング・選択性フェージング** 電波の周波数による伝搬特性の相違から考えた分類で，受信しようとする周波数帯域全体にわたって生じる場合を同期性フェージングと呼び，帯域の部分によってフェージングの状態が異なる場合を選択性フェージングと呼ぶ．したがって，選択性フェージングは周波数ひずみを伴う．

フェージングとは，電波の伝搬通路上の諸要素の影響のため，受信電界強度に時間的強弱の変動を生じること．

Point

電離層反射波のフェージングの防止対策
① 空間合成法（スペースダイバーシティ） 受信点によりフェージングの程度が異なるから，適当な距離を隔てて二つ以上の受信アンテナを設け，それぞれの受信出力を合成するか切り替える．
② 周波数合成法（周波数ダイバーシティ） 一つの信号をいくつかの周波数の異なる搬送波を用いて送・受信し，受信出力を合成するか切り替える．選択性フェージングに有効である．
③ 偏波合成法（偏波ダイバーシティ） 偏波面が互いに異なる二つの受信アンテナを設け，出力を合成するか切り替える．偏波性フェージングに有効である．
④ 送信アンテナの指向性を高める．
⑤ 受信機の自動利得制御（AGC または AVC）回路は同期性フェージングに有効である．

② エコー

一つの送信点から発射された電波が二つ以上の異なった通路を経て受信点に到達するとき，その通路の距離差によってわずかであるが時間の差を生じ，受信信号が山びこのような反響現象を生じたり，画像などが二重になったりすることをエコーという．エコーは一般に，HF 帯の遠距離通信において認められ，次のような種類に分類することができる．

① **逆回りエコー** 地球を互いに逆回りして進む二つの電波のうち，長い方を進んだものがエコーとなる．

② **地球1周エコー** 主信号と同じ方向で地球をさらに1周または2～3周した電波が，再び受信されエコーとなる．

③　**近距離エコー**　送信点の付近で，電離層反射波，大地反射波の散乱によって起こるエコーをいう．

④　**長時間遅延エコー**　一般にエコーは 0.3 秒以内の周期を持つが，数秒から 1 分程度の遅れを持つエコーをいう．

⑤　**多重信号によるエコー**　電離層と大地の間で反射を繰り返して伝搬する場合，通路の異なった多数の電波が受信されて多重信号となる．反射の回数の最小のものを主信号とするとき，回数の多くなる順にエコーとなる．

⑥　**磁極エコー**　磁極付近を通る HF 帯の信号には独特の崩れ方があり，エコーのような感じで受信される．これを磁極エコーという．

エコーを軽減するには，単一指向性アンテナを用いる，周波数を変更する，などの方法がある．

❸ その他の異常伝搬

①　**デリンジャー現象**　HF 帯の通信において，10 分〜1 時間程度受信電界強度が急に低下し，受信困難か受信不可能になることがある．これを**急始電離層じょう乱（SID）**または**デリンジャー現象**という．太陽の局所的爆発（**太陽フレア**）が原因となって発生する．太陽に照射された地球半面の太陽高度の高い地域に起こり，発生および回復は急激で突発的である．太陽から突発的に放射される紫外線や X 線などの電磁波により E 層もしくは D 層の異常電離が起こると，電離層の電子密度が増大して電波の減衰が大きくなり，通信不能な状態となる．太陽自転の 27 日周期に関係する．

②　**電離層嵐**　太陽活動が活発になると，一時的に大量の帯電微粒子が放出されて地球に向かう．この流れは一種の空間電流と考えられるが，地磁気の影響を受けて北極または南極上空に集められ，環状に流れて異常磁界を発生する．このため地磁気が乱された状態となり，この現象を**磁気嵐**という．この影響で F_2 層の電子密度が低下し，高さを増すため MUF が低下し，通信が不安定となる．このように，磁気嵐によって電離層のじょう乱が発生することを**電離層嵐**という．この状態は太陽爆発の観測から 12〜18 時間程度の時間遅れを伴って発生し，昼夜を問わず徐々に現れ，1〜数日間続き，回復も長びく．特に極地近くで多く，徐々に低緯度地方にも広がる．なお，発生の周期ははっきりしておらず，多発性は少ない．また，荷電粒子の一部は極地方に進入してオーロラを発生させる．オーロラが現れると D 層の電離が増大し，極地方を通過する電波は強い吸収を受けて LUF が高くなる．

③　**対しょ点効果**　送信点と受信点が**対しょ点**（地球上のある点とその全く反対側に相当する点をいう）付近にあるときは，伝搬路として無数の大円コースが考えられるが，太陽に照らされているコースと夜の部分を通るコースとでは減衰の程度が異なるため，時間的に到来方向が規則正しく変化したり，また，電界強度が予想外に大きくなったりす

る．このような現象を対しょ点効果という．

④ **ルクセンブルグ現象** 大電力の電波によって，電離層内の電子の衝突回数が増大する．これが振幅変調波の場合，他の電波を変調して電離層内で混変調が発生する．これをルクセンブルグ現象という．スイスのベロミュンスター放送局の電波がルクセンブルグ放送局の電波により混変調を受けることが，オランダで最初に観測された．

> フラッタフェージング：オーロラが現れる環帯域に伝搬通路が接近した場合には，電離層の散乱反射が著しいために，伝搬通路がわずかに異なる多数の電波を生じ，これが干渉して非常に周期の速いフェージングが生ずること．

4.18 通信システム別の電波伝搬の特徴

① 陸上移動通信

陸上移動通信は，基地局から陸上移動局への伝搬路が見通しとなることはほとんどなく，反射や回折などによって生じた多数の受信波を受信するので，移動しながら受信するとそのレベルは激しく変動する．

陸上にある基地局から送信された電波は，移動局周辺の建物などにより反射，回折され伝搬する．このとき伝搬路上では定在波が生じているので，定在波中を移動局が移動すると受信波にフェージングが発生する．この変動を瞬時値変動といい，受信信号の確率密度分布がレイリー分布となり，このとき発生するフェージングのことを**レイリーフェージング**と呼ぶ．レイリー分布は，確率変数が連続的な場合の連続型確率分布である．一般に，周波数が高いほど，また，移動速度が速いほど変動が速いフェージングとなる．

単一周波数で直接波と間接波による2波の干渉モデルでは，直接波と間接波の通路差長を l〔m〕，間接波の直接波に対する振幅比を γ，電波の波長を λ〔m〕，自由空間電界強度を E_0〔V/m〕とすると，干渉波の電界強度 E〔V/m〕は次式で表される．

$$E = E_0 \sqrt{1 + \gamma^2 + 2\gamma \cos \frac{2\pi l}{\lambda}} \ \text{〔V/m〕} \tag{4.48}$$

通路差長 l の変化により，電界強度 E は約 $\lambda/2$ の周期を持つ定在波を伝搬路上に生じる．

瞬時値変動の数十波長程度の区間での中央値を**短区間中央値**といって，基地局からほぼ等距離の区間内の短区間中央値は，**対数正規分布則**に従い変動し，その中央値を**長区間中央値**という．長区間中央値は，基地局から移動局までの距離を d〔m〕とすると，一般に $Xd^{-\alpha}$ で近似される．ここで，X および α は送信電力，周波数，基地局および移動局のアンテナ高，建物高などによって決まる定数である．

移動局にさまざまな方向から反射，回折して到来する多数の電波の到来時間に差があるため，帯域内の各周波数の振幅と位相の変動が一様ではなく，周波数によってフェージングの程度の異なる**周波数選択性**フェージングを生じる．狭帯域の通信では影響が少ないが，広帯域の高速デジタル伝送の場合には，伝送信号に波形ひずみを生じる．このとき，多数の到来波の遅延時間を横軸に，各到来波の受信レベルを縦軸にプロットしたものは**伝搬遅延プロファイル**と呼ばれ，多重波伝搬理論の基本特性の一つである．

> **Point**
>
> ### MIMO
>
> **MIMO**（Multiple Input Multiple Output）は，送信側と受信側にそれぞれ複数のアンテナを用いて，それぞれのアンテナ間を伝送路とすることで空間多重伝送するシステムである．高速デジタル伝送を行う携帯電話や無線 LAN に用いられている．
>
> 送信側と受信側の双方に複数のアンテナを用いることによって，空間多重伝送による伝送容量を増大することができ，空間ダイバーシティにより伝送品質を向上することができる．このとき，偏波面の異なるアンテナを用いることもある．空間多重された信号は，複数の受信アンテナで受信されるので，チャネル情報を用いて信号処理することによって，信号を分離することができる．
>
> 複数のアンテナを近くに配置するので，相互結合による影響を考慮しアンテナ間の間隔を一定距離以上に離さなければならない．受信側で信号の受信電力が最大になるように信号処理することによって，送信側および受信側で特定の方向に指向性パターン作るビームフォーミングを行うことができる．送信側でチャネル情報が既知の方式と未知の方式があるので，方式によって機能が異なる．

2 衛星通信

人工衛星と地球局間の衛星通信において，特に静止衛星を用いた通信では伝搬距離が約36,000〔km〕と長いので，パラボラアンテナなどの高利得で鋭い指向性のアンテナが用いられる．一般に伝搬路は見通しなので，安定した通信を行うことができる．

① **大気による影響**　大気による減衰は，晴天時の水滴を含まない大気の場合には，衛星の仰角が低いほど大きくなる．晴天時における衛星からの電波の到来方向は，大気の屈折率の影響を受けて，仰角が低くなるほど真の方向より高い方向へずれる．晴天時における電波の減衰は，主に酸素や水蒸気などの気体分子の吸収によるものである．雲による減衰量は雲の種類によって異なり，巻層雲のように氷塊の集団でできた雲ではほとんど減衰を生じない．

大気の屈折率は常時変動しているので，電波の到来方向もそれに応じて変動し，シンチレーションの原因となる．降雨減衰量は，比較的弱い雨の場合に限って，仰角の余割（cosec）にほぼ比例する．降雨による回線断を避けるために，雨量の少ない地域に地球局を建設したり，**サイトダイバーシティ**方式を採用する．

② **電離層による影響**　電離圏による減衰は，VHF 帯の 100〔MHz〕以上の周波数帯ではほとんど無視できる．電波が電離層を通過する際，電波の振幅，位相などに短い周期の不規則な変動を生ずることがあり，これを**電離層シンチレーション**という．電離層の乱れにより発生し，受信点の緯度，時刻，季節，太陽活動などに依存する．また，**ファラデー回転**により偏波面が回転するため，直線偏波を用いる衛星通信に影響を与えるが，10〔GHz〕以上ではほとんど影響がない．

低仰角の場合は，大気圏の電波通路が長くなるので，大気による減衰が大きくなり，シンチレーションの変動幅も大きくなる．

サイトダイバーシティ：2 か所の地球局を用意し，どちらか降雨の影響の少ない方を採用する．

ファラデー回転：磁界が加わっているフェライトや電離気体中を電波が通過すると，偏波面が回転する現象である．

Point

移動体衛星通信

　陸上移動体衛星通信では，トンネルなどの遮へい，樹木による減衰，建造物などの反射などによるフェージングの影響がある．

　海事衛星通信では，船舶に搭載する小型アンテナが海面反射波をメインビームで受信することがあるため，フェージングの影響が大きい．

　航空衛星通信では，航空機の飛行高度が高くなると海面反射波の影響が小さくなるので，フェージングの影響が小さくなる．

③ レーダ

　パルスレーダは物標に電波を放射して，その物標から反射する電波を測定することによって物標までの距離と方位を測定する装置である．

① **レーダ方程式**　レーダの送信尖頭電力を P_T〔W〕，送受信共用アンテナの利得を G，物標との距離を d〔m〕とすると，物標の位置における電力束密度 W_R〔W/m²〕は，次式で表される．

$$W_R = \frac{P_T G}{4\pi d^2} \ \text{〔W/m²〕} \tag{4.49}$$

物標の**有効反射断面積**を σ〔m²〕とすると，物標から再放射される電力 P_S〔W〕は，次式で表される．

$$P_S = W_R \sigma \ \text{〔W〕} \tag{4.50}$$

受信アンテナの実効面積を A_e〔m²〕とすると，受信電力 P_R〔W〕は，次式で表される．

$$P_R = \frac{P_S A_e}{4\pi d^2} = \frac{P_T G^2 \lambda^2 \sigma}{(4\pi)^3 d^4} \ \text{〔W〕} \tag{4.51}$$

ただし，$A_e = \dfrac{G\lambda^2}{4\pi}$〔$\text{m}^2$〕

式 (4.51) を**レーダ方程式**という．ここで，最小受信電力を $P_{\min}$ とすると，**最大探知距離** $d_{\max}$〔m〕は次式で表される．

$$d_{\max} = \sqrt[4]{\frac{P_T G^2 \lambda^2 \sigma}{(4\pi)^3 P_{\min}}} \ \text{〔m〕} \tag{4.52}$$

② **散乱断面積**　均質な媒質中に置かれた媒質定数の異なる物体に平面波が入射すると，その物体には導電電流または変位電流が誘起され，これが 2 次的な波源となって電磁波が再放射される．散乱方向が入射波の方向と一致するときの有効反射断面積を**レーダ断面積**または**散乱断面積**といい，レーダ電波の伝搬では**有効反射断面積**として表される．

自由空間中の物体へ入射する平面波の電力束密度を W〔W/m^2〕，物体から入射波方向への実効放射電力を P_S〔W〕とすれば，物体の入射方向の散乱断面積 σ〔m^2〕は次式で表される．

$$\sigma = \frac{P_S}{W} \ \text{〔m}^2\text{〕} \tag{4.53}$$

4.19　雑音

1 発生機構による雑音の分類

　一般に通信の限界あるいは通信の品質は，受信電界強度よりも信号対雑音比によって支配される．受信機に外部から到来する外来雑音を発生機構によって分類すると，次のようになる．

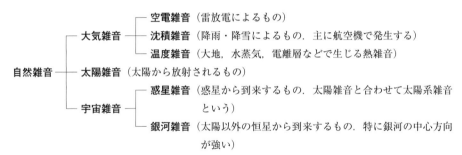

大気雑音 ─┬─ 空電雑音（雷放電によるもの）
　　　　　├─ 沈積雑音（降雨・降雪によるもの．主に航空機で発生する）
　　　　　└─ 温度雑音（大地，水蒸気，電離層などで生じる熱雑音）

自然雑音 ─┬─ 大気雑音
　　　　　├─ 太陽雑音（太陽から放射されるもの）
　　　　　└─ 宇宙雑音 ─┬─ 惑星雑音（惑星から到来するもの．太陽雑音と合わせて太陽系雑音という）
　　　　　　　　　　　　└─ 銀河雑音（太陽以外の恒星から到来するもの．特に銀河の中心方向が強い）

```
          ┌─ 火花放電（主に自動車などの点火プラグなどのイグニッション系から発生するもの）
          ├─ しゅう動接触（電車のパンタグラフ，電動機のブラシなどから発生するもの）
人工雑音 ──┼─ コロナ放電（送電線，オゾン発生器などから発生するもの）
          ├─ グロー放電（蛍光灯，ネオンサインなどから発生するもの）
          └─ 持続振動（高周波利用設備などから発生するもの）
```

② 波形による雑音の分類

雑音を AM 受信機で受信した場合，出力波形により次のように分類できる.

```
            ┌─ 連続性雑音（温度雑音などで，雑音波の中に振幅の極端に大きなものがないもの）
不規則性雑音 ┤
            └─ 衝撃性雑音（空電雑音などで，継続時間の短い雑音衝撃が長い間隔で不規則に発
                          生するもの）
```

周期性雑音（周期性を持った雑音. ほとんどの人工雑音が電源周波数に対して周期性を持っている）

③ 空電

HF 帯以下の自然雑音の主な原因となる空電は，一般に，雷雨に伴う雷放電から発生した幅の狭いパルス状の電波で，受信機には雑音となって受信され，妨害を与える. また，雑音の種類によって，次のように分類される.

① **クリック**　「ガリガリ」という鋭い音となる衝撃性雑音で，近距離に発生した雷に起因する. 雑音が連続的ではないので，妨害の程度は少ない.

② **グラインダ**　「ガラガラ」という連続音となる連続性雑音で，妨害が最も大きい. 遠距離で発生したものが，電離層伝搬によりエコーのように連続して受信されるものといわれている.

> 空電による電波の周波数帯域は比較的低く，MF，LF 帯では大きな影響が生じる. 空電の発生は，地理的には赤道付近の熱帯地方に著しく，高緯度より低緯度，海上より陸上が多い. また，季節的には冬より夏，一日の中では午前中より午後にかけて多くなる.
>
> 地域的な空電雑音のレベルは，熱帯地域では，受信点の近くで雷が多く発生するので終日高い. 中緯度域では電離層伝搬の遠雷による空電雑音が主体となるので，日中は D 層による吸収を受けて低く，夜間は D 層の消滅に伴い高くなる.

太陽雑音

　宇宙の背景雑音温度は 2.7 〔K〕程度であるが，太陽の雑音温度は，$10^4 \sim 10^6$ 〔K〕にも達するので，地球局が人工衛星からの電波を受信する際に太陽の方向にアンテナのビームを向けると，受信機の信号対雑音比（S/N）が低下することがある．静止衛星との通信においては，春分および秋分の頃に，地球局の静止衛星向けのアンテナビーム内を太陽が通過すると，太陽雑音の影響で受信機の受信雑音温度が上昇し，信号対雑音比が低下することがある．

　太陽が静穏なときは，太陽の周りを囲んでいるコロナ領域などのプラズマから，黒体放射による熱雑音により雑音が発生する．太陽活動が激しいときは，太陽の局所的爆発（太陽フレア）などによって突発的に異常放射が発生するが，これを電波バーストという．また，太陽フレアが発生するとデリンジャー現象や電離層嵐による電離層の異常現象が発生し，短波通信に影響をおよぼすことがある．

4 熱雑音

〔1〕 熱雑音電力

　抵抗体内の電子の不規則な熱振動によって発生する雑音のことを**熱雑音**といい，等価的な抵抗値によっても発生する．ボルツマン定数を k（$= 1.38 \times 10^{-23}$ 〔J/K〕），絶対温度を T 〔K〕，帯域幅を B 〔Hz〕とすると，R 〔Ω〕の抵抗体から発生する熱雑音電圧の実効値 E_N 〔V〕は，次式で表される．

$$E_N = \sqrt{4kTBR} \text{ 〔V〕} \tag{4.54}$$

　このとき抵抗体から供給される最大雑音電力を**有能雑音電力** N 〔W〕と呼び，次式で表される．

$$N = kTB \text{ 〔W〕} \tag{4.55}$$

〔2〕 雑音指数

　増幅器や伝送路の内部雑音によって，信号が劣化する割合を表したものを**雑音指数**という．入力信号電力を S_I 〔W〕，入力雑音電力を N_I 〔W〕，出力信号電力を S_O 〔W〕，出力雑音電力を N_O 〔W〕とすると，雑音指数 F は次式で表される．

$$F = \frac{S_I/N_I}{S_O/N_O} \tag{4.56}$$

　増幅器の利得を $G = S_O/S_I$，熱雑音による入力雑音電力を式（4.55）より $N_I = kTB$ とすると，雑音指数 F は式（4.56）より次式で表される．

$$F = \frac{S_I N_O}{S_O N_I} = \frac{N_O}{GkTB} \tag{4.57}$$

基本問題練習

問1

次の記述は，電波の伝わり方について述べたものである．□内に入れるべき字句の正しい組合せを下の番号から選べ．

(1) 地表波は，大地面に沿って伝搬する波で，同一状態の大地に対しては周波数が A ほど良好に伝搬する．

(2) 対流圏散乱波は，対流圏内の B によって生ずる波で，見通し外遠距離通信に利用することができる．

(3) ラジオダクト波は，対流圏内の気温逆転現象などによって屈折率が C に変化することによって生ずる波で，あたかも導波管内を伝わる波のように見通し外の遠距離まで伝わる．

	A	B	C
1	低い	屈折率のゆらぎ	水平方向
2	低い	屈折率のゆらぎ	高さ方向
3	低い	酸素量の変動	水平方向
4	高い	屈折率のゆらぎ	水平方向
5	高い	酸素量の変動	高さ方向

▶▶▶▶▶ p.149

問2

周波数 7.5〔GHz〕，送信電力 10〔W〕，送信アンテナの絶対利得 30〔dB〕，送受信点間距離 20〔km〕，および受信入力レベル 35〔dBm〕の固定マイクロ波の見通し回線がある．このときの自由空間基本伝送損 L〔dB〕および受信アンテナの絶対利得 G_R〔dB〕の最も近い値の組合せを下の番号から選べ．ただし，伝搬路は自由空間とし，給電回路の損失および整合損失は無視できるものとする．また，1〔mW〕を 0〔dBm〕，$\log_{10} 2 = 0.3$，$\log_{10} \pi = 0.5$ とする．

	L	G_R		L	G_R
1	136	20	2	136	31
3	136	38	4	140	20
5	140	31			

▶▶▶▶▶ p.151

解答

問1 -2

解説 周波数 $f = 7.5$〔GHz〕$= 7.5 \times 10^9$〔Hz〕の電波の波長 λ〔m〕は，次式で表される.

$$\lambda \fallingdotseq \frac{3 \times 10^8}{f} = \frac{3 \times 10^8}{7.5 \times 10^9} = \frac{30}{7.5} \times 10^{-2} = 4 \times 10^{-2}〔\text{m}〕$$

距離を d〔m〕とすると，自由空間基本伝送損 L〔dB〕は，次式で表される.

$$L = 10 \log_{10} \left(\frac{4\pi d}{\lambda} \right)^2 = 2 \times 10 \log_{10} \left(\frac{4 \times \pi \times 20 \times 10^3}{4 \times 10^{-2}} \right)$$

$$= 20 \log_{10}(\pi \times 2 \times 10 \times 10^5)$$

$$= 20 \log_{10} \pi + 20 \log_{10} 2 + 20 \log_{10} 10^6$$

$$= 20 \times 0.5 + 20 \times 0.3 + 120 = 136〔\text{dB}〕$$

送信電力を〔dBm〕で表すと，P_T〔dBm〕は，次式で表される.

$$10 \log_{10} P_T = 10 \log_{10}(10 \times 10^3)$$
$$= 10 \log_{10} 10^4 = 40〔\text{dBm}〕$$

送信，受信アンテナの絶対利得を，それぞれ G_T，G_R〔dB〕，受信入力レベルを P_R〔dBm〕とすると，次式が成り立つ.

$$P_R = P_T + G_T + G_R - L$$

G_R を求めると次式で表される.

$$G_R = P_R - P_T - G_T + L = -35 - 40 - 30 + 136 = 31〔\text{dB}〕$$

右余白に縦書き：第4章 電波伝搬

問3 1陸技 2陸技類題

　地上高 50〔m〕の送信アンテナから電波を放射したとき，最大放射方向の 15〔km〕離れた，地上高 10〔m〕の受信点における電界強度の値として，最も近いものを下の番号から選べ．ただし，送信アンテナに供給する電力を 100〔W〕，周波数を 150〔MHz〕，送信アンテナの半波長ダイポールアンテナに対する相対利得を 6〔dB〕とし，大地は完全導体平面でその反射係数を -1 とする．また，アンテナの損失はないものとする.

1　0.2〔mV/m〕　　　2　0.5〔mV/m〕　　　3　1.1〔mV/m〕　　　4　1.5〔mV/m〕
5　2.0〔mV/m〕

▶▶▶▶▶ p.151

● **解答** ●

問2-2

解説　送信，受信アンテナの高さを h_1, h_2〔m〕，送受信点間の距離を d〔m〕，自由空間電界強度を E_0〔V/m〕とすると，受信点の電界強度 E〔V/m〕は次式で表される．

$$E = 2E_0 \left| \sin \frac{2\pi h_1 h_2}{\lambda d} \right| \tag{1}$$

送信電力を P〔W〕，相対利得が $G = 4$（6〔dB〕の真数）の送信アンテナから距離 d〔m〕離れた点の自由空間電界強度 E_0〔V/m〕は，次式で表される．

$$E_0 = \frac{7\sqrt{GP}}{d} = \frac{7 \times \sqrt{4 \times 100}}{15 \times 10^3} = \frac{140}{15} \times 10^{-3}$$
$$\fallingdotseq 9.3 \times 10^{-3} \text{〔V/m〕} \tag{2}$$

周波数 $f = 150$〔MHz〕の電波の波長は $\lambda = 2$〔m〕となるので，式（1）において $\sin$ の値を求めると，次式で表される．

$$\sin \frac{2\pi h_1 h_2}{\lambda d} = \sin \frac{2 \times 3.14 \times 50 \times 10}{2 \times 15 \times 10^3} \fallingdotseq \sin(10.5 \times 10^{-2}) \tag{3}$$

$\theta < 0.5$〔rad〕のとき $\sin\theta \fallingdotseq \theta$ なので，式（1），（2），（3）より受信点の電界強度 E は次式で表される．

$$E = 2E_0 \frac{2\pi h_1 h_2}{\lambda d} = 2 \times 9.3 \times 10^{-3} \times 10.5 \times 10^{-2}$$
$$\fallingdotseq 195 \times 10^{-5} \text{〔V/m〕} \fallingdotseq 2 \text{〔mV/m〕}$$

問4　　　　　　　　　　　　　　　　　　　　　　　　　　　　　　　**2陸技**

超短波（VHF）帯の電波伝搬において，送信アンテナの高さ，送信周波数，送信電力および通信距離の条件を一定にして，受信アンテナの高さを変化させて，受信電界強度（受信点の電界強度）を測定すると，図に示すハイトパターンが得られる．この現象に関する記述として，誤っているものを下の番号から選べ．ただし，大地は完全導体平面で，反射係数を -1 とする．

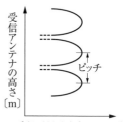

1　見通し距離内の電波伝搬における受信電界強度は，直接波と大地反射波の合成によって生ずる．

2　大地反射波の位相は，直接波の位相より，通路差による位相差と反射の際に生ずる位相差との和の分だけ遅れる．

3　大地反射波と直接波の電界強度の大きさを同じとすれば，両者の位相が同位相のときは受信電界強度が極大になり，逆位相のときは零となる．

● 解答 ●

問3-5

4　受信電界強度の極大値は，受信点の自由空間電界強度のほぼ2倍となる.

5　受信電界強度が周期的に変化するピッチは，周波数が高くなるほど，広くなる.

▶▶▶▶▶ p.151, 162

解説　誤っている選択肢は，正しくは次のようになる.

　　5　受信電界強度が周期的に変化するピッチは，周波数が高くなるほど，**狭くなる**.

問5　　　　　　　　　　　　　　　　　　　　　　　　　　　　　　1陸技

　図に示すように，周波数 100〔MHz〕，送信アンテナの絶対利得 10〔dB〕，水平偏波で放射電力 10〔kW〕，送信アンテナの高さ 100〔m〕，受信アンテナの高さ 5〔m〕，送受信点間の距離 60〔km〕で，送信点から 40〔km〕離れた地点に高さ 150〔m〕のナイフエッジがあるときの受信点における電界強度の値として，最も近いものを下の番号から選べ. ただし，回折係数は 0.1 とし，アンテナの損失はないものとする. また，波長を λ〔m〕とすれば，AC 間と CB 間の通路利得係数 A_1 および A_2 は次式で表されるものとする.

$$A_1 = 2\sin\frac{2\pi h_1 h_0}{\lambda d_1} \qquad A_2 = 2\sin\frac{2\pi h_2 h_0}{\lambda d_2}$$

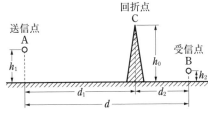

d：A と B 間の地表距離〔m〕
d_1：A と C 間の地表距離〔m〕
d_2：C と B 間の地表距離〔m〕
h_0：ナイフエッジの高さ〔m〕
h_1, h_2：送受信アンテナの高さ〔m〕

1　641〔μV/m〕

2　712〔μV/m〕

3　816〔μV/m〕

4　896〔μV/m〕

5　998〔μV/m〕

▶▶▶▶▶ p.154

第4章　電波伝搬

解答

問4-5

第4章　基本問題練習

解説 絶対利得を $G = 10$（10〔dB〕の真数），送信電力を P〔W〕，送受信点間の距離を d〔m〕とすると，自由空間の電界強度 E_0〔V/m〕は，次式で表される．

$$E_0 = \frac{\sqrt{30GP}}{d} = \frac{\sqrt{30 \times 10 \times 10 \times 10^3}}{60 \times 10^3} = \frac{\sqrt{3}}{6} \times 10^{-1} \text{〔V/m〕} \tag{1}$$

周波数 $f = 100$〔MHz〕の電波の波長は $\lambda = 3$〔m〕，$d_2 = 60 - 40 = 20$〔km〕となるので，題意の式より通路利得係数を求めると，次式で表される．

$$A_1 = 2\sin\frac{2\pi h_1 h_0}{\lambda d_1} = 2\sin\frac{2 \times \pi \times 100 \times 150}{3 \times 40 \times 10^3} = 2\sin\frac{\pi}{4}$$
$$= 2 \times \frac{1}{\sqrt{2}} = \frac{2}{\sqrt{2}} \tag{2}$$

$$A_2 = 2\sin\frac{2\pi h_2 h_0}{\lambda d_2} = 2\sin\frac{2 \times \pi \times 5 \times 150}{3 \times 20 \times 10^3} = 2\sin(2.5\pi \times 10^{-2}) \tag{3}$$

式（3）は $\theta < 0.5$〔rad〕のとき $\sin\theta \fallingdotseq \theta$ となるので，回折係数を S とすると，式（1），（2），（3）より受信点の電界強度 E〔V/m〕は次式で表される．

$$E = E_0 S A_1 A_2 = \frac{\sqrt{3}}{6} \times 10^{-1} \times 0.1 \times \frac{2}{\sqrt{2}} \times 2 \times 2.5\pi \times 10^{-2}$$
$$\fallingdotseq \frac{1.73 \times 3.14}{6 \times 1.41} \times 10^{-3} \fallingdotseq 0.642 \times 10^{-3} \fallingdotseq 641 \times 10^{-6} = 641 \text{〔}\mu\text{V/m〕}$$

問6 　　　　　　　　　　　　　　　　　　　　　　　　　　　1陸技

次の記述は，図に示す第1フレネルゾーンについて述べたものである．　　内に入れるべき字句の正しい組合せを下の番号から選べ．

(1) 送信点 T から受信点 R 方向に測った距離 d〔m〕の地点における第1フレネルゾーンの回転だ円体の断面の半径 r〔m〕は，送受信点間の距離を D〔m〕，波長を λ〔m〕とすれば，次式で与えられる．

$$r = \boxed{\text{A}} \text{〔m〕}$$

(2) 周波数が 7.5〔GHz〕，D が 15〔km〕であるとき，d が 6〔km〕の地点での r は，約 $\boxed{\text{B}}$〔m〕である．

●解答●

問5 -1

	A	B
1	$\sqrt{\lambda d \left(\dfrac{D}{d} - 1 \right)}$	30
2	$\sqrt{\lambda d \left(\dfrac{D}{d} - 1 \right)}$	25
3	$\sqrt{\lambda d \left(1 - \dfrac{d}{D} \right)}$	30
4	$\sqrt{\lambda d \left(1 - \dfrac{d}{D} \right)}$	20
5	$\sqrt{\lambda d \left(1 - \dfrac{d}{D} \right)}$	12

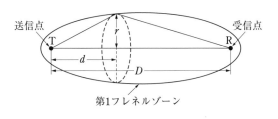

送信点　　　　　　　　　　　　　　　　受信点

第1フレネルゾーン

▶▶▶▶▶ p.156

解説　周波数 $f = 7.5 \,[\text{GHz}] = 7.5 \times 10^9 \,[\text{Hz}]$ の電波の波長 $\lambda \,[\text{m}]$ は，次式で表される．

$$\lambda \fallingdotseq \frac{3 \times 10^8}{f} = \frac{3 \times 10^8}{7.5 \times 10^9} = \frac{30}{7.5} \times 10^{-2} = 4 \times 10^{-2} \,[\text{m}]$$

第 1 フレネルゾーンの半径 $r \,[\text{m}]$ は，選択肢の式と題意の値より次式で表される．

$$\begin{aligned}
r &= \sqrt{\lambda d \left(1 - \frac{d}{D} \right)} \\
&= \sqrt{4 \times 10^{-2} \times 6 \times 10^3 \times \left(1 - \frac{6 \times 10^3}{15 \times 10^3} \right)} \\
&= \sqrt{4 \times 6 \times 10 \times (1 - 0.4)} = \sqrt{2^2 \times 6^2} = 2 \times 6 = 12 \,[\text{m}]
\end{aligned}$$

第4章　電波伝搬

問7　　　　　　　　　　　　　　　　　　　　　　　　　　2陸技

　次の記述は，対流圏伝搬における等価地球半径係数について述べたものである．　□　内に入れるべき字句の正しい組合せを下の番号から選べ．ただし，大気は標準大気とする．なお，同じ記号の　□　内には，同じ字句が入るものとする．

(1)　大気の屈折率は，高さとともにほぼ直線的に　A　なるので，地表面にほぼ平行に発射された電波の通路は上方に　B　にわん曲する．

(2)　大気の屈折率の高さに対する傾きに応じ，地球の半径を等価的に　C　すると，電波の通路を直線として表すことができる．

(3)　地球の半径を $a \,[\text{m}]$，等価的に　C　した地球の半径を $r \,[\text{m}]$ とすれば，r と a の比 (r/a) を等価地球半径係数といい，標準大気では約　D　である．

● **解答** ●

問6 -5

	A	B	C	D
1	小さく	凸	大きく	4/3
2	小さく	凹	大きく	5/2
3	小さく	凸	小さく	3/4
4	大きく	凹	大きく	4/3
5	大きく	凸	小さく	3/4

▶▶▶▶▶ p.157

問8　　　　　　　　　　　　　　　　　　　　　　　1陸技 2陸技類題

次の記述は，マイクロ波（SHF）帯の電波の対流圏伝搬について述べたものである．____内に入れるべき字句を下の番号から選べ．なお，同じ記号の____内には，同じ字句が入るものとする．

(1) 標準大気において，大気の屈折率 n は地表からの高さとともに減少するから，標準大気中の電波通路は，送受信点間を結ぶ直線に対して ア わん曲する．

(2) 実際の大地は球面であるが，これを平面大地上の伝搬として等価的に取り扱うために，$m = n+(h/R)$ で与えられる修正屈折率 m が定義されている．ここで，h〔m〕は地表からの高さ，R〔m〕は地球の イ である．m は 1 に極めて近い値で不便なので，修正屈折示数 M を用いる．M は，$M = $ ウ $\times 10^6$ で与えられ，標準大気では地表からの高さとともに増加する．

(3) 標準大気の M 曲線は，図 1 に示すように勾配が一定の直線となる．この M 曲線の形を エ という．

(4) 大気中に温度などの オ 層が生ずるとラジオダクトが発生し，電波がラジオダクトの中に閉じ込められて見通し距離より遠方まで伝搬することがある．このときの M 曲線は図 2 に示すように，高さのある範囲で エ とは逆の勾配を持つ部分を生ずる．

1	半径	2	逆転	3	下方に凸に	4	$(m-1)$	5	接地形
6	上方に凸に	7	$(m+1)$	8	標準形	9	等価半径	10	均一

● 解答 ●

問7 -1

第4章　電波伝搬

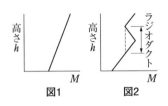

図1　　図2

▶▶▶▶▶ p.157

問9　

　球面大地における伝搬において，見通し距離が 30〔km〕であるとき，送信アンテナの高さの値として，最も近いものを下の番号から選べ．ただし，地球の表面は滑らかで，地球の半径を 6,370〔km〕とし，地球の等価半径係数を 4/3 とする．また，$\cos x = 1 - x^2/2$ とする．

1　53〔m〕　　　2　60〔m〕　　　3　73〔m〕　　　4　80〔m〕　　　5　93〔m〕

▶▶▶▶▶ p.161

解説　等価半径係数を k とすると，**図4・23**のように地球の半径 R〔m〕が k 倍になったものとみなすことができる．θ〔rad〕は弧の長さと半径の比だから，

$$\theta = \frac{d}{kR} \qquad (1)$$

題意の式を使って，

$$\cos\theta \fallingdotseq 1 - \frac{\theta^2}{2} = 1 - \frac{1}{2}\times\left(\frac{d}{kR}\right)^2 \quad (2)$$

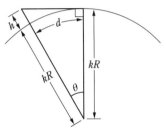

図4・23　解説図

また，アンテナの高さを h〔m〕とすると，**図4・23**から次式となる．

$$\cos\theta = \frac{kR}{kR+h} = \frac{kR\times(kR-h)}{(kR+h)\times(kR-h)} = \frac{(kR)^2-kRh}{(kR)^2-h^2}$$
$$\fallingdotseq \frac{(kR)^2-kRh}{(kR)^2} = 1 - \frac{h}{kR} \qquad (3)$$

ただし，$(kR)^2 \gg h^2$ である．

式(2)＝式(3)より，h を求めると次式となる．

● 解答 ●

問8 ア-6　イ-1　ウ-4　エ-8　オ-2

$$\frac{1}{2} \times \left(\frac{d}{kR}\right)^2 = \frac{h}{kR}$$

$$h = \frac{d^2}{2kR} = \frac{3 \times (30 \times 10^3)^2}{2 \times 4 \times 6,370 \times 10^3} \fallingdotseq \frac{27 \times 10^8}{5.1 \times 10^7} \fallingdotseq 53 \,\text{[m]}$$

別解　等価半径係数が $k = 4/3$ の標準大気では，アンテナの高さを h〔m〕とすると，見通し距離 d〔km〕は，次式で表される．

$$d \,\text{[km]} \fallingdotseq 4.12\sqrt{h}$$

よって，h を求めると次式となる．

$$h \fallingdotseq \left(\frac{d}{4.12}\right)^2 = \left(\frac{30}{4.12}\right)^2 \fallingdotseq 7.3^2 \fallingdotseq 53 \,\text{[m]}$$

問10　　　2陸技

次の記述は，超短波（VHF）帯および極超短波（UHF）帯の電波の見通し外伝搬について述べたものである．　内に入れるべき字句を下の番号から選べ．なお，同じ記号の　内には，同じ字句が入るものとする．

(1)　電波は，障害物があると ア によりその裏側にも回り込んで伝搬する．そのために球面大地上の見通し外伝搬において，伝搬路の途中に イ がある場合，それがない場合に比べて ア により受信電界強度が上がることがある．

(2)　大気は乱流により絶えず変動しているため，ウ が周囲とは違った領域が生じている．この領域で電波が散乱され，見通し外にも伝搬する．この現象を利用する対流圏散乱通信において受信される電波は，多くの散乱体によって散乱されて到来した振幅および エ が異なる多くの波の合成波であるので，オ フェージングを生ずる．

| 1 | 回折 | 2 | 山岳 | 3 | 屈折率 | 4 | 位相 | 5 | ダクト形 |
| 6 | 反射 | 7 | 河川 | 8 | 導電率 | 9 | 周期 | 10 | レイリー |

▶▶▶▶▶ p.162

問11　　　1陸技　2陸技類題

次の記述は，SHF 帯および EHF 帯の電波の伝搬について述べたものである．　内に入れるべき字句を下の番号から選べ．

(1)　晴天時の大気ガスによる電波の共鳴吸収は，主に酸素および水蒸気分子によるものであり，100〔GHz〕以下では，ア 付近に酸素分子の共鳴周波数があり，22〔GHz〕

● 解答 ●

問9 -1　**問10** ア-1　イ-2　ウ-3　エ-4　オ-10

付近に水蒸気分子の共鳴周波数がある.

(2) 霧や細かい雨などのように波長に比べて十分小さい直径の水滴による減衰は，主に吸収によるものであり，周波数が イ なると増加し，単位体積の空気中に含まれる水分の量に比例する.

(3) 降雨による減衰は，雨滴による吸収と ウ で生じ，概ね 10〔GHz〕以上で顕著になり，ほぼ 200〔GHz〕までは周波数が高いほど，降雨強度が大きいほど，減衰量が大きくなる.

(4) 降雨による交差偏波識別度の劣化は，形状が エ 雨滴に進入する電波の減衰および位相回転の大きさが偏波の方向によって異なることが原因で生ずる.

(5) 二つの通信回線のアンテナビームが交差している領域に オ があると，それによる散乱のために通信回線に干渉を起こすことがある.

| 1 | 60〔GHz〕 | 2 | 低く | 3 | 回折 | 4 | 扁平な | 5 | 雨滴 |
| 6 | 40〔GHz〕 | 7 | 高く | 8 | 散乱 | 9 | 球状の | 10 | 霧の粒子 |

▶▶▶▶ p.163

▶▶▶▶ p.163

問12 　　　　　　　　　　　　　　　　　　　　　　　1陸技 2陸技類題

次の記述は，等価地球半径係数 k に起因する k 形フェージングについて述べたものである. このうち誤っているものを下の番号から選べ.

1 k 形フェージングは，k が時間的に変化し，伝搬波に対する大地（海面）の影響が変化することによって生ずる.

2 回折 k 形フェージングは，電波通路と大地（海面）のクリアランスが不十分で，かつ，k が小さくなったとき，大地（海面）の回折損を受けて生ずる.

3 回折 k 形フェージングの周期は，干渉 k 形フェージングの周期に比べて短い.

4 干渉 k 形フェージングは，k の変動により直接波と大地（海面）反射波の干渉状態が変化することによって生ずる.

5 干渉 k 形フェージングによる電界強度の変化は，反射点が大地であるときの方が海面であるときより小さい.

▶▶▶▶ p.164

解説 誤っている選択肢は，正しくは次のようになる.

3 回折 k 形フェージングの周期は，干渉 k 形フェージングの周期に比べて**長い**.

● 解答 ●

問11 ア-1 イ-7 ウ-8 エ-4 オ-5 　**問12**-3

問13 1陸技

電離層の最大電子密度が 1.44×10^{12}〔個/m³〕のとき，臨界周波数の値として，最も近いものを下の番号から選べ．ただし，電離層の電子密度が N〔個/m³〕のとき，周波数 f〔Hz〕の電波に対する屈折率 n は次式で表されるものとする．

$$n = \sqrt{1 - \frac{81N}{f^2}}$$

1　4.3〔MHz〕　　　2　6.3〔MHz〕　　　3　8.4〔MHz〕　　　4　9.9〔MHz〕

5　10.8〔MHz〕

▶▶▶▶▶ p.167

解説　臨界周波数は電離層に垂直に入射した電波が反射する最高周波数であり，題意の式において屈折率 $n = 0$ のときに電波が反射するので，次式が成り立つ．

$$0 = \sqrt{1 - \frac{81N}{f^2}} \quad \text{よって，} \quad \frac{81N}{f^2} = 1$$

周波数 f〔Hz〕を求めると，次式で表される．

$$f = \sqrt{81N} = \sqrt{81 \times 1.44 \times 10^{12}} = \sqrt{9^2 \times 1.2^2 \times 10^{6 \times 2}}$$
$$= 9 \times 1.2 \times 10^6 \text{〔Hz〕} = 10.8 \text{〔MHz〕}$$

問14 1陸技

次の記述は，電離層における電波の反射機構について述べたものである．　　内に入れるべき字句の正しい組合せを下の番号から選べ．

（1）　電離層の電子密度 N の分布は，高さとともに徐々に増加し，ある高さで最大となり，それ以上の高さでは徐々に減少している．N が零のとき，電波の屈折率 n はほぼ1であり，N が最大のとき，n は $\boxed{A}$ となる．

（2）　N が高さとともに徐々に増加している電離層内の N が異なる隣接した二つの水平な層を考え，地上からの電波が層の境界へ入射するとき，下の層の屈折率を n_i，上の層の屈折率を n_r，入射角を i，屈折角を r とすれば，n_r は，$n_r = n_i \times \boxed{B}$ で表される．

（3）　このときの r は i より $\boxed{C}$ ので，N が十分大きいとき，電離層に入射した電波は，高さとともに徐々に下に向かって曲げられ，やがて地上に戻ってくることになる．

解答

問13 -5

	A	B	C
1	最大	$\sin r/\sin i$	大きい
2	最大	$\sin i/\sin r$	小さい
3	最大	$\sin i/\sin r$	大きい
4	最小	$\sin r/\sin i$	小さい
5	最小	$\sin i/\sin r$	大きい

▶▶▶▶▶ p.167

解説 下層の入射角 i と屈折率 n_i，上層の屈折角 r と屈折率 n_r の関係は，スネルの法則より次式で表される．

$$\frac{n_r}{n_i} = \frac{\sin i}{\sin r} \quad よって， \quad n_r = n_i \frac{\sin i}{\sin r}$$

電離層内ではある高さまで n_r が小さくなるので，屈折角 r は大きくなるから，電波は高さとともに下に向かって曲げられる．

問 15 2陸技

次の記述は，電離層内を伝搬する電波について述べたものである．［　］内に入れるべき字句の正しい組合せを下の番号から選べ．なお，同じ記号の［　］内には，同じ字句が入るものとする．

(1) 電波の電離層内における反射に主として影響を及ぼすのは，電波の［A］，電離層への入射角および電離層の電子密度である．［A］を変えないで，電離層への入射角を変えていくと，電波の反射する高さが変化する．入射角を［B］し過ぎると，電波は電離層を突き抜けてしまう．

(2) 電離層内では，電磁エネルギーが電子に移り，電子が分子，原子に衝突してこのエネルギーが熱に変わることによって電波が減衰する．電波が電離層を通過するときに生ずる減衰を［C］という．

	A	B	C
1	周波数	小さく	第 1 種減衰
2	周波数	小さく	第 2 種減衰
3	周波数	大きく	第 1 種減衰
4	電界強度	大きく	第 1 種減衰
5	電界強度	小さく	第 2 種減衰

▶▶▶▶▶ p.169

解答

問 14 -5　問 15 -1

問16 ▰▰▰▰▰▰▰▰▰▰▰▰▰▰▰▰▰▰▰ 1陸技 2陸技類題

次の記述は，中波(MF)帯および短波(HF)帯の電波の伝搬について述べたものである．このうち誤っているものを下の番号から選べ．

1 MF帯のE層反射波は，日中はほとんど使えないが，夜間はD層の消滅により数千キロメートル伝搬することがある．

2 MF帯の地表波の伝搬損は，垂直偏波の場合の方が水平偏波の場合より大きい．

3 MF帯の地表波は，伝搬路が陸上の場合よりも海上の場合の方が遠方まで伝搬する．

4 HF帯では，電離層の臨界周波数などの影響を受け，その伝搬特性は時間帯や周波数などによって大きく変化する．

5 HF帯では，MF帯に比べて，電離層嵐（磁気嵐）やデリンジャー現象などの異常現象の影響を受けやすい．

▰▰▰▰▰▰▰▰▰▰▰▰▰▰▰▰▰▰▰▰▰▰▰▰▰▰▰▰▰▰▰ ▶▶▶▶▶ p.173，177

解説 誤っている選択肢は，正しくは次のようになる．

2 MF帯の地表波の伝搬損は，垂直偏波の場合の方が水平偏波の場合より**小さい**．

問17 ▰▰▰▰▰▰▰▰▰▰▰▰▰▰▰▰▰▰▰ 2陸技

短波(HF)帯の電離層伝搬において，送受信点間の距離が800〔km〕，F_2層の反射点における臨界周波数が8〔MHz〕であるとき，最適使用周波数（FOT）の値として，最も近いものを下の番号から選べ．ただし，反射点の高さを300〔km〕とし，電離層は平面大地に平行であるものとする．

1 9.2〔MHz〕　　　2 11.3〔MHz〕　　　3 13.2〔MHz〕
4 14.3〔MHz〕　　　5 15.5〔MHz〕

▰▰▰▰▰▰▰▰▰▰▰▰▰▰▰▰▰▰▰▰▰▰▰▰▰▰▰▰▰▰▰ ▶▶▶▶▶ p.174

解説 臨界周波数をf_C〔MHz〕，MUFをf_M〔MHz〕，反射点の高さをh〔km〕，反射点までの伝搬通路をl〔km〕とすると，次式が成り立つ．

$$f_M = f_C \sec\theta = f_C \frac{1}{\cos\theta} = f_C \frac{l}{h} \tag{1}$$

図4·24より，送受信点間の距離をd〔km〕，反射点の高さをh〔km〕とすると，伝搬通路l〔km〕は次式で表される．

● 解答 ●

問16–2

$$l = \sqrt{h^2 + \left(\frac{d}{2}\right)^2} = \sqrt{300^2 + \left(\frac{800}{2}\right)^2}$$
$$= \sqrt{(3^2 + 4^2) \times 100^2} = \sqrt{5^2 \times 100^2} = 500 \, [\text{km}] \qquad (2)$$

式 (1), (2) より, f_M を求めると次式で表される.

$$f_M = f_C \frac{l}{h} = 8 \times \frac{500}{300} = 13.33 \, [\text{MHz}]$$

FOT の周波数 f_F [MHz] は, 次式で表される.

$$f_F = 0.85 \times f_M = 0.85 \times 13.33 = 11.3 \, [\text{MHz}]$$

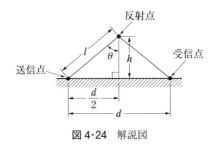

図 4・24　解説図

第 4 章　電波伝搬

問 18　　　　　　　　　　　　　　　　　　　　　　　　　　　　　　1陸技

　送受信点間の距離が 800 [km] の F 層 1 回反射伝搬において, 半波長ダイポールアンテナから放射電力 2.5 [kW] で送信したとき, 受信点での電界強度の大きさの値として, 最も近いものを下の番号から選べ. ただし, F 層の高さは 300 [km] であり, 第 1 種減衰はなく, 第 2 種減衰は 6 [dB] とし, 電離層および大地は水平な平面で, 半波長ダイポールアンテナは大地などの影響を受けないものとする. また, 電界強度は 1 [μV/m] を 0 [dBμV/m], $\log_{10} 35 = 1.54$ とする.

1　22 [dBμV/m]　　　　2　45 [dBμV/m]　　　　3　51 [dBμV/m]

4　65 [dBμV/m]　　　　5　74 [dBμV/m]

▶▶▶▶▶ p.174

解説　電波が F 層で反射して受信点に到達する伝搬通路 l [km] は**図 4・25** より,

$$l = l_1 + l_2 = 2 \times \sqrt{300^2 + 400^2} = 2 \times 500 = 1,000 \, [\text{km}]$$

● 解答 ●

問 17-2

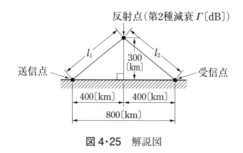

反射点（第2種減衰 Γ〔dB〕）

送信点　受信点

図 4·25　解説図

となるので，電離層の減衰を考慮しない場合は，受信点において，$1\,〔\mu V/m〕 = 10^{-6}$〔V/m〕を 0〔dB〕とした電界強度 E_0〔dBμV/m〕を求めると，放射電力を P〔W〕とすると，次式で表される．

$$E_0 = 20 \log_{10}\left(\frac{7\sqrt{P}}{d} \times 10^6\right) = 20 \log_{10}\left(\frac{7\sqrt{2,500}}{1,000 \times 10^3} \times 10^6\right)$$
$$= 20 \log_{10}(7 \times 50 \times 10^{6-6}) = 20 \log_{10} 35 + 20 \log_{10} 10$$
$$= 20 \times 1.54 + 20 \times 1 = 50.8 \,〔dB\mu V/m〕$$

反射点で受ける第 2 種減衰を Γ〔dB〕とすると，受信点の電界強度 E〔dBμV/m〕は，次式で表される．

$$E = E_0 - \Gamma = 50.8 - 6 \fallingdotseq 45 \,〔dB\mu V/m〕$$

問19　　　　　　　　　　　　　　　　　　　　　　2陸技

次の記述は，各周波数帯における電波の伝搬について述べたものである．　　内に入れるべき字句を下の番号から選べ．

(1)　長波（LF）帯では，南北方向の伝搬路で日の出および日没のときに受信電界強度が急に　ア　なる日出日没現象がある．

(2)　中波（MF）帯では，主に地表波による伝搬となるが，夜間は　イ　の消滅により減衰が小さくなるため，電離層反射波も伝搬する．

(3)　短波（HF）帯は，主に電離層反射波による伝搬であり，F 層は大陸間横断のような遠距離通信に利用され，F 層の高さは，地上約　ウ　である．

(4)　超短波（VHF）帯では，主に　エ　による伝搬であり，これに大地反射波が加わる．

解答

問18 -2

この周波数帯では，スポラジックE層（Es）反射により遠距離へ伝搬したり，対流圏散乱波により見通し外へ伝搬することがある．

(5) SHF帯およびEHF帯では， オ および酸素による共鳴吸収および降雨による減衰が大きくなる．

1	強く	2	D層	3	200から400〔km〕	4	直接波	5	X線
6	弱く	7	F層	8	10から20〔km〕	9	地表波	10	水蒸気

▶▶▶▶▶ p.163, 173

問20 　　　　　　　　　　　　　　　　　　　　　　2陸技

次の記述は，短波（HF）帯の電波伝搬におけるフェージングについて述べたものである．　内に入れるべき字句の正しい組合せを下の番号から選べ．

(1) 電離層の臨界周波数は時々刻々変化するので，跳躍距離に対応する電離層の反射点では電波が反射したり突き抜けたりする現象を繰り返し，跳躍距離付近では電界強度が激しく変動する．このようにして発生するフェージングを A フェージングという．

(2) 直線偏波で放射された電波は，電離層を通過すると B となり，電離層の変動によって偏波面が変動する．この電波を一つの直線状アンテナで受信すると誘起電圧が変動する．このようにして発生するフェージングを C フェージングという．

	A	B	C
1	干渉性	だ円偏波	k形
2	干渉性	垂直偏波	k形
3	干渉性	だ円偏波	偏波性
4	跳躍性	垂直偏波	k形
5	跳躍性	だ円偏波	偏波性

▶▶▶▶▶ p.175

問21 　　　　　　　　　　　　　　　　　1陸技 2陸技類題

次の記述は，陸上の移動体通信の電波伝搬特性について述べたものである．　内に入れるべき字句の正しい組合せを下の番号から選べ．

(1) 基地局から送信された電波は，陸上移動局周辺の建物などにより反射，回折され，定在波などを生じ，この定在波中を移動局が移動すると，受信波にフェージングが発生する．この変動を瞬時値変動といい，レイリー分布則に従う．一般に，周波数が高いほど，また移動速度が A ほど変動が速いフェージングとなる．

● 解答 ●

問19 ア-6 イ-2 ウ-3 エ-4 オ-10 　**問20** -5

第4章 電波伝搬

第4章 基本問題練習

(2)　瞬時値変動の数十波長程度の区間での中央値を短区間中央値といい，基地局からほぼ等距離の区間内の短区間中央値は，[B]に従い変動し，その中央値を長区間中央値という．長区間中央値は，移動局の基地局からの距離を d とおくと，一般に $Xd^{-\alpha}$ で近似される．ここで，X および α は，送信電力，周波数，基地局および移動局のアンテナ高，建物高等によって決まる．

(3)　一般に，移動局に到来する多数の電波の到来時間に差があるため，帯域内の各周波数の振幅と位相の変動が一様ではなく，[C]フェージングを生ずる．[D]伝送の場合には，その影響はほとんどないが，一般に，高速デジタル伝送の場合には，伝送信号に波形ひずみを生ずることになる．多数の到来波の遅延時間を横軸に，各到来波の受信レベルを縦軸にプロットしたものは伝搬遅延プロファイルと呼ばれ，多重波伝搬理論の基本特性の一つである．

	A	B	C	D
1	遅い	指数分布則	周波数選択性	広帯域
2	遅い	対数正規分布則	跳躍	狭帯域
3	遅い	指数分布則	跳躍	広帯域
4	速い	指数分布則	周波数選択性	広帯域
5	速い	対数正規分布則	周波数選択性	狭帯域

▶▶▶▶▶ p.178

問22　1陸技

次の記述は，無線 LAN や携帯電話などで用いられる MIMO（Multiple Input Multiple Output）について述べたものである．このうち誤っているものを下の番号から選べ．

1　MIMO では，送信側と受信側の双方に複数のアンテナを用いることによって，空間多重伝送による伝送容量の増大，ダイバーシティによる伝送品質の向上を図ることができる．

2　空間多重された信号は，複数の受信アンテナで受信後，チャネル情報を用い，信号処理により分離することができる．

3　MIMO には，送信側でチャネル情報が既知の方式と未知の方式がある．

4　MIMO では，垂直偏波は用いることができない．

5　複数のアンテナを近くに配置するときは，相互結合による影響を考慮する．

▶▶▶▶▶ p.179

● 解答 ●

問21-5

解説 誤っている選択肢は，正しくは次のようになる.

4　MIMOでは，垂直偏波を**用いることができる**.

問23 ▰▰▰▰▰▰▰▰▰▰▰▰▰ 1陸技

次の記述は，衛星—地上間通信における電離層の影響について述べたものである.　⬚　内に入れるべき字句の正しい組合せを下の番号から選べ.

(1) 電波が電離層を通過する際，その振幅，位相などに　A　の不規則な変動を生ずる場合があり，これを電離層シンチレーションといい，その発生は受信点の　B　と時刻などに依存する.

(2) 電波が電離層を通過する際，その偏波面が回転するファラデー回転（効果）により，　C　を用いる衛星通信に影響を与えることがある.

	A	B	C
1	長周期	経度	円偏波
2	長周期	経度	直線偏波
3	長周期	緯度	円偏波
4	短周期	緯度	直線偏波
5	短周期	経度	円偏波

▶▶▶▶▶ p.179

問24 ▰▰▰▰▰▰▰▰▰▰▰▰▰ 2陸技

次の記述は，太陽雑音とその通信への影響について述べたものである.　⬚　内に入れるべき字句を下の番号から選べ.

(1) 太陽雑音には，太陽のコロナ領域などの　ア　が静穏時に主に放射する　イ　および太陽爆発などにより突発的に生ずる　ウ　などがある.

(2) 静止衛星からの電波を受信する際，　エ　の頃に地球局のアンテナの主ビームが太陽に向くときがあり，そのとき極端に受信雑音温度が　オ　し，受信機の信号対雑音比（S/N）が低下することがある.

1	プラズマ	2	大気雑音	3	極冠じょう乱	4	春分および秋分
5	低下	6	水蒸気	7	熱雑音	8	電波バースト
9	夏至および冬至	10	上昇				

▶▶▶▶▶ p.183

p.179
p.183

解答

問22 -4　　**問23** -4　　**問24** ア-1　イ-7　ウ-8　エ-4　オ-10

第4章　基本問題練習

問25 　　　　　　　　　　　　　　　　　　　　　　　　1陸技 2陸技類題

　次の記述は，電波雑音について述べたものである．このうち誤っているものを下の番号から選べ．

1　空電雑音のレベルは，熱帯地域では一般に雷が多く発生するので終日高いが，中緯度域では遠雷による空電雑音が主体となるので，夜間はD層による吸収を受けて低く，日中はD層の消滅に伴い高くなる．

2　空電雑音は，雷放電によって発生する衝撃性雑音であり，遠距離の無数の地点で発生する個々の衝撃性雑音電波が電離層伝搬によって到来し，これらの雑音が重なりあって連続性雑音となる．

3　電離圏雑音には，超長波（VLF）帯で発生する連続性の雑音や，継続時間の短い散発性の雑音などがある．

4　太陽以外の恒星から発生する雑音は宇宙雑音といい，銀河の中心方向から到来する雑音が強い．

5　静止衛星からの電波を受信する際，春分および秋分の前後数日間，地球局の受信アンテナの主ビームが太陽に向くときがあり，このときの強い太陽雑音により受信機出力の信号対雑音比（S/N）が低下したりすることがある．

▶▶▶▶▶ p.181

解説　誤っている選択肢は，正しくは次のようになる．

　　1　空電雑音のレベルは，熱帯地域では一般に雷が多く発生するので終日高いが，中緯度域では遠雷による空電雑音が主体となるので，**日中**はD層による吸収を受けて低く，**夜間**はD層の消滅に伴い高くなる．

解答

問25 -1

アンテナ・給電線の測定

給電線に関する測定

5.1 特性インピーダンスの測定

1 電圧定在波比による測定

特性インピーダンス Z_0〔Ω〕の無損失給電線の受端に既知抵抗 R〔Ω〕を接続すると，電圧反射係数 Γ は次式で表される．

$$\Gamma = \frac{R - Z_0}{R + Z_0} \tag{5.1}$$

また，電圧定在波比 S は，

$$S = \frac{1 + |\Gamma|}{1 - |\Gamma|} = \frac{1 + \left| \dfrac{R - Z_0}{R + Z_0} \right|}{1 - \left| \dfrac{R - Z_0}{R + Z_0} \right|} \tag{5.2}$$

$R < Z_0$ のときは，

$$S = \frac{Z_0}{R} \tag{5.3}$$

$R > Z_0$ のときは，

$$S = \frac{R}{Z_0} \tag{5.4}$$

で表される．したがって，給電線上の S を 5.2 節の方法で測定することにより，

$$Z_0 = SR \text{〔Ω〕} (R < Z_0 \text{ のとき}) \qquad \text{または，} \qquad Z_0 = \frac{R}{S} \text{〔Ω〕} (R > Z_0 \text{ のとき})$$

で求めることができる．

2 標準可変抵抗器による測定

図 5·1(a)のように，給電線の受端に標準可変抵抗器 R_S〔Ω〕を接続し，送端から高周波発振器で励振して給電線の入力電圧 v〔V〕，入力電流 i〔A〕を測定する．いま，発振器の周波

数 f〔Hz〕を変化して f と v/i，すなわち入力インピーダンスとの関係を求めれば，**図5・1**
(b)のように，R_S を R_{S3} にしたときに曲線は f に対して一定となる．これは，給電線と負荷
の整合がとれたときだから，$Z_0 = R_{S3}$ となる．

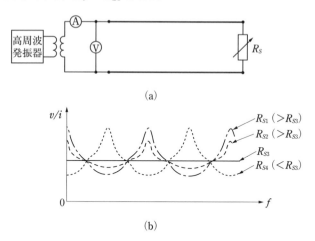

(a)

(b)

図5・1 標準可変抵抗による測定

③ 線路の一端を開放，短絡する方法による測定

長さ l の無損失給電線の受端を短絡したときの送端のインピーダンス $|\dot{Z}_S|$〔Ω〕を測定し，
次に受端を開放したときの送端のインピーダンス $|\dot{Z}_F|$〔Ω〕を測定すれば，給電線の特性イ
ンピーダンス Z_0〔Ω〕は次式で求めることができる．

$$Z_0 = \sqrt{|\dot{Z}_S||\dot{Z}_F|} \ \text{〔Ω〕} \tag{5.5}$$

④ 標準可変コンデンサによる測定

図5・2 に示す **1/8波長受端開放線路** の入力インピーダンス $\dot{Z}_i$〔Ω〕は，無損失線路では，

$$\left.\begin{aligned}
\dot{Z}_i &= -jZ_0 \cot \beta l \\
&= -jZ_0 \cot \left(\frac{2\pi}{\lambda} \times \frac{\lambda}{8} \right) \\
&= -jZ_0 \ \text{〔Ω〕}
\end{aligned}\right\} \tag{5.6}$$

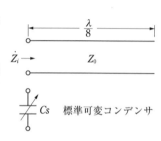

で表される．測定は，線路の入力端に高周波発振器，共振
回路，高周波電圧計を接続して行う．まず，共振回路を同
調させて線路の共振電圧を求める．次に，線路を切り離し
て**標準可変コンデンサ**に置き換えてから，電圧計の値が同
一の測定値となるようにコンデンサの静電容量を調整し，

図5・2 1/8波長受端開放線路

そのときの値を C_S 〔F〕とすれば,

$$-jZ_0 = -j\frac{1}{\omega C_S} \quad \text{よって,} \quad Z_0 = \frac{1}{\omega C_S} \text{〔Ω〕} \tag{5.7}$$

によって,Z_0〔Ω〕を測定することができる.

標準可変コンデンサは,任意の静電容量の値に設定することができるコンデンサのこと.

5 線路の定数がわかっているときの測定

給電線の単位長さ（1〔m〕）当たりの静電容量を C〔F/m〕,インダクタンスを L〔H/m〕,位相定数を β とすると,無損失給電線の特性インピーダンス Z_0〔Ω〕は,次式で表される.

$$Z_0 = \sqrt{\frac{L}{C}} = \frac{\beta}{\omega C} \text{〔Ω〕} \tag{5.8}$$

また,長さ l〔m〕の給電線の受端を短絡して,入力インピーダンス $\dot{Z_i}$〔Ω〕を測定すると,

$$\dot{Z_i} = jZ_0 \tan \beta l \text{〔Ω〕} \tag{5.9}$$

の関係があり,$\dot{Z_i}$ が最小になるのは,

$$\beta l = \frac{2\pi l}{\lambda} = \frac{\pi}{2} \times n \quad \text{（ただし,} n = 2, 4, 6\cdots\text{）} \tag{5.10}$$

のときだから,そのときの周波数を f_n とし,式 (5.8) に式 (5.10) の β を代入すると,

$$Z_0 = \frac{1}{2\pi f_n C} \times \frac{n\pi}{2l} = \frac{n}{4 f_n C l} \text{〔Ω〕} \tag{5.11}$$

n を確認すれば,式 (5.11) によって Z_0 を求めることができる.

5.2 定在波比の測定

1 ローゼンシュタイン電圧計による測定

平行2線式給電線などの直接線路の電圧分布が測定できる給電線では,**図5·3**のような構成の**ローゼンシュタイン電圧計**が用いられる.給電線に結合用コンデンサ C により結合し,給電線上の電圧を LC 共振回路に供給する.可変コンデンサ C_V によって同調をとり,給電線上を移動すれば,共振電流と給電線上の電圧は比例するので,電圧分布を高周波電流計 A により測定することがで

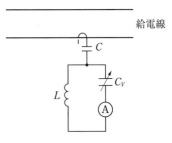

図5·3 ローゼンシュタイン電圧計

5.2 定在波比の測定

きる. いま, 電圧の最大値を $V_{\max}$ 〔V〕, 最小値を $V_{\min}$ 〔V〕とすれば, 電圧定在波比 S は, 次式で求めることができる.

$$S = \frac{V_{\max}}{V_{\min}} \tag{5.12}$$

2 方向性結合器による測定

同軸線路などは, 線路の電圧分布を直接測定しにくいので, 電圧定在波比や電圧反射係数などの測定においては**方向性結合器**が用いられる. 方向性結合器は**図5・4**のように, 主線路のインピーダンスの変化をなるべく少なくするように, 主同軸線路の一部に副同軸線路を疎に結合させたものである.

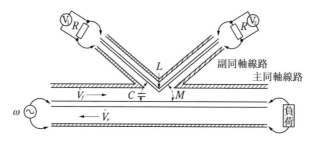

図5・4 方向性結合器断面図

図の C および M は, それぞれ主同軸線路と副同軸線路間の結合静電容量と相互インダクタンス, L は副同軸線路の結合部の自己インダクタンスである. いま, 副同軸線路の各出力端に同じ値の抵抗 R を接続すると, 主同軸線路の特性インピーダンス Z_0 〔Ω〕との間に,

$$Z_0 = \frac{M}{CR} \text{〔Ω〕} \tag{5.13}$$

の関係が成り立つとき, R 端に発生する電圧 V_1 〔V〕, V_2 〔V〕は, 進行波電圧を $\dot{V}_f$ 〔V〕, 反射波電圧を $\dot{V}_r$ 〔V〕とすると, 次式で表される.

$$V_1 = R|\dot{I}_1| = \omega C|\dot{V}_f|$$
$$V_2 = R|\dot{I}_2| = \omega C|\dot{V}_r|$$

したがって, 電圧反射係数 Γ は,

$$|\Gamma| = \frac{|\dot{V}_r|}{|\dot{V}_f|} = \frac{V_2}{V_1}$$

電圧定在波比 S は,

$$S = \frac{1 + |\Gamma|}{1 - |\Gamma|} = \frac{V_1 + V_2}{V_1 - V_2}$$

また，進行波電力 P_f 〔W〕，反射波電力 P_r 〔W〕は，比例定数を K とすると，

$$P_f = KV_1^{\,2} \,〔W〕, \qquad P_r = KV_2^{\,2} \,〔W〕 \tag{5.14}$$

によって求めることができる．

３ 導波管の定在波比の測定

方形導波管では，長辺の中央部に管壁の電流を切らないように細長い溝を設けて，この溝から探針（プローブ）を導波管内に差し込んで電界の強さ，すなわち電圧分布を直接測定することができる．

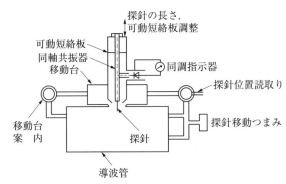

図 5·5 定在波測定器の概略図

図 5·5 に**定在波測定器**の概略図を示す．図において，移動台に取り付けられた探針は，導波管内の電磁界の模様が乱されない範囲に浅く差し込み，マイクロ波電圧を同軸共振回路を通して検波器に加える．この移動台を動かしながら測定することにより，導波管内の電界分布を測定することができる．

検波器に使用されるシリコンダイオードは，入力電圧が小さいので 2 乗特性となり，指示器の検波電流 I と検波器入力電圧 V の関係は $I = kV^2$（k は比例定数）となるから，電圧定在波比 S は，線路上の最大電圧を $V_{\max}$〔V〕，最小電圧を $V_{\min}$〔V〕，そのときの検波電流を $I_{\max}$〔A〕，$I_{\min}$〔A〕とすると，次式で求められる．

$$S = \frac{V_{\max}}{V_{\min}} = \sqrt{\frac{I_{\max}/k}{I_{\min}/k}} = \sqrt{\frac{I_{\max}}{I_{\min}}} \tag{5.15}$$

導波管の定在波測定器と同じように，同軸線路の電圧分布を直接測定できるものに，溝付伝送線路（スロットライン）がある．同軸線路の外部導体に細長い溝を設けて，探針（プローブ）を同軸線路内に差し込んで電圧分布を直接測定することができる．測定は，同軸線路の一部に溝付伝送線路を接続して行う．

第5章 アンテナ・給電線の測定

5.3 受端のインピーダンスの測定

給電線の受端にアンテナなどのインピーダンスを接続し，給電線上の電圧分布や電圧定在波比などを測定することにより，受端のインピーダンスを求めることができる．

1 受端が抵抗負荷の場合

特性インピーダンスが Z_0〔Ω〕の無損失給電線の受端に負荷抵抗が接続されているとき，給電線上の電圧分布を直接測定して，あるいは方向性結合器により電圧定在波比を測定したところ，電圧定在波比が S であったとすると，負荷抵抗 R〔Ω〕は次式によって求めることができる．

$$R = SZ_0 〔Ω〕 \qquad (R > Z_0 \text{のとき}) \tag{5.16}$$

または，

$$R = \frac{Z_0}{S} 〔Ω〕 \qquad (R < Z_0 \text{のとき}) \tag{5.17}$$

$R > Z_0$ のときの受端の定在波電圧は最大（波腹）となり，$R < Z_0$ のときは最小（波節）となる．

2 受端がインピーダンス負荷の場合

特性インピーダンスが Z_0 の無損失給電線にインピーダンス $\dot{Z}$〔Ω〕が接続されているとき，受端から距離 l〔m〕の点から受端側を見たインピーダンス $\dot{Z}_i$〔Ω〕は，線路の位相定数を β とすると，次式で表される．

$$\dot{Z}_i = Z_0 \frac{\dot{Z} + jZ_0 \tan \beta l}{Z_0 + j\dot{Z} \tan \beta l} 〔Ω〕 \tag{5.18}$$

給電線上の電圧分布を測定したところ，電圧定在波比が S で，給電点から電圧定在波が最小となる最初の位置までの距離が l_0 であった．この点では電圧が最小で電流が最大となり，アンテナから見たインピーダンス $\dot{Z}_{i0}$ は純抵抗 Z_{i0} となって，次式で与えられる．

$$Z_{i0} = \frac{Z_0}{S} 〔Ω〕 \tag{5.19}$$

式 (5.18)，式 (5.19) より，

$$\frac{Z_0}{S} = Z_0 \frac{\dot{Z} + jZ_0 \tan \beta l_0}{Z_0 + j\dot{Z} \tan \beta l_0}$$

したがって，$\dot{Z}$ について解くと，

$$\dot{Z} = Z_0 \frac{1 - jS \tan \beta l_0}{S - j \tan \beta l_0} \ [\Omega] \tag{5.20}$$

となり，受端のインピーダンス $\dot{Z}$ を求めることができる．

❸ マジック T によるインピーダンスの測定

マジック T は，**図 5·6** のような構造を持つ分岐導波管回路で，方向性結合器として用いられている．開口①に標準可変インピーダンス，②に被測定インピーダンス，③にマイク波の高周波発振器，④に検出器を接続する．

③からの入力波は①，②には均等に分岐するが④の検出器には出力されない．また，開口①および②からの反射波は，互いに逆位相となって④の検出器に出力されるので，①の標準

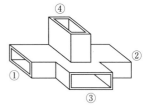

図 5·6 マジック T

可変インピーダンスを調整して，検出器のレベルが最小になるようにすれば，そのときの標準可変インピーダンスの値が②に接続された被測定インピーダンスの値となる．

また，マイクロ波帯の標準可変インピーダンスを作ることはかなり難しいので，標準可変インピーダンスに換えて無反射終端を接続し，被測定インピーダンスからの反射電力を測定することで，反射係数から被測定インピーダンスの大きさを求める方法もある．

5.4 負荷に供給される電力の測定

❶ 給電線上の電圧分布から求める方法

特性インピーダンス $Z_0 \ [\Omega]$ の給電線の受端にアンテナなどの負荷抵抗 $R \ [\Omega]$ が接続されているとき，給電線の電圧波腹値の実効値 $V_{\max} \ [V]$ および電圧波節値の実効値 $V_{\min} \ [V]$ を測定すれば，負荷に供給される電力 $P \ [W]$ は次式によって求めることができる．

$$P = \frac{V_{\max} V_{\min}}{Z_0} \ [W] \tag{5.21}$$

❷ 電圧定在波比から求める方法

特性インピーダンス Z_0 の給電線の受端に負荷抵抗 R が接続されているとき，給電線の電

圧定在波比を方向性結合器などで測定し，そのときの電圧定在波比を S，送端の進行波電力を P_S〔W〕とすると，負荷に供給される電力 P は次式によって求めることができる．

$$P = \frac{4S}{(1+S)^2} P_S \text{〔W〕} \tag{5.22}$$

また，不整合による**反射損** M は，負荷が整合しているときに負荷に供給される電力と整合していないときに供給される電力の比だから，次式によって求めることができる．

$$M = \frac{P_S}{P} = \frac{(1+S)^2}{4S} \tag{5.23}$$

整合がとれたときの最大伝送電力 P_m は，$S=1$ と置くと求めることができ，$P_m = P_S$ となる．

③ 動作利得

アンテナの利得 G（真数）がわかっているとき，電圧定在波比 S を測定すれば，そのアンテナの動作利得 G_W は次式によって求めることができる．

$$G_W = \frac{G}{M} = \frac{4SG}{(1+S)^2} \tag{5.24}$$

Point

負荷に供給される電力

給電線上の進行波電圧の大きさを V_f〔V〕，反射波電圧の大きさを V_r〔V〕とすれば，電圧波腹値 $V_{\max}$〔V〕および電圧波節値 $V_{\min}$〔V〕の点では次式が成立する．

$$V_{\max} = V_f + V_r \text{〔V〕}$$
$$V_{\min} = V_f - V_r \text{〔V〕}$$

負荷に供給される電力 P〔W〕は，

$$
\begin{aligned}
P &= \frac{V_f{}^2}{Z_0} - \frac{V_r{}^2}{Z_0} = \frac{V_f{}^2 - V_r{}^2}{Z_0} \\
&= \frac{(V_f + V_r)(V_f - V_r)}{Z_0} = \frac{V_{\max} V_{\min}}{Z_0} \text{〔W〕}
\end{aligned} \tag{5.25}
$$

また，電圧反射係数を Γ，送端の進行波電力を P_S〔W〕とすると，

$$
\begin{aligned}
P &= \frac{V_f{}^2}{Z_0}(1 - |\Gamma|^2) = P_S \left\{ 1 - \left(\frac{S-1}{S+1} \right)^2 \right\} \\
&= \frac{4S}{(1+S)^2} P_S \text{〔W〕}
\end{aligned} \tag{5.26}
$$

アンテナに関する測定

接地アンテナに関する測定

■ 固有波長の測定

アンテナが共振する周波数を**固有周波数**といい，このときの波長を**固有波長**という．固有波長 λ_0〔m〕の測定には，**図5·7**のようにアンテナの一端に極めて小さいコイルを直列に接続し，可変高周波発振器に疎に結合してアンテナの同調をとる．いま，同調周波数を f_0〔Hz〕とすると，

$$\lambda_0 = \frac{3 \times 10^8}{f_0 \,〔\mathrm{Hz}〕} = \frac{300}{f_0 \,〔\mathrm{MHz}〕} \quad 〔\mathrm{m}〕 \tag{5.27}$$

で求めることができる．この場合，アンテナは高調波でも同調するから，同調周波数は最も低い周波数としなければならない．

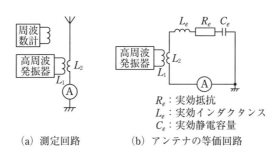

R_e：実効抵抗
L_e：実効インダクタンス
C_e：実効静電容量

(a) 測定回路　　(b) アンテナの等価回路

図5·7 固有波長の測定

■ 実効抵抗の測定

図5·7(b)に示したように，アンテナは等価的には抵抗，インダクタンス，静電容量の直列回路であり，それぞれの値を**実効抵抗 R_e〔Ω〕，実効インダクタンス L_e〔H〕，実効静電容量 C_e〔F〕**という．これらの値はアンテナの励振周波数によって多少変化するため，必要とする周波数によって測定しなければならない．実効抵抗の測定には，**抵抗置換法**または**抵抗変化法**が用いられる．

〔1〕　抵抗置換法

高周波発振器，可変インダクタンス，可変コンデンサ，標準可変抵抗で構成された直列共振回路と測定アンテナとを切り替えて測定する方法である．

まず，高周波発振器を測定周波数 f で動作させ，アンテナを同調させる．また，アンテ

第5章　アンテナ・給電線の測定

ナ共振に必要ならば，アンテナ同調用のリアクタンスを用いる．このようにして同調をとっ
たときのアンテナ電流を測定する．次に，測定回路をアンテナから可変インダクタンス，可
変コンデンサ，標準可変抵抗で構成された直列共振回路に切り替えてから，可変インダクタ
ンスおよび可変コンデンサを調整して回路を共振させる．このとき，回路を流れる電流がア
ンテナ電流と同じ値になるように標準可変抵抗を調整すると，その抵抗値がアンテナの実効
抵抗の値となる．

〔2〕　**抵抗変化法**

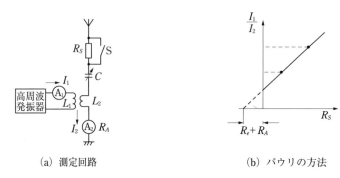

(a) 測定回路　　　　　　　　　(b) パウリの方法

図 5·8　抵抗変化法

図 5·8(a)において，結合コイル L_2 を疎に結合する．次に，スイッチ S を短絡して可変コ
ンデンサ C を調整し，アンテナ回路を同調させ，同調電流 I_{20} を測定する．さらに，S を開
いて標準高周波抵抗 R_S を直列に接続し，L_2 の誘起電圧を一定に保ったまま再び同調電流
I_2 を測定すると，アンテナの実効抵抗 R_e は次式から求めることができる．

$$E = (R_e + R_A)I_{20} \ [\text{V}] \tag{5.28}$$

ただし，E 〔V〕は L_2 の誘起電圧である．

$$E = (R_e + R_S + R_A)I_2 \ [\text{V}] \tag{5.29}$$

式 (5.28)，式 (5.29) から，

$$(R_e + R_A)I_{20} = (R_e + R_S + R_A)I_2$$

よって，$R_e = \dfrac{R_S I_2}{I_{20} - I_2} - R_A \ [\Omega] \tag{5.30}$

ただし，R_A は高周波電流計 A_2 の内部抵抗である．

ここで，R_S を標準可変抵抗とすれば，I_2 が $I_{20}/2$ となるように R_S を変えると，上式の
関係から R_e を簡単に求めることができる．

$$R_e = R_S - R_A \; [\Omega] \tag{5.31}$$

この測定方法を**抵抗変化法**という．また，1次側の高周波電流計 A_1 によって電流 I_1 を測定し，R_S を変化させたときの R_S と I_1/I_2 の関係を求めて，**図 5·8**(b)のような作図から R_e を求めることができる．作図により求める方法を**パウリの方法**という．

測定に際しては，L_1，L_2 による高周波発振器とアンテナの結合はできるだけ疎に結合し，L_2 に誘起される起電力は一定にしておかなければならない．

Point

放射効率

アンテナの実効抵抗 R_e には，等価的に電波放射となる放射抵抗 R_R，熱損失となる接地抵抗や導線の損失抵抗などの損失抵抗 R_L が含まれている．

アンテナの放射抵抗が分かれば．実効抵抗や接地抵抗などの損失抵抗を測定することによって，アンテナの放射効率 η を次式から求めることができる．

$$\eta = \frac{R_R}{R_e} = \frac{R_R}{R_R + R_L} \tag{5.32}$$

③ 実効インダクタンス・実効静電容量の測定

図 5·9 において，標準可変インダクタンス $L_S \, [\mathrm{H}]$ を適当な値 L_{S1} とし，高周波発振器の周波数を変化させて同調をとり，その同調周波数を $f_1 \, [\mathrm{Hz}]$ とする．次に，L_S を変化させて L_{S2} とし，発振器の周波数を変化させてその同調周波数を f_2 とすれば，実効インダクタンス L_e，実効静電容量 C_e は次のようにして求めることができる．

$$f_1 = \frac{1}{2\pi\sqrt{(L_{S1} + L_e)C_e}} \; [\mathrm{Hz}] \tag{5.33}$$

$$f_2 = \frac{1}{2\pi\sqrt{(L_{S2} + L_e)C_e}} \; [\mathrm{Hz}] \tag{5.34}$$

式 (5.33)，式 (5.34) より，

$$f_2\sqrt{(L_{S2} + L_e)C_e} = f_1\sqrt{(L_{S1} + L_e)C_e}$$

$$f_2{}^2(L_{S2} + L_e) = f_1{}^2(L_{S1} + L_e)$$

よって，$$L_e = \frac{f_1{}^2 L_{S1} - f_2{}^2 L_{S2}}{f_2{}^2 - f_1{}^2} \; [\mathrm{H}] \tag{5.35}$$

式 (5.35) を式 (5.33) に代入すると，

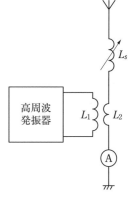

図 5·9 実効インダクタンス・実効静電容量の測定回路

$$(2\pi f_1)^2 = \cfrac{1}{\left(L_{S1} + \cfrac{f_1{}^2 L_{S1} - f_2{}^2 L_{S2}}{f_2{}^2 - f_1{}^2}\right) C_e}$$

よって，$C_e = \dfrac{f_2{}^2 - f_1{}^2}{4\pi^2 f_1{}^2 f_2{}^2 (L_{S1} - L_{S2})}$ 〔F〕 $\qquad (5.36)$

また，**図 5·10** のような作図から，L_e を図式的に求めることができる．なお，標準可変インダクタンスの代わりに標準可変コンデンサを用いても，同じように測定することができる．

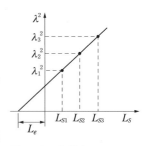

図 5·10 実効インダクタンスの図式的求め方

④ 実効高の測定

アンテナの**実効高**とは，アンテナの電流分布の最大値と等しい電流がアンテナ全体に均一に流れると仮定したアンテナの高さをいう．この値を直接測定することは困難なので，アンテナ電流と電界強度の関係式から誘導する．

実効高 h_e〔m〕の被測定接地アンテナに電流 I_S〔A〕を流して，波長 λ〔m〕の電波を発射する．この電波を距離 d〔m〕離れた点において，電界強度測定器によって電界強度を測定する．そのときの受信電界強度 E〔V/m〕は次式で表される．

$$E = \frac{120\pi I_S h_e}{\lambda d} \ \text{〔V/m〕} \qquad (5.37)$$

式 (5.37) より，

$$h_e = \frac{E\lambda d}{120\pi I_S} \ \text{〔m〕} \qquad (5.38)$$

の式とすれば h_e を求めることができる．実効高の測定値は〔m〕または〔dB〕で表されるが，デシベルで表すときは 1〔m〕を 0〔dB〕とする．

また，被測定アンテナを受信アンテナとして用いて，実効高が既知のループアンテナと受信誘起電圧を比較して求める方法もある．

> 測定においては，距離 d の値を MF 帯では数波長程度，HF 帯では十数波長程度として，送信アンテナからの直接の誘導や途中で電波の吸収が起こらないようにする．

5.6 アンテナ利得・放射効率の測定

① VHF 帯以下のアンテナ利得の測定

被測定アンテナと基準アンテナを同じ高さに設置し，整合を完全にとって整合損失のない

ようにする．電界強度測定用アンテナは，両アン
テナ間に誘導電磁界による結合がないように十
分に離して配置する．図5·11のように，電界強
度測定器を所定の位置におき，被測定アンテナと
基準アンテナを交互に切り換え，同一電界強度を
得るのに必要な両アンテナの供給電力を測定す
る．このとき，被測定アンテナの供給電力を P_x
〔W〕，基準アンテナの供給電力を P_S〔W〕とする
と，被測定アンテナの利得 G は，次式で与えられ
る．

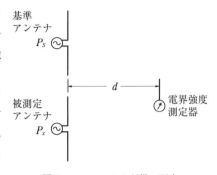

図5·11 アンテナ利得の測定

$$G = \frac{P_S}{P_x} \tag{5.39}$$

　前記の測定は，被測定アンテナと基準アンテナを送信アンテナとして用いたが，両者を受
信アンテナとして用いて，被測定アンテナと基準アンテナの受信電界強度，E_x〔V/m〕と
E_S〔V/m〕より，

$$G = \left(\frac{E_x}{E_S}\right)^2 \tag{5.40}$$

　あるいは，被測定アンテナと基準アンテナの受信電力，P_{Rx}〔W〕と P_{RS}〔W〕より，

$$G = \frac{P_{Rx}}{P_{RS}} \tag{5.41}$$

によって，受信アンテナの利得を求めることができる．

> 　VHF帯アンテナでは，地表面の反射による干渉の影響をなくすように注意しなければならな
> い．そのため，両アンテナを十分高い位置に設置する，送受信点間に反射波防止板（金網）を設
> ける，受信アンテナのハイトパターンを測定して反射波の影響を取り除いた値を用いる，などの
> 対策が必要となる．

❷ マイクロ波アンテナの利得の測定

〔1〕　基準アンテナを用いた比較法

　図5·12に測定原理を示す．送信アンテナから距離 d〔m〕離れた点の基準アンテナと，被
測定アンテナの受信電力を比較して利得を求める．

　基準アンテナの絶対利得を G_S，受信電力を P_S〔W〕，被測定アンテナの受信電力を P_x
〔W〕とすると，被測定アンテナの利得 G_x は，次式で表される．

第5章　アンテナ・給電線の測定

$$G_x = \frac{P_x}{P_S} G_S \tag{5.42}$$

デシベルで表すと，次式のようになる.

$$G_x \,[\mathrm{dB}] = P_x \,[\mathrm{dB}] - P_S \,[\mathrm{dB}] + G_S \,[\mathrm{dB}] \tag{5.43}$$

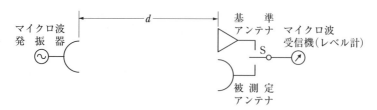

図 5・12 基準アンテナを用いた比較法

一般に，基準アンテナには角錐ホーンアンテナが用いられ，その利得は構造と大きさにより計算することができる.

Point

送信電力およびアンテナ絶対利得を $P_T \,[\mathrm{W}]$，G_T とすると，受信点の電力束密度 W_0 $[\mathrm{W/m^2}]$ は，次式で表される.

$$W_0 = \frac{P_T G_T}{4\pi d^2} \,[\mathrm{W/m^2}] \tag{5.44}$$

基準アンテナの絶対利得を G_S，実効面積を $A_S \,[\mathrm{m^2}]$ とすると，受信電力 $P_S \,[\mathrm{W}]$ は次式で表され，上式の関係を代入して，

$$\begin{aligned}
P_S = W_0 A_S = W_0 A_I G_S &= \frac{P_T G_T}{4\pi d^2} \times \frac{\lambda^2}{4\pi} G_S \\
&= \left(\frac{\lambda}{4\pi d}\right)^2 G_T G_S P_T = \frac{G_T G_S P_T}{\Gamma_0} \,[\mathrm{W}]
\end{aligned} \tag{5.45}$$

ただし，A_I は等方性アンテナの実効面積で，Γ_0 は自由空間基本伝送損である.
同様にして，被測定アンテナの受信電力 P_x は，次式で表される.

$$P_x = \left(\frac{\lambda}{4\pi d}\right)^2 G_T G_x P_T = \frac{G_T G_x P_T}{\Gamma_0} \,[\mathrm{W}] \tag{5.46}$$

したがって，被測定アンテナの利得 G_x は，次式で表される.

$$G_x = \frac{P_x}{P_S} G_S \tag{5.47}$$

〔2〕 自由空間基本伝送損による方法

図 5・12 の構成において，基準アンテナを用いないで測定する方法である. 式 (5.46) より G_x は，

$$G_x = \frac{P_x}{G_T P_T} \left(\frac{4\pi d}{\lambda}\right)^2 = \frac{P_x}{G_T P_T} \Gamma_0 \tag{5.48}$$

で表されるので，自由空間基本伝送損 Γ_0 を計算により求めれば，上式により G_x を求めることができる．ただし，Γ_0 は次式で表される．

$$\Gamma_0 = \left(\frac{4\pi d}{\lambda}\right)^2 \tag{5.49}$$

また，G_T と G_x が等しいときは，式 (5.46) の $G_T = G_x$ とすれば次式が成り立つ．

$$G_x{}^2 = \frac{P_x}{P_T} \left(\frac{4\pi d}{\lambda}\right)^2$$

両辺の $\sqrt{}$ をとって，G_x を求めると次式で表される．

$$G_x = \frac{4\pi d}{\lambda} \sqrt{\frac{P_x}{P_T}} \tag{5.50}$$

利得の異なる三つの被測定アンテナを用いて利得を測定することもできる．三つのうち二つを送受信アンテナとして用いて測定し，式 (5.48) を求める．次に組合せを変えて，全部で3種類の測定を行い連立方程式を解くことによって，各アンテナの利得を求めることができる．

〔3〕 反射板を用いる方法

図 5·13 のように，絶対利得 G_x の被測定アンテナから近い距離に金属反射板を置き，被測定アンテナから反射板に向けて電波を放射する．このときの**定在波比** S（実数）を定在波測定器で測定すれば，求める利得 G_x は次式で求められる．

$$G_x = \frac{8\pi d}{\lambda} \times \frac{S-1}{S+1} \tag{5.51}$$

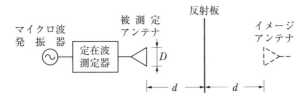

図 5·13 反射板を用いる方法

Point

絶対利得 G_x の被測定アンテナから近い距離 d〔m〕の位置に金属反射板を置き，被測定アンテナから放射電力 P_T〔W〕で反射板に向けて放射したとき，反射板によって反射されて被測定アンテナ方向に戻ってくる反射電力 P_R〔W〕は，反射板と対称的な位置のイメージアンテナで受信される電力と同じと考えることができる．

イメージアンテナの位置における電力束密度 W〔W/m²〕は，距離が $2d$〔m〕だから，次式で表される．

第5章 アンテナ・給電線の測定

$$W = \frac{G_x}{4\pi(2d)^2} P_T = \frac{G_x}{16\pi d^2} P_T \ \ [\text{W/m}^2] \tag{5.52}$$

次に，被測定アンテナの実効面積を A_e [m²] とすると，反射板から被測定アンテナへ反射されて受信される電力 P_R [W] は，次式で表される．

$$P_R = W A_e = \frac{G_x}{16\pi d^2} P_T \times \frac{\lambda^2 G_x}{4\pi} = \left(\frac{G_x \lambda}{8\pi d}\right)^2 P_T \ \ [\text{W}] \tag{5.53}$$

また，電圧反射係数を Γ，電圧定在波比を S とすると，

$$\frac{P_R}{P_T} = |\Gamma|^2 = \left(\frac{S-1}{S+1}\right)^2 \tag{5.54}$$

したがって，G_x は次式で表される．

$$G_x = \frac{8\pi d}{\lambda} \times \frac{S-1}{S+1} \tag{5.55}$$

〔4〕 測定上の注意点

① マイクロ波発振器と送信アンテナ，受信機と受信アンテナとの整合を完全にとる．

② 送信アンテナと受信アンテナとの距離 d [m] を十分にとる（反射板を用いる方法を除く）．

　送信アンテナの開口径を D_1 [m]，受信アンテナの開口径を D_2 [m]，使用電波の波長を λ [m] とすると，開口縁端の位相差を中心部に対して $\pi/8$ 以内（$\lambda/16$ 以下）とする条件において，

$$d \geqq \frac{2(D_1 + D_2)^2}{\lambda} \ \ [\text{m}] \tag{5.56}$$

の関係のときに誤差を小さくできる．

③ 両アンテナ間には遮へい物がないようにする．また，近くに反射物がないようにするとともに，地面反射の影響がないようなアンテナの高さをハイトパターンにより決定する．

④ 波長が短いときは，降雨による影響を避けるため晴天のときに測定する．

⑤ あらかじめ両アンテナの方向調整を行い，主放射方向で測定する．

　開口面アンテナでは，アンテナの放射の中心と寸法上の幾何学的な中心がずれていると誤差を生ずる．この誤差は，設置された送信アンテナと受信アンテナの二つのアンテナの寸法が小さいほど小さい．

〔5〕 開口面アンテナの最小測定距離

　アンテナ利得などの測定において，アンテナの開口面の直径 D [m] が波長 λ [m] に比べて大きいときに誤差を小さくするためには，測定距離を最小測定距離 $d_{\min}$ [m] 以上にとらなければならない．

図 5·14 のように，アンテナの中心から測定点までの距離を d_0〔m〕，開口面アンテナの直径を D〔m〕，その縁 P から測定点までの距離を d〔m〕とすれば，d_0 との距離の差 Δd〔m〕は 2 項定理より次式で表される．

$$\Delta d = d - d_0 = \sqrt{{d_0}^2 + \left(\frac{D}{2}\right)^2} - d_0$$
$$\fallingdotseq d_0 \left\{1 + \frac{1}{2} \times \left(\frac{D}{2d_0}\right)^2\right\} - d_0 = \frac{D^2}{8d_0} \quad \text{〔m〕} \tag{5.57}$$

Δd によって生じる位相差を $\Delta\theta$〔rad〕とすると，次式で表される．

$$\Delta\theta = \frac{2\pi}{\lambda}\Delta d = \frac{\pi D^2}{4\lambda d_0} \quad \text{〔rad〕} \tag{5.58}$$

d_0 と d の通路による電界をそれぞれ $\dot{E}_0$，$\dot{E}_P$ とすれば，合成電界 $\dot{E}$〔V/m〕はそれらのベクトル和となり，大きさはほぼ等しいので，合成電界強度 E は次式で表される．

$$E = 2E_0 \cos\frac{\Delta\theta}{2} \quad \text{〔V/m〕}$$

$\Delta\theta = 0$ のときの電界強度は $2E_0$ だから，測定誤差 δ〔%〕は，次式で表される．

$$\delta = \left(1 - \frac{E}{2E_0}\right) \times 100 = \left(1 - \cos\frac{\Delta\theta}{2}\right) \times 100 \quad \text{〔%〕}$$

$\Delta\theta = \pi/8$ とすると，$\delta = 2$〔%〕となって誤差として許容できるから，最小測定距離 $d_{\min}$〔m〕は，式 (5.58) に $\Delta\theta = \pi/8$，$d_0 = d_{\min}$ を代入して求めることができる．

$$d_{\min} = \frac{8}{\pi} \times \frac{\pi D^2}{4\lambda} = \frac{2D^2}{\lambda} \quad \text{〔m〕} \tag{5.59}$$

式 (5.57) は，2 項定理によって近似することができる．$x \ll 1$ のときは次式で表される．また，$\sqrt{}$ は 1/2 乗である．

$$(1 + x)^n \fallingdotseq 1 + nx$$

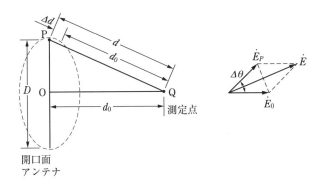

図 5·14 最小測定距離

第 5 章 アンテナ・給電線の測定

③ 小型アンテナの放射効率の測定

図5・15に示すように，地板の上に置いた小型
の被測定アンテナにアンテナの電流分布を乱さ
ないよう適当な形および大きさの金属の箱をか
ぶせて隙間がないように密閉し，被測定アンテ
ナの入力インピーダンスの実数部を測定する．

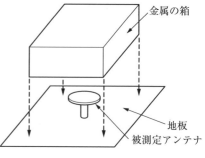

この値は，アンテナからの放射がないので，
アンテナの損失抵抗 R_L 〔Ω〕とみなすことがで
きる．

次に金属の箱を取り除いて，同様に被測定ア

図5・15 放射効率の測定

ンテナの入力インピーダンスの実数部 R_{in} 〔Ω〕を測定する．この値は，アンテナの放射抵抗
R_R と損失抵抗 R_L の和 $R_{\text{in}} = R_R + R_L$ である．

これらの測定値より，放射効率 η は次式によって求めることができる．

$$\eta = \frac{R_R}{R_R + R_L} = \frac{R_R}{R_{\text{in}}} = \frac{R_{\text{in}} - R_L}{R_{\text{in}}} = 1 - \frac{R_L}{R_{\text{in}}} \tag{5.60}$$

このように，小型アンテナの放射効率を測定する方法を**ウィーラーキャップ法**（Wheeler-
Cap）という．

5.7 指向性の測定

① 振幅指向性の測定

図5・16のように，被測定アンテナの測定すべき面が水平になるように設置し，送信アン
テナとして動作させて，その垂直軸を中心に回転させる．測定用受信アンテナと電界強度測
定器により，指向方向 θ を関数とする受信電界強度を測定して求める．測定用受信アンテ
ナは，周囲の反射物からの反射波を避けるため，できるだけ鋭い指向性を持つアンテナを使
用する．また，被測定アンテナを受信アンテナとして測定する場合は，図の測定用受信アン
テナを回転させながら，指向方向を関数とする受信電界強度を測定して指向性を求める．

指向特性は，一般に最大放射方向の電界強度を 1（0〔dB〕）として，最大値が 0〔dB〕
の円グラフで表す．また，アンテナの前後比（F/B）は，最大放射方向の電界強度 E_f
〔V/m〕と最大放射方向から $180° \pm 60°$ の範囲内の最大の電界強度 E_r〔V/m〕の値より，
$20 \log_{10} (E_f/E_r)$〔dB〕によって求める．

また，アンテナの可逆性より，送信アンテナと受信アンテナの指向特性や利得は等しいの
で，被測定アンテナを受信アンテナに用いて測定することもできる．

図 5·16　水平面指向性の測定

大地反射波が測定に影響するので，この影響を小さくするには，大地の反射点に反射波の障壁となるように，金属で作られた反射防止板を設けるなどの方法がある．

2 位相指向性の測定

　アンテナ指向性の位相特性は，マイクロ波帯で用いられる開口面アンテナのように焦点を持つアンテナの設計にあたっては重要である．この特性を知ることによって，アンテナを設置するとき，位相の中心を合わせることができる．また，レードームやレンズを用いたアンテナでは，偏差を補正することができる．

　位相変化量は相対的なものであるから，測定は**図 5·17** のような比較法によって求める．すなわち，固定された距離にある送信アンテナから電波を放射し，固定受信アンテナの受信電界と被測定アンテナの受信電界をハイブリッド回路に導き，移相器の位相量を調整しながら比較する．この位相差を，被測定アンテナの回転角の関数として求める．

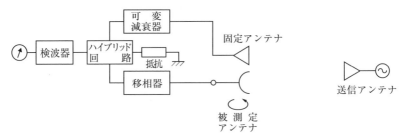

図 5·17　位相指向性の測定

送受信アンテナを給電線により直接導き，直接アンテナ間の位相を測定することにより，位相指向性を求めることもできる．測定には，アドミタンス（インピーダンス）メータやネットワークアナライザが用いられる．

3 プローブ走査法

　大型アンテナなどの放射特性を測定するときに，**電波暗室**で被測定アンテナの近くに半波長ダイポールアンテナやホーンアンテナで構成されたプローブを置き，それを走査して近傍

界の特性を測定し，得られた測定値から数値計算により遠方界の特性を求める方法である．次の走査方法がある．

① **平面走査法**　被測定アンテナを回転させないで，プローブを**図 5・18**(a)のように，xy 平面の上下左右方向に走査して測定する．特にペンシルビームアンテナや回転のできないアンテナの測定に適している．

② **円筒面走査法**　**図 5・18**(b)のように，被測定アンテナを大地に垂直な軸を中心に水平面で回転させ，プローブを上下方向に走査して測定する．測定範囲が平面走査法よりも広いので，ファンビームアンテナなどのアンテナの測定に適している．

③ **球面走査法**　被測定アンテナを**図 5・18**(c)のように，ϕ 軸と θ 軸の 2 軸を中心に回転させ，プローブを固定して測定する．全方向の指向性を測定することができるが，近傍界から遠方界の変換は，他の測定方法に比べて難しい．

(a)　平面走査法　　　　(b)　円筒走査法　　　　(c)　球面走査法

図 5・18　プローブ走査法

近傍界測定システム

　電波暗室などでアンテナの近傍電磁界を測定して，高速フーリエ変換などの計算により遠方界領域の特性を得るシステムである．

　アンテナから放射される電磁界の領域は，アンテナからの距離によって，次のように分類することができる．

① **リアクティブ近傍界領域**　アンテナに極めて接近した距離（$d \leqq \lambda/2\pi$）で，リアクティブな（誘導）電磁界成分が強い領域である．距離が離れるとともに急激にリアクティブな電磁界成分は減少する．

② **放射近傍界領域**　放射界成分が優勢な領域であるが，アンテナ（最大径 D）に接近した距離（$\lambda/2\pi \leqq d \leqq 2D^2/\lambda$）なので，放射エネルギーの角度に対する分布が距離によって変化する領域であり，アンテナの近傍界測定システムではこの領域が使用される．アンテナの放射特性は放射遠方界によって定義されているので，近傍界測定システムによって得られたデータを使用して，計算によって放射遠方界における特性を求める．

5.8 入力インピーダンスの測定

アンテナの入力インピーダンスや VSWR の測定は，給電線の受端に接続されたインピーダンスなどの測定方法と同じである．インピーダンス測定には，UHF 帯以下の周波数では**インピーダンスブリッジ**，SHF 帯以上の周波数では**スロット線路**が用いられる．**方向性結合器**を用いた定在波測定器や**ネットワークアナライザ**は測定周波数が測定範囲内のものを用いる．

VHF 帯用アンテナの入力インピーダンス測定上の注意
① 大地上では，影像アンテナとの相互インピーダンスが大きいので，アンテナの入力インピーダンスの測定はアンテナの高さを選んで測定する．
② 測定場所周辺の建造物は導体とみなされるものが多いので，測定に影響する．したがって，これらの影響を考慮しなければならない．
③ 電波暗室内で測定すると，自由空間に近い測定値が得られる．
④ 測定器は，アンテナから放射される電磁界の影響を受けることがあるので，測定器をアンテナの近傍に設置して測定すると誤差が生じる．

電波に関する測定

5.9 電界強度の測定

電界強度は，単位実効高を持つアンテナに誘起される被測定電波の起電力によって求められ，単位は $[\mu V/m]$，または $1\,[\mu V/m]$ を $0\,[dB]$ として $[dB\mu V/m]$ が用いられることが多い．

■1 標準信号発生器とループアンテナによる測定

図 5·19 のように，ループアンテナ LA を接続し，**標準信号発生器**を停止して可変コンデンサ C を変化させ，被測定電波に同調させる．次に，ループアンテナに回転させて出力計の指示が最大になる点を求める．

続いて，ループアンテナをその位置から $90°$ 回転させて被測定電波を受信しない状態とし，標準信号発生器を被測定電波と同一周波数で動作させ，出力計の読みが前と同じ値になるように標準信号発生器のレベルを調整する．このとき，標準信号発生器の出力を V_0 $[\mu V]$ とすると，求める電界強度 $E\,[\mu V/m]$ は，次式で表される．

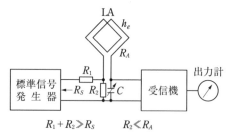

図 5・19　標準信号発生器による電界強度の測定

$$E = \frac{V_0}{h_e} \times \frac{R_2}{R_1 + R_2} \ [\mu\mathrm{V/m}] \tag{5.61}$$

ここで，h_e はループアンテナの実効高であり，ループアンテナの巻数を N，ループの面積を $A \ [\mathrm{m}^2]$，電波の波長を $\lambda \ [\mathrm{m}]$ とすれば，次式で表される．

$$h_e = \frac{2\pi N A}{\lambda} \ [\mathrm{m}] \tag{5.62}$$

ただし，この方法においては，ループアンテナの実効高があまり高くない場合は弱い電界の測定が困難となるため，別の垂直アンテナを用いるが，その実効高をあらかじめループアンテナで補正しておく必要がある．また，標準信号発生器からの漏えい電波をできるだけ少なくする必要がある．

2 電界強度測定器による測定

図 5・20 に電界強度測定器の構成を示す．測定用アンテナは，HF 帯以下ではループアンテナが，VHF 帯以上では半波長ダイポールアンテナが用いられることが多い．

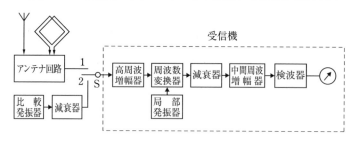

図 5・20　電界強度測定器の構成図

測定には，アンテナ回路によってアンテナを選択してからスイッチ S を 1 側に入れ，受信機を調整して同調をとりながらアンテナを最高感度の方向に向ける．次に，受信機の減衰器を調整して，出力計が適当な指示 $V_M \ [\mathrm{dB}]$ となるようにする．このときの減衰器の読みを

D_1〔dB〕,アンテナの実効高を H〔dB〕,受信機の利得を G〔dB〕,被測定電界強度を E〔dB〕とすると,次式が成り立つ.

$$V_M = E + H + G - D_1 \text{ (dB)} \tag{5.63}$$

さらに,Sを2側に入れて比較発振器を動作させ,その発振周波数を被測定電界の周波数とする.比較発振器の出力および減衰器を適当に調整して,出力計の指示が前と同じ値 V_M〔dB〕になるようにする.このときの比較発振器の出力を V_S〔dB〕,減衰器の減衰量を D_2〔dB〕とすれば,次式が成り立つ.

$$V_M = V_S + G - D_2 \text{ (dB)} \tag{5.64}$$

式 (5.63),式 (5.64) から,求める電界強度 E〔dB〕は,

$$E + H + G - D_1 = V_S + G - D_2$$

よって,$E = V_S - H + (D_1 - D_2)$〔dB〕 $\tag{5.65}$

ただし,アンテナの実効高は 1〔m〕を基準とした dB 値で,比較発振器および電界強度は 1〔μV〕(1〔μV/m〕) または 1〔mV〕(1〔mV/m〕) を基準とした dB 値で表される.

3 ハイトパターンの測定

図 5・21 (b)のように,受信アンテナの高さが変化したときの電界強度の変化の様子を図にしたものを**ハイトパターン**という.

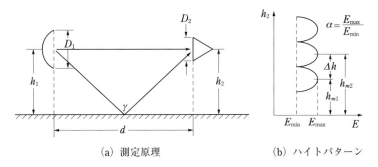

(a) 測定原理　　　　　(b) ハイトパターン

図 5・21　ハイトパターンの測定

この特性から,アンテナ利得の測定のときの補正や,大地の反射係数を求めることができる.**図 5・21** (a)のような伝搬路では,受信点の電界強度は直接波と大地反射波の干渉によるものとなる.送信アンテナの高さを h_1〔m〕,受信アンテナの高さを h_2〔m〕,使用電波の波長を λ〔m〕,大地の反射係数の大きさを $\gamma = 1$,直接波の電界強度を E_0〔V/m〕とすると,受信電界強度 E〔V/m〕は次式で表される.

第5章 アンテナ・給電線の測定

$$E = 2E_0 \left| \sin \frac{2\pi h_1 h_2}{\lambda d} \right| \ \text{(V/m)} \tag{5.66}$$

受信アンテナの高さ h_2 を変化させて電界強度 E を測定すると，**図5·21**(b)のハイトパターンが得られる．ハイトパターンの受信電界強度が極大になる受信アンテナの高さ h_{m1} 〔m〕と h_{m2} 〔m〕の差 Δh 〔m〕は，次式で表される．

$$\Delta h = \frac{\lambda d}{2h_1} \ \text{(m)} \tag{5.67}$$

また，ハイトパターンの測定値から，自由空間電界強度 E_0 を求めることができる．**図5·21**(b)の電界強度の最大値 $E_{\max}$ と最小値 $E_{\min}$ の比 α，大地の反射係数の大きさ γ は次式で表される．

$$\alpha = \frac{E_{\max}}{E_{\min}}, \qquad \gamma = \frac{\alpha - 1}{\alpha + 1} \tag{5.68}$$

これらの値から，自由空間電界強度 E_0 は，

$$E_0 = \frac{E_{\max}}{1 + \gamma} \tag{5.69}$$

で求めることができる．ここで，γ は大地の反射係数であり，式 (5.68) より求める．

マイクロ波固定無線回線に関する測定

■ 送受信点間の見通し試験

　マイクロ波固定無線回路を設定する場合は，地図上からルート案を作成した後，現地調査が行われる．この際，行われる送受信点間の**見通し試験**の方法として，**ミラーテスト**がある．ミラーテストは，日中，鏡によって太陽光線を反射させて相手側方向へ送る．相手側では，この光を**トランシット**によって測量して，水平，垂直角度を求めて見通しを確認する．夜間で太陽光線を利用することが困難な場合は，電灯などの光源を用いた**照明テスト**が行われる．また，伝搬路の途中に障害物があって，見通しが困難な場合には，気球を用いて測量する**バルーンテスト**が行われる．

■ 電波の干渉の測定

　マイクロ波帯の固定無線回路における電波の干渉には，**多段中継回路における干渉**，**近傍反射による干渉**，**降雨散乱による干渉**，**衛星・地上間の干渉**などがある．
　図5·22に示すように，**2周波方式**の固定無線回線における多段中継回線の主な干渉通路には，次のものがある．

（ア）アンテナの**サイド-サイド結合**

（イ）受信アンテナの**フロント-サイド結合**

（ウ）アンテナの**バック-バック結合**

（エ）受信アンテナの**フロント-バック結合**

（オ）**オーバリーチ**

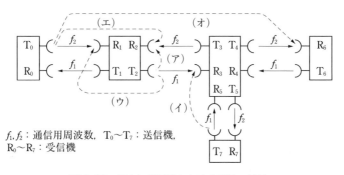

f_1, f_2：通信用周波数，$T_0 \sim T_7$：送信機，
$R_0 \sim R_7$：受信機

図 5・22 固定無線回路における電波の干渉

　固定無線回路で用いられる 2 周波方式とは，中継区間ごとに二つの周波数を交互に使用して多段中継を行う方式である．全区間において二つの周波数のみで送受信が行われるので，電波を有効に利用することができる．

電波の干渉の測定

　まず，各送信機の出力を同じ値となるように調整する．次に，干渉する回線の送信機 T_0 のみを動作させたときの被干渉受信機 R の入力レベル P_R〔dBm〕と，被干渉回線の送信機 T のみを動作させたときの被干渉受信機 R の入力レベル P_R'〔dBm〕をそれぞれ測定すると，電波干渉の結合比 S は，次式によって求めることができる．

$$S = P_R - P_R' \text{〔dB〕} \tag{5.70}$$

5.11 電波暗室

　電磁シールドされた室内の内壁全面に電波吸収体を張り付け，屋内で電波的に自由空間と同等の空間を実現したものである．**電波暗室**は，**電波無響室**ともよばれ，次のような特徴がある．

①　天候に左右されないで，安定した環境で測定ができる．

② 外部からの干渉を受けず，外部に電波を放射しない．

③ 測定器やアンテナを最適な環境に設置することができる．

電波暗室の広さは使用できる最低周波数によって決まるので，比較的小型のアンテナの測定に用いられている．また，人工衛星のフライトモデルのように，屋外での測定が難しいものの測定には欠くことができない．

大きなアンテナや航空機や船舶などに取り付けるアンテナの特性は，模型を用いて測定することがある．模型の縮尺率を p，使用周波数を f〔Hz〕とすると，測定周波数 f_m〔Hz〕は，

$$f_m = \frac{f}{p} \quad \text{〔Hz〕} \tag{5.71}$$

を用いる．$p < 1$ なので，測定周波数は使用周波数より高い周波数である．

また，模型の縮尺率 p は，測定する空間の誘電率および透磁率には依存しないが，アンテナ材料の導電率に依存する．

電波暗室内では壁などからの不要散乱波が発生し，完全に除くことはできないので，直接波と不要波の相対強度があるレベル以下になることを保証する受信点の体積領域を求める．これをクワイエットゾーンという．

電波暗室には，室内や外で発生する電磁波の影響を遮断するために電磁遮へい（シールド）が用いられている．遮へいの内や外に電磁波が存在すると，遮へい材料として用いられる金属の表面に高周波のうず電流が流れ，電流によって発生する誘導磁界が逆方向の電流を発生することによって電磁波の影響が遮断される．遮へい材は銅やアルミニウムなどの板や網などである．網の場合には，網目の大きさによっては網がアンテナの働きをするので，その大きさを波長に比べて十分小さくしなければならない．

Point

電波吸収体の材質には，誘電材料と磁性材料が用いられる．誘電材料による電波吸収体は，黒鉛粉末を紙，テフロンシートなどの誘電体の表面に塗布したもの，あるいは，発泡スチロール，発泡ポリウレタンなどの誘電体に混入したものが用いられる．また，平面板に電波が入射すると，反射が生じるので，四角錐などのテーパ（先細り）状の構造としたものや，誘電率が異なる平板状の誘電材料を層状に重ねた構造とすることで，自由空間と整合させて反射を防止している．

磁性材料による電波吸収体には，焼結フェライトや焼結フェライトを粉末にしてゴムなどと混合させたものが用いられる．フェライトは外部から加わる電磁界の周波数によって特性が大きく変化する．また，磁性材料の電波吸収体に平面波が入射すると，電波吸収体の厚さで決まる特定の周波数で反射係数が 0 になるので，反射を生じないで電波を減衰させることができる．その周波数帯で電波吸収体として用いることができるので，誘電材料の電波吸収体より周波数帯域は狭くなり，使用周波数はフェライトの特性により誘電材料より低い．

5.12 雑音温度の測定

1 雑音温度

図 5·23 のような，アンテナ系と受信機の構成において，アンテナ単独の雑音温度をアンテナ雑音温度 T_a〔K〕，導波管などの給電系損失を L（給電系における入力電力対出力電力の比），周囲温度を T_0〔K〕とすると，**アンテナ系の雑音温度** T_A〔K〕は次式で表される.

$$T_A = \frac{T_a}{L} + \left(1 - \frac{1}{L}\right)T_0 \ \text{〔K〕} \tag{5.72}$$

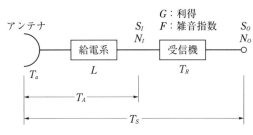

G：利得
F：雑音指数

$$F = \frac{\dfrac{S_I}{N_I}}{\dfrac{S_O}{N_O}}$$

S_I：入力信号電力
N_I：入力雑音電力
S_O：出力信号電力
N_O：出力雑音電力

図 5·23 雑音温度

アンテナ系の雑音温度 T_A と受信機の雑音温度 T_R の和は，受信システム全体の雑音温度を表し，これを**システム雑音温度** T_S という.

摂氏温度 t〔℃〕は，次式によって絶対温度 T〔K〕に直すことができる.

$$T = t + 273.15 \ \text{〔K〕} \tag{5.73}$$

Point

アンテナ系の等価雑音温度を T_A〔K〕，受信機の雑音指数を F，等価雑音帯域幅を B〔Hz〕，ボルツマン定数を k，周囲温度を T_0〔K〕とすると，受信機の雑音出力電力 N_O〔W〕は，

$$\begin{aligned} N_O &= GkT_AB + GkT_0B(F-1) \\ &= GkT_AB + GkT_RB \ \text{〔W〕} \end{aligned} \tag{5.74}$$

で表される. ここで，$T_R = T_0(F-1)$〔K〕を受信機の雑音温度という.

また，受信システム全体のシステム雑音温度 T_S〔K〕は，次式で表される.

$$T_S = T_A + T_R \ \text{〔K〕} \tag{5.75}$$

第5章 アンテナ・給電線の測定

② 雑音温度の測定法

〔1〕 Y 係数法

雑音切換法と**雑音そう加法**がある．通信用の低雑音受信機を用いて，アンテナと**標準雑音源**を切り換えて，あるいは方向性結合器で結合して，それらの受信機の出力からアンテナ系の雑音温度などを求める．この方法では，受信機の雑音温度をあらかじめ測定しておかなければならない．

図 5·24 に雑音切換法の構成図を示す．標準雑音源を動作させないとき導波管スイッチを②側に入れると，室温の雑音温度 T_0〔K〕に比例した熱雑音電力が受信機に入り，受信機の等価入力雑音温度 T_R〔K〕に比例した熱雑音電力 N_R〔W〕が加わって，受信機の雑音出力 N_0〔W〕が電力計で測定される．

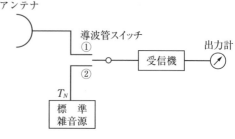

図 5·24　雑音切換法

次に，標準雑音源を動作させると，標準雑音源の雑音温度 T_N〔K〕に比例した熱雑音電力が受信機に入り，N_R と合成されて，受信機の雑音出力 N_N〔W〕が測定される．雑音出力と雑音温度は比例するので，N_0 と N_N の比 Y_1 は次式で表される．

$$Y_1 = \frac{N_0}{N_N} = \frac{T_0 + T_R}{T_N + T_R} \tag{5.76}$$

式 (5.76) から，受信機の等価入力雑音温度 T_R〔K〕を求めると，次式で表される．

$$T_R = \frac{T_0 - Y_1 T_N}{Y_1 - 1} \ \text{〔K〕} \tag{5.77}$$

導波管スイッチを②側に入れた状態で，標準雑音源を動作させたときの受信機の雑音出力 N_N と導波管スイッチを①側に入れたときの受信機の雑音出力との比は，アンテナ系の雑音温度を T_A〔K〕とすれば式 (5.76) と同様にして，次式で表される．

$$Y_2 = \frac{T_N + T_R}{T_A + T_R} \tag{5.78}$$

式 (5.78) から，アンテナ系の雑音温度 T_A〔K〕を求めると，次式で表される．

$$T_A = \frac{T_N + T_R}{Y_2} - T_R \ \text{〔K〕} \tag{5.79}$$

〔2〕　ラジオメータ法

アンテナ系と受信機とを電気的に分割することができる**ラジオメータ**を用いて，アンテナ雑音と標準雑音源とを適当な周波数で電気的に切り換えるものである．切り換えられた信号波は増幅・検波され，アンテナ雑音温度と標準雑音温度の差に比例した電圧を取り出すことができる．

標準雑音源には，放電管（アルゴンガスなど），ノイズダイオード，加熱無反射終端，冷却無反射終端などがある．液体窒素冷却無反射終端では，約 80〔K〕の標準雑音温度が得られる．

基本問題練習

問 1   〔2陸技〕

次の記述は，給電線上の電圧分布から給電線の特性インピーダンスを求める方法について述べたものである．□内に入れるべき字句を下の番号から選べ．ただし，給電線の特性インピーダンスを Z_0〔Ω〕とし，損失はないものとする．また，給電線の終端に既知抵抗 R〔Ω〕を接続するものとする．

(1) 図に示すように，給電線上に生じた定在波の最大値を $V_{\max}$〔V〕，最小値を $V_{\min}$〔V〕，電圧反射係数を Γ とすれば，電圧定在波比 S は次式で表される．

$$S = \frac{V_{\max}}{V_{\min}} = \boxed{\text{ア}} \qquad \cdots\cdots①$$

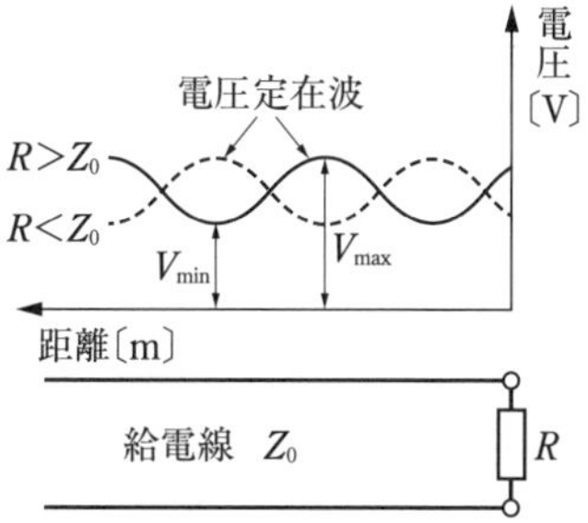

(2) Γ は，Z_0 および R を用いて次式で表される．

$$|\Gamma| = \boxed{\text{イ}} \qquad \cdots\cdots②$$

(3) $R > Z_0$ のとき，S の値は，Z_0 と R で表すと式①および②から次式となる．

$$S = \boxed{\text{ウ}} \qquad \cdots\cdots③$$

したがって，$Z_0 = \boxed{\text{エ}}$〔Ω〕が得られる．

$R < Z_0$ のときも同様にして求めることができる．

(4) 定在波が生じていない場合には $V_{\max} = V_{\min}$ であるから，$Z_0 = \boxed{\text{オ}}$〔Ω〕である．

1 $\dfrac{1-|\Gamma|}{1+|\Gamma|}$ 2 $\dfrac{|R-Z_0|}{|R+Z_0|}$ 3 $\dfrac{Z_0}{R}$ 4 $\dfrac{RV_{\min}}{V_{\max}}$ 5 R

6 $\dfrac{1+|\Gamma|}{1-|\Gamma|}$ 7 $\dfrac{|R+Z_0|}{|R-Z_0|}$ 8 $\dfrac{R}{Z_0}$ 9 $\dfrac{RV_{\max}}{V_{\min}}$ 10 $4R$

▶▶▶▶ p.203

解説 問題の (3) において，$R > Z_0$ の条件では $|R - Z_0| = R - Z_0$ となるので，問題の式②を式③に代入すると，電圧定在波比 S は次式で表される．

（右段縦書き）第 5 章 アンテナ・給電線の測定

（図内）電圧〔V〕／電圧定在波／$R > Z_0$／$R < Z_0$／$V_{\min}$／$V_{\max}$／距離〔m〕／給電線 Z_0／R

$$S = \frac{1 + |\Gamma|}{1 - |\Gamma|} = \frac{1 + \dfrac{R - Z_0}{R + Z_0}}{1 - \dfrac{R - Z_0}{R + Z_0}} = \frac{(R + Z_0) + (R - Z_0)}{(R + Z_0) - (R - Z_0)} = \frac{R}{Z_0} \quad (1)$$

電圧定在波が生じていない場合は，$V_{\max} = V_{\min}$ を問題の式①に代入すると $S = 1$ となるので，式 (1) より $Z_0 = R$〔Ω〕が得られる.

問2　　　　　　　　　　　　　　　　　　　　　　　　　　　1陸技

　長さ l〔m〕の無損失給電線の終端を開放および短絡して入力端から見たインピーダンスを測定したところ，それぞれ $-j\,90$〔Ω〕および $+j\,40$〔Ω〕であった．この給電線の特性インピーダンスの値として，正しいものを下の番号から選べ.

1　50〔Ω〕　　　2　60〔Ω〕　　　3　66〔Ω〕　　　4　75〔Ω〕　　　5　83〔Ω〕

▶▶▶▶▶ p.204

解説　終端を開放したときのインピーダンスの絶対値を $|\dot{Z}_F| = 90$〔Ω〕，短絡したときの絶対値を $|\dot{Z}_S| = 40$〔Ω〕とすると，特性インピーダンス Z_0〔Ω〕は次式で表される.

$$Z_0 = \sqrt{|\dot{Z}_F|\,|\dot{Z}_S|} = \sqrt{90 \times 40} = \sqrt{3{,}600} = \sqrt{60^2} = 60 \text{〔Ω〕}$$

問3　　　　　　　　　　　　　　　　　　　　　　1陸技　2陸技類題

　次の記述は，無損失給電線上の定在波の測定により，アンテナの給電点インピーダンスを求める過程について述べたものである．　□　内に入れるべき字句を下の番号から選べ．ただし，給電線の特性インピーダンスを Z_0〔Ω〕とする.

(1)　給電点から l〔m〕だけ離れた給電線上の点の電圧 V および電流 I は，給電点の電圧を V_L〔V〕，電流を I_L〔A〕，位相定数を β〔rad/m〕とすれば，次式で表される.

$$V = V_L \cos \beta l + j Z_0 I_L \sin \beta l \text{〔V〕} \qquad \cdots\cdots ①$$

$$I = I_L \cos \beta l + j (V_L / Z_0) \sin \beta l \text{〔A〕} \qquad \cdots\cdots ②$$

　したがって，給電点インピーダンスを Z_L〔Ω〕とすると，給電点から l〔m〕だけ離れた給電線上の点のインピーダンス Z は，式①と②から次式で表される.

$$Z = V / I = \boxed{\ \ \text{ア}\ \ } \text{〔Ω〕} \qquad \cdots\cdots ③$$

(2)　電圧定在波の最小値を $V_{\min}$，電流定在波の最大値を $I_{\max}$，入射波電圧を $\dot{V}_f$〔V〕，

解答

問1　ア-6　イ-2　ウ-8　エ-4　オ-5　　**問2**　-2

反射波電圧を $\dot{V}_r$ 〔V〕および反射係数を Γ とすれば，$V_{\min}$ と $I_{\max}$ は，次式で表される．

$$V_{\min} = \boxed{\quad \text{イ} \quad} \text{〔V〕} \qquad \cdots\cdots ④$$

$$I_{\max} = \boxed{\quad \text{ウ} \quad} \text{〔A〕} \qquad \cdots\cdots ⑤$$

(3) 給電点からの電圧定在波の最小点までの距離 $l_{\min}$ の点は，電流定在波の最大になる点でもあるから，この点のインピーダンス $Z_{\min}$ は，Z_0 と $|\Gamma|$ を用いて，次式で表される．

$$Z_{\min} = (\boxed{\quad \text{エ} \quad}) \times Z_0 = Z_0/S \text{〔}\Omega\text{〕} \qquad \cdots\cdots ⑥$$

ここで，S は電圧定在波比である．

(4) 式③の l に $l_{\min}$ を代入した式と式⑥が等しくなるので，Z_L は，次式で表される．

$$Z_L = \boxed{\quad \text{オ} \quad} \text{〔}\Omega\text{〕}$$

上式から，S と $l_{\min}$ が分かれば，Z_L を求めることができる．

1　$Z_0\left(\dfrac{Z_0 + jZ_L\tan\beta l}{Z_L + jZ_0\tan\beta l}\right)$　　2　$|\dot{V}_f|(1+|\Gamma|)$　　3　$\dfrac{|\dot{V}_f|(1+|\Gamma|)}{Z_0}$

4　$\dfrac{1-|\Gamma|}{1+|\Gamma|}$　　5　$Z_0\left(\dfrac{S - j\tan\beta l_{\min}}{1 - jS\tan\beta l_{\min}}\right)$　　6　$Z_0\left(\dfrac{Z_L + jZ_0\tan\beta l}{Z_0 + jZ_L\tan\beta l}\right)$

7　$|\dot{V}_f|(1-|\Gamma|)$　　8　$\dfrac{|\dot{V}_f|(1-|\Gamma|)}{Z_0}$　　9　$\dfrac{1+|\Gamma|}{1-|\Gamma|}$

10　$Z_0\left(\dfrac{1 - jS\tan\beta l_{\min}}{S - j\tan\beta l_{\min}}\right)$

▶▶▶▶▶ p.208

解説　問題の (2) において，線路上の電圧最小値 $V_{\min}$ は，進行波電圧 $\dot{V}_f$ と反射波電圧 $\dot{V}_r$ の絶対値の差で表されるので，次式となる．

$$V_{\min} = |\dot{V}_f| - |\dot{V}_r| = |\dot{V}_f|\left(1 - \frac{|\dot{V}_r|}{|\dot{V}_f|}\right) = |\dot{V}_f|(1 - |\Gamma|) \text{〔V〕} \qquad (1)$$

電圧最小点は電流最大点となるので，そのとき電流最大値 $I_{\max}$ は進行波電流 $\dot{I}_f$ と反射波電流 $\dot{I}_r$ の絶対値の和で表されるから，次式で表される．

$$I_{\max} = |\dot{I}_f| + |\dot{I}_r| = \frac{|\dot{V}_f|}{Z_0} + \frac{|\dot{V}_r|}{Z_0} = \frac{|\dot{V}_f|(1+|\Gamma|)}{Z_0} \text{〔A〕} \qquad (2)$$

問題の (3) において，電圧最小点のインピーダンス $Z_{\min}$ は，式 (1) ÷ 式 (2) より，

式で表される.

$$Z_{\min} = \frac{V_{\min}}{I_{\max}} = \frac{1 - |\Gamma|}{1 + |\Gamma|} \times Z_0 = \frac{Z_0}{S} \ [\Omega]$$

ただし, $S = \dfrac{1 + |\Gamma|}{1 - |\Gamma|}$ である.

問4 ▶ 　　　　　　　　　　　　　　　　　　　　 2陸技

次の記述は, マジックTによるインピーダンスの測定について述べたものである. 　　内に入れるべき字句を下の番号から選べ. ただし, 測定器相互間の整合はとれているものとし, 接続部からの反射は無視できるものとする. なお, 同じ記号の 　　内には, 同じ字句が入るものとする.

(1) 図において, 開口1および2に任意のインピーダンスを接続して, 開口3からマイクロ波を入力すると, 等分されて開口1および2へ進むが, 両開口からの反射波があると, 開口4へ出力される. その大きさは, 開口1および2からの反射波の大きさの 　ア　 である.

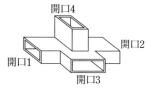

(2) 未知のインピーダンスを測定するには, 開口1に標準可変インピーダンス, 開口2に被測定インピーダンス, 開口3に高周波発振器および開口4に 　イ　 を接続し, 標準可変インピーダンスを加減して 　イ　 への出力が 　ウ　 になるようにする. このときの標準可変インピーダンスの値が被測定インピーダンスの値である.

(3) 標準可変インピーダンスに換えて 　エ　 を接続し, 被測定インピーダンスからの反射電力を測定して, その値から計算により被測定インピーダンスの 　オ　 を求めることもできる.

1　和	2　可変移相器	3　最小	4　無反射終端	5　位相
6　差	7　検出器	8　最大	9　短絡板	10　大きさ

▶▶▶▶▶ p.209

問5 ▶ 　　　　　　　　　　　　　　　　　　　 1陸技 ｜2陸技類題

次の記述は, 図に示すようにアンテナに接続された給電線上の電圧定在波比 (VSWR) を測定することにより, アンテナの動作利得を求める過程について述べたものである. 　　内に入れるべき字句を下の番号から選べ. ただし, アンテナの利得を G (真数), 入力インピーダンスを Z_L 〔Ω〕とする. また, 信号源と給電線は整合がとれているものとし, 給電線は無損失とする.

● 解答 ●

問3 ア-6　イ-7　ウ-3　エ-4　オ-10　　問4 ア-6　イ-7　ウ-3　エ-4　オ-10

(1) 給電線上の任意の点から信号源側を見たインピーダンスは常に Z_0〔Ω〕である．アンテナ側を見たインピーダンスが最大値 $Z_{\max}$〔Ω〕となる点では，アンテナに伝送される電力 P_t は，次式で表される．

$$P_t = \boxed{\text{ア}} \text{〔W〕} \qquad \cdots\cdots①$$

(2) VSWR を S とすると，$Z_{\max} = SZ_0$ であるから，式①は，次式で表される．

$$P_t = \boxed{\text{イ}} \text{〔W〕} \qquad \cdots\cdots②$$

V_0：信号源の起電力
Z_0：信号源の内部インピーダンスおよび給電線の特性インピーダンス

アンテナと給電線が整合しているときの P_t を P_0 とすれば，式②から P_0 は，次式で表される．

$$P_0 = \boxed{\text{ウ}} \text{〔W〕} \qquad \cdots\cdots③$$

(3) アンテナと給電線が整合していないために生ずる反射損 M は，式②と③から次式となる．

$$M = \frac{P_0}{P_t} = \boxed{\text{エ}} \qquad \cdots\cdots④$$

(4) アンテナの動作利得 G_W（真数）の定義と式④から，G_W は次式で与えられる．

$$G_W = \boxed{\text{オ}}$$

したがって，VSWR を測定することにより，G_W を求めることができる．

1 $\left(\dfrac{V_0}{2Z_0}\right)^2 Z_{\max}$ 2 $\dfrac{SV_0^2}{Z_0(1+S)^2}$ 3 $\dfrac{V_0^2}{4Z_0}$ 4 $\dfrac{(1+S)^2}{2S}$

5 $\dfrac{4SG}{(1+S)^2}$ 6 $\left(\dfrac{V_0}{Z_0+Z_{\max}}\right)^2 Z_{\max}$ 7 $\dfrac{V_0^2(1+S)^2}{2Z_0S}$ 8 $\dfrac{V_0^2}{2Z_0}$

9 $\dfrac{(1+S)^2}{4S}$ 10 $\dfrac{2SG}{(1+S)^2}$

▶▶▶▶▶ p.209

解説 アンテナ側を見たインピーダンスが最大値 $Z_{\max} = SZ_0$〔Ω〕となる点において，信号源側を見たインピーダンスは Z_0〔Ω〕なので，問題の式①は次式となる．

$$P_t = \left(\frac{V_0}{Z_0+Z_{\max}}\right)^2 Z_{\max} = \frac{V_0^2}{(Z_0+SZ_0)^2}SZ_0 = \frac{SV_0^2}{Z_0(1+S)^2} \text{〔W〕} \qquad (1)$$

整合がとれているときの P_0〔W〕は $S=1$ となるので，式 (1) より次式で表される．

第5章　アンテナ・給電線の測定

$$P_0 = \frac{V_0{}^2}{Z_0(1+1)^2} = \frac{V_0{}^2}{4Z_0} \ \text{(W)} \tag{2}$$

$M = P_0/P_t$ は，式(2)÷式(1)より次式で表される．

$$M = \frac{V_0{}^2}{4Z_0} \times \frac{Z_0(1+S)^2}{SV_0{}^2} = \frac{(1+S)^2}{4S} \tag{3}$$

アンテナの動作利得 G_W は，給電線の整合状態を含めた利得だから次式で表される．

$$G_W = \frac{G}{M} = \frac{4SG}{(1+S)^2}$$

問6 　　　　　　　　　　　　　　　　　　　　　　　　　1陸技

アンテナ利得が 10(真数)のアンテナを無損失の給電線に接続して測定した電圧定在波比 (VSWR) の値が 1.5 であった．このアンテナの動作利得(真数)の値として，最も近いもの を下の番号から選べ．

1　4.8　　2　6.7　　3　7.7　　4　8.5　　5　9.6

▶▶▶▶▶ p.209

解説　電圧定在波比を S，アンテナ利得を G とすると，動作利得 G_W は次式で表される．

$$\begin{aligned}G_W &= \frac{4SG}{(1+S)^2} \\ &= \frac{4 \times 1.5 \times 10}{(1+1.5)^2} = \frac{60}{2.5 \times 2.5} = \frac{24}{2.5} = 9.6\end{aligned}$$

問7 　　　　　　　　　　　　　　　　　　　　　　　　　2陸技

1/4 波長垂直接地アンテナの接地抵抗を測定したとき，周波数 3〔MHz〕で 3〔Ω〕であっ た．このアンテナの放射効率の値として，最も近いものを下の番号から選べ．ただし，大地 は完全導体とし，アンテナ導線の損失抵抗および接地抵抗による損失以外の損失は無視でき るものとする．また，波長を λ〔m〕とすると，給電点から見たアンテナ導線の損失抵抗 R_L は，次式で表されるものとする．

$$R_L = 0.1\lambda/8 \ \text{〔Ω〕}$$

1　0.58　　2　0.68　　3　0.72　　4　0.81　　5　0.90

▶▶▶▶▶ p.211

解答

問5 ア-6　イ-2　ウ-3　エ-9　オ-5　　**問6**-5

解説 周波数 3〔MHz〕の電波の波長は $\lambda = 100$〔m〕となるので，題意の式より，アンテナの損失抵抗 R_L〔Ω〕は，次式で表される．

$$R_L = \frac{0.1\lambda}{8} = \frac{0.1 \times 100}{8} = 1.25 \,〔\Omega〕$$

1/4 波長垂直接地アンテナの放射抵抗は $R_R \doteqdot 36.6$〔Ω〕なので，接地抵抗を R_E〔Ω〕とすると，放射効率 η は次式で表される．

$$\eta = \frac{R_R}{R_R + R_E + R_L} = \frac{36.6}{36.6 + 3 + 1.25} = \frac{36.6}{40.85} \doteqdot 0.90$$

問8 ▰▰▰▰▰▰▰▰▰▰▰▰▰▰▰▰▰▰▰▰▰▰ 1陸技 2陸技類題

次の記述は，マイクロ波アンテナの利得の測定法について述べたものである． 内に入れるべき字句の正しい組合せを下の番号から選べ．ただし，波長を λ〔m〕とする．

(1) 利得がそれぞれ G_1（真数）および G_2（真数）の二つのアンテナを距離 d〔m〕離して偏波面を揃えて対向させ，一方のアンテナから電力 P_t〔W〕を放射し，他方のアンテナで受信した電力を P_r〔W〕とすれば，P_r/P_t は，次式で表される．

$$P_r/P_t = (\boxed{\text{A}})^2 G_1 G_2 \qquad \cdots\cdots① $$

上式において，一方のアンテナの利得が既知であれば，他方のアンテナの利得を求めることができる．

(2) 二つのアンテナの利得が同じとき，式①からそれぞれのアンテナの利得は，次式により求められる．

$$G_1 = G_2 = \boxed{\text{B}}$$

(3) アンテナが一つのときは，$\boxed{\text{C}}$ を利用すれば，この方法を適用することができる．

◆◆◆ 第5章 アンテナ・給電線の測定 ◆◆◆

● **解答** ●

問7 -5

	A	B	C
1	$\dfrac{\lambda}{4\pi d}$	$\dfrac{4\pi d}{\lambda}\sqrt{\dfrac{P_r}{P_t}}$	反射板
2	$\dfrac{\lambda}{4\pi d}$	$\dfrac{4\pi d}{\lambda}\sqrt{\dfrac{P_t}{P_r}}$	反射板
3	$\dfrac{\lambda}{2\pi d}$	$\dfrac{2\pi d}{\lambda}\sqrt{\dfrac{P_t}{P_r}}$	回転板
4	$\dfrac{\lambda}{2\pi d}$	$\dfrac{2\pi d}{\lambda}\sqrt{\dfrac{P_r}{P_t}}$	反射板
5	$\dfrac{\lambda}{2\pi d}$	$\dfrac{\pi d}{\lambda}\sqrt{\dfrac{P_r}{P_t}}$	回転板

▶▶▶▶▶ p.215

解説　問題の式①は,

$$\frac{P_r}{P_t} = \left(\frac{\lambda}{4\pi d}\right)^2 G_1 G_2$$

となるので, $G_1 = G_2 = G$ とすると, 次式となる.

$$\frac{P_r}{P_t} = \left(\frac{\lambda}{4\pi d}\right)^2 G^2 \quad \text{よって,} \quad G^2 = \left(\frac{4\pi d}{\lambda}\right)^2 \frac{P_r}{P_t}$$

両辺の $\sqrt{}$ をとって G を求めると, 次式で表される.

$$G = \frac{4\pi d}{\lambda}\sqrt{\frac{P_r}{P_t}}$$

問9　　　　　　　　　　　　　　　　　　　　　　　1陸技

　次の記述は, 反射板を用いるアンテナ利得の測定法について述べたものである. ☐☐内に入れるべき字句の正しい組合せを下の番号から選べ. なお, 同じ記号の ☐☐内には, 同じ字句が入るものとする.

　アンテナが1基のみの場合は, 図に示す構成により以下のようにアンテナ利得を測定することができる. ただし, 波長を λ〔m〕, 被測定アンテナの開口径を D〔m〕, 絶対利得を G（真数）, アンテナと垂直に立てられた反射板との距離を d〔m〕とし, d は, 測定誤差が問題とならない適切な距離とする.

（1）　アンテナから送信電力 P_t〔W〕の電波を送信し, 反射して戻ってきた電波を同じアンテナで受信したときの受信電力 P_r〔W〕は, 次式で与えられる.

● **解答** ●

問8-1

$$P_r = \frac{G\lambda^2}{4\pi} \times \boxed{\text{A}} \qquad \cdots\cdots①$$

(2) アンテナには定在波測定器が接続されているものとし，反射波を受信したときの電圧定在波比を S とすれば，S と P_t および P_r との間には，次の関係がある.

$$\frac{P_r}{P_t} = (\boxed{\text{B}})^2 \qquad \cdots\cdots②$$

(3) 式①および②より絶対利得 G は，次式によって求められる.

$$G = \boxed{\text{C}} \times \boxed{\text{B}}$$

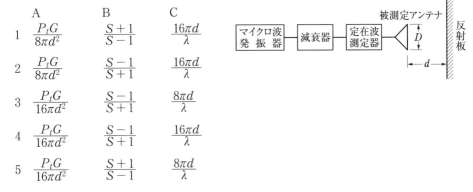

	A	B	C
1	$\dfrac{P_t G}{8\pi d^2}$	$\dfrac{S+1}{S-1}$	$\dfrac{16\pi d}{\lambda}$
2	$\dfrac{P_t G}{8\pi d^2}$	$\dfrac{S-1}{S+1}$	$\dfrac{16\pi d}{\lambda}$
3	$\dfrac{P_t G}{16\pi d^2}$	$\dfrac{S-1}{S+1}$	$\dfrac{8\pi d}{\lambda}$
4	$\dfrac{P_t G}{16\pi d^2}$	$\dfrac{S-1}{S+1}$	$\dfrac{16\pi d}{\lambda}$
5	$\dfrac{P_t G}{16\pi d^2}$	$\dfrac{S+1}{S-1}$	$\dfrac{8\pi d}{\lambda}$

▶▶▶▶▶ p.217

解説 放射電力 P_t〔W〕の電波が反射板によって反射されて，距離が $2d$〔m〕となり被測定アンテナ方向に戻ってきたときの電力束密度を W〔W/m²〕，被測定アンテナの実効面積を A_e〔m²〕とすると，受信電力 P_r〔W〕は次式で表される.

$$P_r = A_e W = \frac{G\lambda^2}{4\pi} \times \frac{P_t G}{4\pi(2d)^2} = \frac{G\lambda^2}{4\pi} \times \frac{P_t G}{16\pi d^2} \text{〔W〕} \qquad (1)$$

反射係数を Γ，電圧定在波比を S とすると次式の関係がある.

$$\frac{P_r}{P_t} = |\Gamma|^2 = \left(\frac{S-1}{S+1}\right)^2 \qquad (2)$$

式 (1) を (2) に代入して，アンテナ利得 G を求めると次式で表される.

$$\frac{G\lambda^2}{4\pi} \times \frac{G}{16\pi d^2} = \left(\frac{S-1}{S+1}\right)^2 \qquad (3)$$

$$\left(\frac{G\lambda}{8\pi d}\right)^2 = \left(\frac{S-1}{S+1}\right)^2$$

よって，

第5章 アンテナ・給電線の測定

$$G = \frac{8\pi d}{\lambda} \times \frac{S-1}{S+1}$$

問10 ■■■■■■■■■■ 1陸技

　次の記述は，アンテナの測定について述べたものである．このうち正しいものを1，誤っているものを2として解答せよ．

　ア　アンテナの測定項目には，入力インピーダンス，利得，指向性，偏波などがある．

　イ　三つのアンテナを用いる場合，これらのアンテナの利得が未知であっても，それぞれの利得を求めることができる．

　ウ　円偏波アンテナの測定をする場合には，円偏波の電波を送信して測定することができるほか，直線偏波のアンテナを送信アンテナに用い，そのビーム軸のまわりに回転させながら測定することもできる．

　エ　開口面アンテナの指向性を測定する場合の送受信アンテナの離すべき最小距離は，開口面の大きさと関係し，使用波長に関係しない．

　オ　大形のアンテナの測定を電波暗室で行えない場合には，アンテナの寸法を所定の大きさまで縮小し，本来のアンテナの使用周波数に縮小率を掛けた低い周波数で測定する．

▶▶▶▶▶ p.211〜228

解説　誤っている選択肢は，正しくは次のようになる．

　　エ　開口面アンテナの指向性を測定する場合の送受信アンテナの離すべき最小距離は，**開口面の大きさと使用波長に関係する**．

　　オ　大形のアンテナの測定を電波暗室で行えない場合には，アンテナの寸法を所定の大きさまで縮小し，本来のアンテナの**使用周波数を縮小率で割った高い周波数**で測定する．

問11 ■■■■■■■■■■ 1陸技

　次の記述は，アンテナ利得などの測定において，送信または受信アンテナの一方の開口の大きさが波長に比べて大きいときの測定距離について述べたものである．□□内に入れるべき字句を下の番号から選べ．ただし，任意の角度をαとすれば，$\cos^2(\alpha/2) = (1+\cos\alpha)/2$である．なお，同じ記号の□□内には，同じ字句が入るものとする．

（1）図1に示すように，アンテナ間の測定距離をL〔m〕，寸法が大きい方の円形開口面アンテナ1の直径をD〔m〕，その縁Pから小さい方のアンテナ2までの距離をL'〔m〕とすれば，LとL'の距離の差ΔLは，次式で表される．

●解答●

問9 -3　**問10** ア-1　イ-1　ウ-1　エ-2　オ-2

$$\Delta L = L' - L = \boxed{} - L$$

$$\fallingdotseq L\left\{1 + \frac{1}{2}\left(\frac{D}{2L}\right)^2\right\} - L = \frac{D^2}{8L} \text{ (m)} \cdots\cdots ①$$

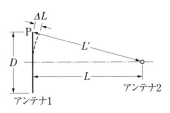

波長を λ 〔m〕とすれば，ΔL による電波の位相差 $\Delta\theta$ は，次式となる．

$$\Delta\theta = \boxed{} \text{ (rad)} \qquad\qquad \cdots\cdots ②$$

(2) アンテナ1の中心からの電波の電界強度 $\dot{E}_0$〔V/m〕とその縁からの電波の電界強度 $\dot{E}_0'$〔V/m〕は，アンテナ2の点において，その大きさが等しく位相のみが異なるものとし，その大きさをいずれも E_0〔V/m〕とすれば $\dot{E}_0$ と $\dot{E}_0'$ との間に位相差がないときの受信点での合成電界強度の大きさ E〔V/m〕は，$\boxed{}$〔V/m〕である．また，位相差が $\Delta\theta$ のときの合成電界強度 $\dot{E}'$ の大きさ E' は，図2のベクトル図から，次式で表される．

$$E' = \boxed{} = \boxed{} \times \cos\left(\frac{\Delta\theta}{2}\right) \text{ (V/m)} \qquad \cdots\cdots ③$$

したがって，次式が得られる．

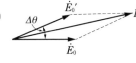

$$E'/E = \cos\left(\frac{\Delta\theta}{2}\right) \qquad\qquad \cdots\cdots ④$$

図2

(3) 式④へ $\Delta\theta = \pi/8$〔rad〕を代入すると，$E'/E \fallingdotseq 0.98$ となり，誤差は約2〔%〕となる．したがって，誤差が約2〔%〕以下となる最小の測定距離 $L_{\min}$ は，式②から次式となる．

$$L_{\min} = \boxed{} \text{ (m)}$$

1 $\sqrt{L^2 + \left(\frac{D}{2}\right)^2}$　2 $\frac{\pi D^2}{4\lambda L}$　3 $2E_0$　4 $\sqrt{2}E_0\sqrt{1-\cos\Delta\theta}$　5 $\frac{2D^2}{\lambda}$

6 $\sqrt{L^2 + D^2}$　7 $\frac{\pi D^2}{8\lambda L}$　8 $\sqrt{2}E_0$　9 $\sqrt{2}E_0\sqrt{1+\cos\Delta\theta}$　10 $\frac{D^2}{\lambda}$

▶▶▶▶▶ p.218

解説　位相定数を $\beta = 2\pi/\lambda$ とすると，問題の式②の ΔL によって生じる位相差 $\Delta\theta$〔rad〕は，式①を用いると次式で表される．

$$\Delta\theta = \beta\Delta L = \frac{2\pi}{\lambda}\Delta L = \frac{2\pi}{\lambda} \times \frac{D^2}{8L} = \frac{\pi D^2}{4\lambda L} \text{ (rad)} \qquad (1)$$

問題で与えられた三角関数の公式は，$\cos(\alpha/2) = \sqrt{(1+\cos\alpha)/2}$ となるので，$E_0 = E_0'$ の条件から問題図2より E' を求めると，次式で表される．

第5章　アンテナ・給電線の測定

第5章　基本問題練習

$$E' = 2E_0 \cos\left(\frac{\Delta\theta}{2}\right) = 2E_0 \frac{\sqrt{1 + \cos\Delta\theta}}{\sqrt{2}} = \sqrt{2}E_0\sqrt{1 + \cos\Delta\theta} \ [\text{V/m}] \qquad (2)$$

式 (1) に $\Delta\theta = \pi/8$ を代入すると，次式の関係となる．

$$\frac{\pi}{8} = \frac{\pi D^2}{4\lambda L}$$

よって，L が最小の測定距離 $L_{\min}$ $[\text{m}]$ は，次式で表される．

$$L_{\min} = \frac{2D^2}{\lambda} \ [\text{m}]$$

問12 　　　　　　　　　　　　　　　　　　　　　　　　　　　　　　　　 2陸技

　図は，使用する電波の波長 λ $[\text{m}]$ に比べて大きなアンテナ直径 D_1 $[\text{m}]$ または D_2 $[\text{m}]$ を持つ 2 つの開口面アンテナの利得や指向性を測定する場合の最小測定距離 R $[\text{m}]$ を求めるための幾何学的な関係を示したものである．$D_1 = 1.4$ $[\text{m}]$，$D_2 = 0.6$ $[\text{m}]$ および測定周波数が 15 $[\text{GHz}]$ のときの R の値として，最も近いものを下の番号から選べ．ただし，通路差 ΔR は，$\Delta R = R_1 - R \fallingdotseq (D_1 + D_2)^2/(8R)$ $[\text{m}]$ とし，ΔR が $\lambda/16$ $[\text{m}]$ 以下であれば適切な測定ができるものとする．

1　400 $[\text{m}]$

2　550 $[\text{m}]$

3　630 $[\text{m}]$

4　800 $[\text{m}]$

5　950 $[\text{m}]$

▶▶▶▶▶ p.218

解説　周波数 $f = 15$ $[\text{GHz}] = 15 \times 10^9$ $[\text{Hz}]$ の電波の波長 λ $[\text{m}]$ は，次式で表される．

$$\lambda = \frac{3 \times 10^8}{f} = \frac{3 \times 10^8}{15 \times 10^9} = 2 \times 10^{-2} \ [\text{m}]$$

題意の式において $\Delta R = \lambda/16$ とすると，次式が成り立つ．

$$\Delta R = \frac{\lambda}{16} = \frac{(D_1 + D_2)^2}{8R}$$

よって，R $[\text{m}]$ は次式で表される．

$$R = \frac{2(D_1 + D_2)^2}{\lambda} = \frac{2 \times (1.4 + 0.6)^2}{2 \times 10^{-2}} = \frac{2 \times 2^2}{2} \times 10^2 = 400 \ [\text{m}]$$

● 解答 ●

問11 ア-1　イ-2　ウ-3　エ-9　オ-5　　**問12** -1

問13　　　　　　　　　　　　　　　　　　　　　　　　1陸技 | 2陸技類題

次の記述は，図に示す Wheeler cap（ウィーラー・キャップ）法による小形アンテナの放射効率の測定について述べたものである．　　内に入れるべき字句を下の番号から選べ．ただし，金属の箱および地板の大きさおよび材質は，測定条件を満たしており，アンテナの位置は，箱の中央部に置いて測定するものとする．なお，同じ記号の　　内には，同じ字句が入るものとする．

（1）　入力インピーダンスから放射効率を求める方法

地板の上に置いた被測定アンテナに，アンテナ電流の分布を乱さないよう適当な形および大きさの金属の箱をかぶせて隙間がないように密閉し，被測定アンテナの入力インピーダンスの　ア　を測定する．このときの値は，アンテナの放射抵抗が無視できるので損失抵抗 R_l〔Ω〕とみなすことができる．

次に，箱を取り除いて，同様に，入力インピーダンスの　ア　を測定する．このときの値は，被測定アンテナの放射抵抗を R_r〔Ω〕とすると　イ　〔Ω〕となる．

金属の箱をかぶせないときの入力インピーダンスの　ア　の測定値を R_{in}〔Ω〕，かぶせたときの入力インピーダンスの　ア　の測定値を $R_{in}'(= R_l)$〔Ω〕とすると，放射効率 η は，$\eta =$　ウ　で求められる．

ただし，金属の箱の有無にかかわらず，アンテナ電流を一定とし，被測定アンテナは直列共振形とする．また，給電線の損失はないものとする．

（2）　電圧反射係数から放射効率を求める方法

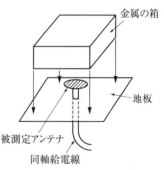

金属の箱をかぶせないときの送信機の出力電力 P_o〔W〕，被測定アンテナの入力端子からの反射電力を P_{ref}〔W〕，（1）と同じように被測定アンテナに金属の箱をかぶせたときの送信機の出力電力を P_o'〔W〕，被測定アンテナの入力端子からの反射電力を P_{ref}'〔W〕とすると，放射効率 η は，次式で求められる．ただし，送信機と被測定アンテナ間の給電線は損失はないものとする．

金属の箱

地板

被測定アンテナ

同軸給電線

$$\eta = \frac{P_o - P_{ref} - (P_o' - P_{ref}')}{P_o - P_{ref}} \qquad \cdots\cdots ①$$

$P_o = P_o'$ のとき，η は，式①より次式のようになる．

$$\eta = \frac{\boxed{エ}}{1 - (P_{ref}/P_o)} \qquad \cdots\cdots ②$$

金属の箱をかぶせないときの電圧反射係数を $|\Gamma|$，かぶせたときの電圧反射係数を $|\Gamma'|$ とすると，η は，式②より，$\eta =$　オ　となり電圧反射係数から求められる．ただし，$|\Gamma'| \geqq |\Gamma|$ が成り立つ範囲で求められる．

1 虚数部　　　　　　　　　2 $R_r - R_l$　　　　　　3 $1 - (R_\text{in}{}'/R_\text{in})$

4 $(P_\text{ref}{}'/P_o{}') - (P_\text{ref}/P_o)$　　5 $\dfrac{|\Gamma'|^2 - |\Gamma|^2}{1 - |\Gamma|^2}$　　6 実数部

7 $R_r + R_l$　　　　　　　　8 $1 - (R_\text{in}/R_\text{in}{}')$　　9 $(P_\text{ref}/P_o) - (P_\text{ref}{}'/P_o{}')$

10 $\dfrac{|\Gamma'| - |\Gamma|}{1 - |\Gamma|}$

▶▶▶▶▶ p.220

解説　(1)　入力インピーダンスから放射効率を求める方法

箱をかぶせないときの入力インピーダンスの実数部の測定値 R_in〔Ω〕は，R_r と R_l の和となるので，次式で表される．

$$R_\text{in} = R_r + R_l \ \text{〔Ω〕}$$

箱をかぶせたときの測定値は $R_\text{in}{}' = R_l$〔Ω〕なので，放射効率 η は次式で表される．

$$\eta = \frac{R_r}{R_r + R_l} = \frac{R_r + R_l - R_l}{R_r + R_l}$$
$$= \frac{R_\text{in} - R_\text{in}{}'}{R_\text{in}} = 1 - \frac{R_\text{in}{}'}{R_\text{in}}$$

(2)　電圧反射係数から放射効率を求める方法

箱をかぶせないとき，アンテナに供給される電力 P_A〔W〕は，P_o〔W〕と P_ref〔W〕の差となるので，次式で表される．

$$P_A = P_o - P_\text{ref} \ \text{〔W〕} \tag{1}$$

また，P_A は放射電力と損失電力の和となる．

箱をかぶせたとき，アンテナに供給される電力 $P_A{}'$〔W〕は次式で表される．

$$P_A{}' = P_o{}' - P_\text{ref}{}' \ \text{〔W〕} \tag{2}$$

式 (2) の電力 $P_A{}'$ は損失電力を表すので，放射電力 P〔W〕は次式で表される．

$$P = P_A - P_A{}' \ \text{〔W〕} \tag{3}$$

式 (1)，(2)，(3) より，放射効率 η は次式で表される．

$$\eta = \frac{P}{P_A} = \frac{P_A - P_A{}'}{P_A} = \frac{P_o - P_\text{ref} - (P_o{}' - P_\text{ref}{}')}{P_o - P_\text{ref}} \tag{4}$$

$P_o = P_o{}'$ の条件より，式 (4) は $|\Gamma|$ と $|\Gamma'|$ より次式で表される．

$$\eta = \frac{P_\text{ref}{}' - P_\text{ref}}{P_o - P_\text{ref}} = \frac{\dfrac{P_\text{ref}{}'}{P_o} - \dfrac{P_\text{ref}}{P_o}}{1 - \dfrac{P_\text{ref}}{P_o}} = \frac{|\Gamma'|^2 - |\Gamma|^2}{1 - |\Gamma|^2}$$

問14 1陸技類題 2陸技

次の記述は，図に示すアンテナの近傍界を測定するプローブの平面走査法について述べたものである．このうち誤っているものを下の番号から選べ．

1 プローブには，半波長ダイポールアンテナやホーンアンテナなどが用いられる．

2 被測定アンテナを回転させないでプローブを上下左右方向に走査して測定を行うので，鋭いビームを持つアンテナや回転不可能なアンテナの測定に適している．

3 高精度の測定には，受信機の直線性を校正しておかなければならない．

4 多重反射による誤差は，プローブを極端に大きくしたり，被測定アンテナに接近させ過ぎたりすることで生ずる．

5 数値計算による近傍界から遠方界への変換が，円筒面走査法や球面走査法に比べて難しい．

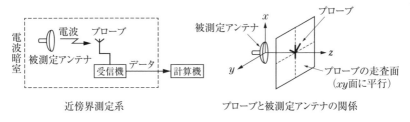

近傍界測定系　　　　　　プローブと被測定アンテナの関係

▶▶▶▶▶ p.221

解説 誤っている選択肢は，正しくは次のようになる．

5 数値計算による近傍界から遠方界への変換が，円筒面走査法や球面走査法に比べて**比較的容易である**．

問15 1陸技

次の記述は，開口面アンテナの測定における放射電磁界の領域について述べたものである．　□　内に入れるべき字句の正しい組合せを下の番号から選べ．なお，同じ記号の　□　内には，同じ字句が入るものとする．

(1) アンテナにごく接近した　A　領域では，静電界や誘導電磁界が優勢であるが，アンテナからの距離が離れるにつれてこれらの電磁界成分よりも放射電磁界成分が大きくなってくる．

● **解答** ●

問13 ア-6 イ-7 ウ-3 エ-4 オ-5 　**問14**-5

第5章 アンテナ・給電線の測定

(2) 放射電磁界成分が優勢な領域を放射界領域といい，放射近傍界領域と放射遠方界領域の二つの領域に分けられる．二つの領域のうち放射 B 領域は，放射エネルギーの角度に対する分布がアンテナからの距離によって変化する領域で，この領域において，アンテナの B の測定が行われる．

(3) アンテナの放射特性は， C によって定義されているので， B の測定で得られたデータを用いて計算により C の特性を間接的に求める．

	A	B	C
1	フレネル	近傍界	放射遠方界
2	フレネル	遠方界	誘導電磁界
3	リアクティブ近傍界	近傍界	誘導電磁界
4	リアクティブ近傍界	近傍界	放射遠方界
5	リアクティブ近傍界	遠方界	誘導電磁界

▶▶▶▶▶ p.222

解説 リアクティブ近傍界領域は，アンテナにごく接近した距離で，静電界や誘導電磁界成分が強い領域である．距離が離れると静電界成分は距離の3乗に反比例して，誘導電磁界成分は距離の2乗に反比例して減少するが，放射電磁界成分は距離に反比例して減少するので，遠方になると放射電磁界成分のみとなる．

問16 　　　　　　　　　　　　　　　　　　　　　　1陸技

次の記述は，ハイトパターンの測定について述べたものである．□内に入れるべき字句の正しい組合せを下の番号から選べ．ただし，波長を λ [m] とし，大地は完全導体平面でその反射係数を -1 とする．

(1) 超短波（VHF）の電波伝搬において，送信アンテナの地上高，送信周波数，送信電力および送受信点間距離を一定にして，受信アンテナの高さを上下に移動させて電界強度を測定すると，直接波と大地反射波との干渉により，図に示すようなハイトパターンが得られる．

(2) 直接波と大地反射波との通路差 Δl は，送信および受信アンテナの高さをそれぞれ h_1 [m]，h_2 [m]，送受信点間の距離を d [m] とし，$d \gg (h_1 + h_2)$ とすると，次式で表される．

$$\Delta l \fallingdotseq \boxed{\text{A}} \ [\text{m}]$$

● 解答 ●

問15-4

(3) ハイトパターンの受信電界強度が極大になる受信アンテナの高さ h_{m2} と h_{m1} の差 Δh は，$\boxed{\text{B}}$〔m〕である．

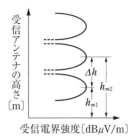

	A	B
1	$\dfrac{2h_1 h_2}{d}$	$\dfrac{\lambda d}{2h_1}$
2	$\dfrac{2h_1 h_2}{d}$	$\dfrac{\lambda d}{2\pi h_1}$
3	$\dfrac{3h_1 h_2}{d}$	$\dfrac{\lambda d}{4\pi h_1}$
4	$\dfrac{4h_1 h_2}{d}$	$\dfrac{\lambda d}{2\pi h_1}$
5	$\dfrac{4h_1 h_2}{d}$	$\dfrac{\lambda d}{2h_1}$

▶▶▶▶▶ p.225

解説 問題の (3) において，自由空間の電界強度を E_0〔V/m〕，大地の反射係数を -1 とすると，直接波と大地反射波による受信電界強度 E〔V/m〕は，次式で表される．

$$E = 2E_0 \left| \sin \frac{2\pi h_1 h_2}{\lambda d} \right| = 2E_0 |\sin \theta| \ \text{〔V/m〕} \tag{1}$$

式 (1) の $\theta = \pi/2$〔rad〕のときに sin は最大値 1 となる．最大値は π〔rad〕ごとに繰り返されるので，受信アンテナの高さ h_2 を変化させて受信電界強度が極大となる高さ h_{m1}〔m〕と h_{m2}〔m〕の差を Δh〔m〕とすると，次式が成り立つ．

$$\frac{2\pi h_1 h_{m2}}{\lambda d} - \frac{2\pi h_1 h_{m1}}{\lambda d} = \frac{2\pi h_1}{\lambda d}(h_{m2} - h_{m1}) = \frac{2\pi h_1}{\lambda d}\Delta h = \pi$$

よって，

$$\Delta h = \frac{\lambda d}{2h_1} \ \text{〔m〕}$$

問17 ［2陸技］

次の記述は，電波暗室について述べたものである．このうち誤っているもの下の番号から選べ．

1 電波暗室内の壁面や天井および床に電波吸収体を張り付けて自由空間とほぼ同等の空間を実現したもので，アンテナの指向性の測定などを能率的に行うことができる．

● **解答** ●

問16-1

2 電波暗室には，電磁的なシールドが施されている．

3 電波吸収体は，使用周波数に適した材質，形状のものを用いる．

4 電波暗室の性能は壁面や天井および床などからの反射電力の大小で評価され，評価法にはアンテナパターン比較法や空間定在波法などがある．

5 電波暗室内で，測定するアンテナを設置する場所をフレネルゾーンといい，そこへ到来する不要反射電力が決められた値以下になるように設計されている．

▶▶▶▶ **p.227**

解説 誤っている選択肢は，正しくは次のようになる．

5 電波暗室内で，測定するアンテナを設置する場所を**クワイエットゾーン**といい，そこへ到来する不要反射電力が決められた値以下になるように設計されている．

問18 1陸技

次の記述は，模型を用いて行う室内でのアンテナの測定について述べたものである．□内に入れるべき字句の正しい組合せを下の番号から選べ．

短波（HF）帯のアンテナのような大きいアンテナや航空機，船舶，鉄塔などの大きな建造物に取り付けられるアンテナの特性を縮尺した模型を用いて室内で測定を行うことがある．

(1) 模型の縮尺率は，測定する空間の誘電率および透磁率に $\boxed{\text{A}}$，アンテナ材料の導電率に $\boxed{\text{B}}$．

(2) 実際のアンテナの使用周波数を f〔Hz〕，模型の縮尺率を p（$p < 1$）とすると，測定周波数 f_m〔Hz〕は，次式で求められる．

$$f_m = \boxed{\text{C}} \text{〔Hz〕}$$

	A	B	C
1	依存するが	依存しない	$f/(1+p)$
2	依存するが	依存しない	f/p
3	依存しないが	依存する	f/p^2
4	依存しないが	依存する	$f/(1+p)$
5	依存しないが	依存する	f/p

▶▶▶▶ **p.227**

解答

問17 -5　**問18** -5

問19　　　　　　　　　　　　　　　　　　　　　　　　　　　　　　1陸技

次の記述は，電波暗室で用いられる電波吸収体の特性について述べたものである．　□　内に入れるべき字句の正しい組合せを下の番号から選べ．

(1)　誘電材料による電波吸収体は，誘電材料に主に黒鉛粉末の損失材料を混入したり，表面に塗布したものである．自由空間との　A　のために，図1に示すように表面をテーパ形状にしたり，図2に示すように種々の誘電率の材料を層状に重ねて　B　特性にしたりしている．層状の電波吸収体の設計にあたっては，反射係数をできるだけ小さくするように，材料，使用周波数，誘電率などを考慮して各層の厚さを決めている．

(2)　磁性材料による電波吸収体には，焼結フェライトや焼結フェライトを粉末にしてゴムなどと混合させたものがある．その使用周波数は，通常，誘電材料による電波吸収体の使用周波数より　C　．

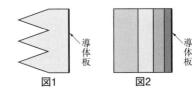

図1　　　図2

	A	B	C
1	遮断	狭帯域	高い
2	遮断	広帯域	低い
3	整合	広帯域	低い
4	整合	狭帯域	高い
5	整合	広帯域	高い

▶▶▶▶▶ p.228

問20　　　　　　　　　　　　　　　　　　　　　　　　　　　　　　1陸技

次の記述は，電界や磁界などの遮へい（シールド）について述べたものである．　□　内に入れるべき字句を下の番号から選べ．

(1)　静電遮へいは，静電界を遮へいすることであり，導体によって完全に囲まれた領域内に電荷がなければ，その領域内には　ア　が存在しないことを用いている．

(2)　磁気遮へいは，主として静磁界を遮へいすることであり，　イ　の大きな材料の中を磁力線が集中して通り，その材料で囲まれた領域内では，外部からの磁界の影響が小さくなることを用いている．

(3)　電磁遮へいは，主として高周波の電磁波を遮へいすることであり，電磁波により遮へい材料に流れる　ウ　が遮へいの作用をする．遮へい材は，銅や　エ　などの板や網などであり，網の場合には，網目の大きさによっては，網がアンテナの働きをするので，その大きさを波長に比べて十分　オ　しなければならない．

● 解答 ●

問19-3

（右側縦書き）第5章　アンテナ・給電線の測定

1 電界	2 透磁率	3 変位電流	4 アルミニウム	5 大きく
6 磁界	7 透過率	8 高周波電流	9 テフロン	10 小さく

▶▶▶▶▶ p.228

問21 [1陸技]

次の記述は，実効長が既知のアンテナを接続した受信機において，所要の信号対雑音比 (S/N) を確保して受信することができる最小受信電界強度を受信機の雑音指数から求める過程について述べたものである． ☐ 内に入れるべき字句の正しい組合せを下の番号から選べ．ただし，受信機の等価雑音帯域幅を B〔Hz〕とし，アンテナの放射抵抗を R_r〔Ω〕，実効長を l_e〔m〕，最小受信電界強度を E_{min}〔V/m〕および受信機の入力インピーダンスを R_i〔Ω〕とすれば，等価回路は図のように示されるものとする．また，アンテナの損失はなく，アンテナ，給電線および受信機はそれぞれ整合しているものとし，外来雑音は無視するものとする．

(1) 受信機の入力端の有能雑音電力 N_i は，ボルツマン定数を k〔J/K〕，絶対温度を T〔K〕とすれば，次式で表される．

$$N_i = kTB \text{〔W〕} \qquad \cdots\cdots①$$

アンテナからの有能信号電力 S_i は，次式で表される．

$$S_i = \boxed{\text{A}} \text{〔W〕} \qquad \cdots\cdots②$$

(2) 受信機の出力端における S/N は，受信機の雑音指数 F と式①を用いて表すことができるので，S_i は，次式のようになる．

$$S_i = \boxed{\text{B}} \text{〔W〕} \qquad \cdots\cdots③$$

(3) 式②と③から，E_{min} は次式で表されるので，F を測定することにより，受信可能な最小受信電界強度が求められる．

$$E_{min} = \boxed{\text{C}} \text{〔V/m〕}$$

解答

問20 ア-1 イ-2 ウ-8 エ-4 オ-10

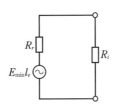

	A	B	C
1	$(E_{min}l_e)^2 \dfrac{1}{4R_r}$	$FkTB(S/N)$	$\dfrac{1}{l_e}\sqrt{4FkTBR_r(S/N)}$
2	$(E_{min}l_e)^2 \dfrac{1}{4R_r}$	$\dfrac{kTB}{F}(S/N)$	$\dfrac{1}{l_e}\sqrt{\dfrac{4kTBR_r(S/N)}{F}}$
3	$(E_{min}l_e)^2 \dfrac{1}{4R_r}$	$\dfrac{kTB}{F(S/N)}$	$l_e\sqrt{\dfrac{4kTBR_r}{F(S/N)}}$
4	$(E_{min}l_e)^2 \dfrac{1}{R_r}$	$\dfrac{kTB}{F(S/N)}$	$l_e\sqrt{\dfrac{4kTBR_r}{F(S/N)}}$
5	$(E_{min}l_e)^2 \dfrac{1}{R_r}$	$FkTB(S/N)$	$\dfrac{1}{l_e}\sqrt{4FkTBR_r(S/N)}$

▶▶▶▶▶ 第 4 章 p.183

解説 有能信号電力 S_i〔W〕は，整合がとれているときの受信機供給電力である．このとき，$R_r = R_i$〔Ω〕となるので，受信機入力端の電圧はアンテナに発生する電圧 $E_{min}l_e$〔V〕の 1/2 となるから，次式が成り立つ．

$$S_i = \left(\frac{E_{min}l_e}{2}\right)^2 \frac{1}{R_r} = (E_{min}l_e)^2 \frac{1}{4R_r} \ \text{〔W〕} \qquad \cdots\cdots\text{①}$$

雑音指数 F は，次式で表される．

$$F = \frac{S_i/N_i}{S/N} \qquad\qquad \cdots\cdots\text{②}$$

式 (2) と問題の式①より，S_i を求めると次式で表される．

$$S_i = FN_i(S/N) = FkTB(S/N) \ \text{〔W〕} \qquad \cdots\cdots\text{③}$$

式 (2) ＝ 式 (3) より，E_{min} を求めると次式で表される．

$$(E_{min}l_e)^2 \frac{1}{4R_r} = FkTB(S/N)$$

$$E_{min} = \frac{1}{l_e}\sqrt{4FkTBR_r(S/N)} \ \text{〔V/m〕}$$

● 解答 ●

問21-1

第5章 アンテナ・給電線の測定

問22　　　　　　　　　　　　　　　　　　　　　　　　　　　　　　　　2陸技

雑音温度が 130〔K〕のアンテナに給電回路を接続したとき，190〔K〕の雑音温度が測定された．この給電回路の損失（真数）の値として，最も近いものを下の番号から選べ．ただし，周囲温度を 17〔℃〕とする．

1　0.5　　　2　1.6　　　3　2.3　　　4　3.5　　　5　4.6

▶▶▶▶▶ p.229

解説　アンテナの雑音温度を T_a〔K〕，周囲温度 17〔℃〕の絶対温度を $T_0 = 17 + 273 = 290$ 〔K〕，給電回路の損失を L とすると，アンテナ系の雑音温度の測定値 T_A〔K〕は，次式で表される．

$$T_A = \frac{T_a}{L} + \left(1 - \frac{1}{L}\right)T_0 = \frac{T_a}{L} + T_0 - \frac{T_0}{L}$$

$$T_A - T_0 = \frac{T_a - T_0}{L}$$

L を求めると，次式で表される．

$$L = \frac{T_a - T_0}{T_A - T_0} = \frac{130 - 290}{190 - 290} = \frac{-160}{-100} = 1.6$$

問23　　　　　　　　　　　　　　　　　　　　　　　　　　　　　　　　1陸技

次の記述は，図に示す構成により，アンテナ系雑音温度を測定する方法（Y 係数法）について述べたものである．　　　内に入れるべき字句の正しい組合せを下の番号から選べ．ただし，アンテナ系雑音温度を T_A〔K〕，受信機の等価入力雑音温度を T_R〔K〕，標準雑音源を動作させないときの標準雑音源の雑音温度を T_0〔K〕，標準雑音源を動作させたときの標準雑音源の雑音温度を T_N〔K〕とし，T_0 および T_N の値は既知とする．

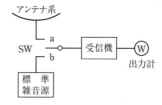

(1)　スイッチ SW を b 側に入れ，標準雑音源を動作させないとき，T_0〔K〕の雑音が受信機に入る．このときの出力計の読みを N_0〔W〕とする．

　　SW を b 側に入れたまま，標準雑音源を動作させたとき，T_N〔K〕の雑音が受信機に

解答

問22 -2

入るので，このときの出力計の読みを N_N 〔W〕とすると，N_0 と N_N の比 Y_1 は，次式で表される．

$$Y_1 = \frac{N_0}{N_N} = \frac{T_0 + T_R}{T_N + T_R} \qquad \cdots\cdots①$$

式①より，次式のように T_R が求まる．

$$T_R = \boxed{\quad A \quad} \qquad \cdots\cdots②$$

(2) 次に，SW を a 側に入れたときの出力計の読みを N_A 〔W〕とすると，N_N と N_A の比 Y_2 は次式で表される．

$$Y_2 = \frac{N_N}{N_A} = \boxed{\quad B \quad} \qquad \cdots\cdots③$$

(3) 式③より，T_A は，次式で表される．

$$T_A = \boxed{\quad C \quad} \qquad \cdots\cdots④$$

式④に式②の T_R を代入すれば，T_A を求めることができる．

第5章 アンテナ・給電線の測定

	A	B	C
1	$\dfrac{T_0 - Y_1 T_N}{Y_1 - 1}$	$\dfrac{T_N - T_R}{T_A - T_R}$	$\dfrac{T_N - T_R}{Y_2} + T_R$
2	$\dfrac{T_0 - Y_1 T_N}{Y_1 - 1}$	$\dfrac{T_N + T_R}{T_A + T_R}$	$\dfrac{T_N - T_R}{Y_2} - T_R$
3	$\dfrac{T_0 - Y_1 T_N}{Y_1 - 1}$	$\dfrac{T_N + T_R}{T_A + T_R}$	$\dfrac{T_N + T_R}{Y_2} - T_R$
4	$\dfrac{T_0 - Y_1 T_N}{Y_1 + 1}$	$\dfrac{T_N + T_R}{T_A + T_R}$	$\dfrac{T_N + T_R}{Y_2} - T_R$
5	$\dfrac{T_0 - Y_1 T_N}{Y_1 + 1}$	$\dfrac{T_N - T_R}{T_A - T_R}$	$\dfrac{T_N - T_R}{Y_2} + T_R$

▶▶▶▷▷ p.230

解説 問題の式①より，T_R を求めると次式で表される．

$$Y_1 = \frac{T_0 + T_R}{T_N + T_R} \qquad \cdots\cdots①$$

$$Y_1(T_N + T_R) = T_0 + T_R$$

$$Y_1 T_R - T_R = T_0 - Y_1 T_N$$

よって，

$$T_R = \frac{T_0 - Y_1 T_N}{Y_1 - 1}$$

Y_2 は式（1）と同様に次式で表される.

$$Y_2 = \frac{T_N + T_R}{T_A + T_R} \qquad \cdots\cdots ②$$

$$Y_2(T_A + T_R) = T_N + T_R$$

$$Y_2 T_A = T_N + T_R - Y_2 T_R$$

よって，T_A は次式で表される.

$$T_A = \frac{T_N + T_R}{Y_2} - T_R$$

● 解答 ●

問23-3

国家試験受験ガイド

この国家試験受験ガイドは，**第一級陸上無線技術士**（一陸技），**第二級陸上無線技術士**（二陸技）の資格を目指す方を対象に，これらの資格の国家試験を受験する場合に限った内容で受験の手続きについて説明してある．

なお，受験するときは，（公財）日本無線協会の**ホームページ**の試験案内によって，国家試験の実施の詳細を確かめてから，受験していただきたい．

▉ 無線従事者

無線従事者とは，電波法に次のように定められている．

> 無線設備の操作又はその監督を行う者であって，**総務大臣の免許を受けたもの**

一陸技・二陸技の資格は，地上基幹放送局，航空局，固定局等の無線局の無線設備の操作又はその監督を行う者に必要な資格である．

無線従事者には，各級陸上無線技術士のほかに各級陸上特殊無線技士，各級総合無線通信士，各級海上無線通信士，各級海上特殊無線技士，航空無線通信士，航空特殊無線陸士，各級アマチュア無線技士の資格があり，それぞれの資格の範囲内で陸上，海上，航空等の各分野の無線局に従事することができる．

▉ 国家試験科目

●第一級陸上無線技術士，第二級陸上無線技術士

無線工学の基礎：問題数 25 問，試験時間 2 時間 30 分

① 電気物理（の詳細）

② 電気回路（の詳細）

③ 半導体及び電子管（の詳細）

④ 電子回路（の詳細）

⑤ 電気磁気測定（の詳細）

無線工学 A：問題数 25 問，試験時間 2 時間 30 分

① 無線設備の理論，構造及び機能（の詳細）

② 無線設備のための測定機器の理論，構造及び機能（の詳細）

③ 無線設備及び無線設備のための測定機器の保守及び運用（の詳細）

無線工学 B：問題数 25 問，試験時間 2 時間 30 分

① 空中線系等の理論，構造及び機能（の詳細）

② 空中線系等のための測定機器の理論，構造及び機能（の詳細）

③　空中線系及び空中線系等のための測定機器の保守及び運用（の詳細）

法規：問題数 20 問，試験時間 2 時間

電波法及びこれに基づく命令の概要

二陸技は（　）内を含まない．たとえば，一陸技では「①　電気物理の詳細」，二陸技では「①　電気物理」のことである．

③ 試験の免除

次の場合に試験科目の一部が免除されるが，あらかじめ申請書にその内容を記載しなければならない．

●科目合格

一陸技・二陸技の資格の国家試験で，合格点を得た試験科目のある者が，その試験科目の試験の行われた月の翌月の始めから起算して，**3 年以内**に実施されるその資格の国家試験を受ける場合は，その資格の合格点を得た試験科目が免除される．

●一定の資格を有する者

次の資格を有する者が，国家試験を受験する場合は，表の区分に従って試験科目が免除される．

受験者が有する資格	受験する資格	基礎	エ A	エ B	法規
第一級総合無線通信士	第一級陸上無線技術士				○
第二級総合無線通信士	第二級陸上無線技術士				○
第一級海上無線通信士	第二級陸上無線技術士	○			
伝送交換主任技術者	第一級陸上無線技術士	○	○		
	第二級陸上無線技術士	○	○		
線路主任技術者	第一級陸上無線技術士	○			
	第二級陸上無線技術士	○			

●業務経歴を有する者

次の資格を有する者で，その資格により無線局（アマチュア局を除く）の無線設備の操作に **3 年以上**従事した業務経歴を有する者は，表の区分に従って試験科目が免除される．

受験者が有する資格	受験する資格	基礎	エ A	エ B	法規
第一級総合無線通信士	第一級陸上無線技術士	○			○
第二級陸上無線技術士	第一級陸上無線技術士	○			○

●認定学校等の卒業者

総務大臣の認定を受けた学校等を卒業した者が，その学校等の卒業の日から **3 年以内**に実

施される一陸技・二陸技の国家試験を受験する場合は，総務大臣が告示するところにより無線工学の基礎の科目が免除される．

❹ 試験の実施

実施時期	毎年 1 月および 7 月
申請時期	1 月期の試験は，**11 月 1 日頃**から **11 月 20 日頃**まで
	7 月期の試験は，**5 月 1 日頃**から **5 月 20 日頃**まで
申請方法	（公財）日本無線協会（以下「協会」という）のホームページからインターネットを利用して申請する．

申請時に提出する写真　デジタルカメラなどで撮影した顔写真をアップロードして提出すること．

その他の書類

　業務経歴による免除を申請する場合

　　　定められた様式の経歴証明書

　認定学校等による免除を申請する場合

　　　卒業証明書および科目履修証明書等

これらの書類は試験の申請書に添付しなければならない．ただし，初めて試験科目の試験の免除を申請する場合に必要で，2 回目以降の受験のときは提出する必要はない．

❺ インターネットによる申請

インターネットを利用して申請手続きを行うときの申請の流れを示す．

① 協会のホームページの「無線従事者国家試験の電子申請」から，「無線従事者国家試験申請システム」にアクセスする．

② 「試験情報」画面から申請する国家試験の資格を選択する．

③ 「試験申請書作成」画面から住所，氏名などを入力し送信する．

④ 「申請完了」両面が表示されるので，画面の指示に従って，クレジットカード，コンビニエンスストア，ペイジーなどによって，試験手数料を払い込む．

❻ 試験結果の通知

試験場で知らされる試験結果の発表日以降になると，協会の結果発表のページで試験結果を確認することができる．また，試験結果通知書もダウンロードすることができる．科目合格の場合は，3 年以内に実施される試験については科目免除の申請をして受験することができるので，通知書は大切に保管すること．

7 無線従事者免許の申請

国家試験に合格したときは，無線従事者の免許の申請をしなければならない．定められた様式の申請書，氏名および生年月日を証する書類（住民票の写し等，ただし，申請書に住民票コードまたはすでに取得している無線従事者免許証等の番号を記入したときは添付しなくてよい．），写真等が必要になる．（一財）電気通信振興会（03-3940-3951）から申請書類一式を入手し，または総務省（総合通信局）のホームページからダウンロードして印刷した申請用紙に記入して申請すること．

（公財）日本無線協会

試験地	事務所の名称	電話
東京	（公財）日本無線協会 本部	(03)3533-6022
札幌	（公財）日本無線協会 北海道支部	(011)271-6060
仙台	（公財）日本無線協会 東北支部	(022)265-0575
長野	（公財）日本無線協会 信越支部	(026)234-1377
金沢	（公財）日本無線協会 北陸支部	(076)222-7121
名古屋	（公財）日本無線協会 東海支部	(052)951-2589
大阪	（公財）日本無線協会 近畿支部	(06)6942-0420
広島	（公財）日本無線協会 中国支部	(082)227-5253
松山	（公財）日本無線協会 四国支部	(089)946-4431
熊本	（公財）日本無線協会 九州支部	(096)356-7902
那覇	（公財）日本無線協会 沖縄支部	(098)840-1816

ホームページのアドレス https://www.nichimu.or.jp/
注：表の試験地に記載された都市以外でも試験が実施される
　　ことがある．

索引

【著者紹介】

吉川忠久（よしかわ・ただひさ）

学　歴　東京理科大学物理学科卒業
職　歴　郵政省関東電気通信監理局
　　　　日本工学院八王子専門学校
　　　　中央大学理工学部兼任講師
　　　　明星大学理工学部非常勤講師

1・2陸技受験教室③
無線工学B　第3版

2000 年 11 月 20 日　第 1 版 1 刷発行	ISBN 978-4-501-33460-4 C3055
2007 年 5 月 20 日　第 1 版 8 刷発行	
2008 年 3 月 20 日　第 2 版 1 刷発行	
2018 年 11 月 20 日　第 2 版 8 刷発行	
2021 年 10 月 20 日　第 3 版 1 刷発行	

著　者　吉川忠久
　　　　Ⓒ Yoshikawa Tadahisa 2000,2008,2021

発行所　学校法人 東京電機大学　〒120-8551 東京都足立区千住旭町 5 番
　　　　東京電機大学出版局　Tel. 03-5284-5386(営業) 03-5284-5385(編集)
　　　　　　　　　　　　　　Fax. 03-5284-5387 振替口座 00160-5-71715
　　　　　　　　　　　　　　https://www.tdupress.jp/

印刷・製本：大日本法令印刷(株)　　装丁：齋藤由美子
落丁・乱丁本はお取り替えいたします。　　　　　　Printed in japan

無線資格対策書

合格精選360題
第一級陸上無線技術士 試験問題集【第4集】

吉川忠久著　　A5判　360頁

最新の出題傾向を分析し，掲載問題を全面的に見直し。間違いやすい問題には詳しい解説と解法のポイント・テクニックを記載。

合格精選400題
第二級陸上無線技術士 試験問題集【第3集】

吉川忠久著　　A5判　336頁

既刊「合格精選二陸技試験問題集」の第3集。表問題／裏解答解説の使いやすさはそのまま。近年の新傾向問題を中心にセレクト。

無線従事者試験のための数学基礎【第2版】
一総通・二総通・一陸技・二陸技・一陸特・一アマ対応

加藤昌弘著　　A5判　176頁

無線従事者国家試験の上級資格の計算問題を丁寧に解説。第2部では過去問題から多くの計算問題を掲載。実際の試験に役立つ。

1・2陸技受験教室(4)
電波法規【第3版】

吉川忠久著　　A5判　216頁

「陸上無線技術士」試験の定番書として高い評価を受ける本書を全面的に見直し改訂！近年の試験問題動向に準拠した内容に修正。

合格精選420題
第一級陸上特殊無線技士 試験問題集【第4集】

吉川忠久著　　A5判　288頁

既刊「一陸特問題集」の第4集。出題のポイントを絞り込み，問題を項目ごとに分類。計算問題は，式を省くことなく丁寧に解説。

第一級陸上特殊無線技士試験 集中ゼミ【第3版】

吉川忠久著　　A5判　432頁

既刊「一陸特集中ゼミ」の第3版。近年の出題傾向に合わせた内容の見直しと著者による詳しい解説を掲載し，練習問題も刷新。

第一級陸上特殊無線技士国家試験
計算問題突破塾【第2集】

吉村和昭著　　A5判　152頁

出題傾向にあわせて，4つのステップ（問題を解くヒント・使う公式・一般的な解き方・簡易な解き方）で分かりやすく解説。

合格精選240題
第二級陸上特殊無線技士 試験問題集

吉川忠久著　　A5判　152頁

出題のポイントを絞り込み，問題を項目ごとに分類。式を省くことなく丁寧に解説。試験受験者のために既往問題を精選して収録。

＊定価，図書目録のお問い合わせ・ご要望は出版局までお願いいたします。

URL　https://www.tdupress.jp/